全国森林可持续经营模式汇编

国家林业和草原局森林资源管理司 /编/

中国林业出版社

图书在版编目（CIP）数据

全国森林可持续经营模式汇编/国家林业和草原局森林资源管理司编. -- 北京：中国林业出版社，2024.9（2025.1重印）. -- ISBN 978-7-5219-2879-2

Ⅰ. F326.2；S750

中国国家版本馆CIP数据核字第2024M46V52号

策划编辑：何 蕊
责任编辑：许 凯
封面设计：北京鑫恒艺文化传播有限公司

出版发行：中国林业出版社
　　　　　（100009，北京市西城区刘海胡同7号，电话010-83143582）
电子邮箱：cfphzbs@163.com
网址：https://www.cfph.net
印刷：河北鑫汇壹印刷有限公司
版次：2024年9月第1版
印次：2025年1月第2次
开本：787mm×1092mm 1/16
印张：22.75
字数：460千字
定价：180.00元

《全国森林可持续经营模式汇编》编委会

指导小组

组　　长：刘克勇

副组长：靳爱仙　蒋三乃

成　　员：红　玉　白卫国　王雪军　高志雄

编写小组

组　　长：雷相东　刘宪钊

副组长：谭学仁　黄选瑞

成　　员：（按照姓氏拼音首字母排序）

毕全勇	柴宗政	常伟强	陈鼎泸	陈绍志	陈　云	陈志云
崔小宁	代力民	戴迎红	邓远见	丁　俊	丁　磊	丁佩军
丰兴秋	郝子忠	何怀江	胡兴宜	黄齐胜	黄庆丰	黄如楚
惠刚盈	惠建平	贾炜玮	贾忠奎	蒋　燚	孔　雷	赖宝富
李才文	李建华	梁守伦	林仁忠	刘　波	刘　博	刘　萍
刘　盛	刘友林	刘长荣	卢　军	陆元昌	吕惠飞	吕　涛
马明臣	孟京辉	孟令宇	欧阳君祥	欧阳勋志	彭　涛	彭雨欣
秦世立	任金喜	沈　汉	沈　磊	石明波	石重福	苏建苗
苏木荣	孙洪刚	孙　鹏	孙宪猛	谭飞川	唐　涛	汪成明
汪　洋	王　飞	王　峰	王得祥	王建伟	王一东	吴承英
吴落军	吴文丰	席路遥	向红福	肖　飞	徐建民	徐　亮
闫东锋	严松文	阳　华	杨栋梁	杨汉忠	杨　璐	杨雨春
易　烜	于瑞安	袁　耀	曾　冀	张成程	张　辉	张茂付
张荣洋	张　旺	张向阳	张雄清	张志杰	赵炳柱	赵中华
赵中文	郑国强	钟　梁	周世兴	周晓东	朱恩永	朱光玉
朱丽艳	邹嘉勇	邹林波				

前言

党的十八大以来，全国各地认真贯彻落实习近平生态文明思想，牢固树立绿水青山就是金山银山理念，持续开展大规模国土绿化行动，全国森林面积和蓄积量30多年持续"双增长"。当前，我国扩大森林面积空间有限，森林质量不高，但提升空间巨大。我国森林平均每公顷蓄积量95.02m^3，不到全球平均水平的70%，不到德国的1/3，每公顷年均蓄积生长量仅为德国的1/2，林地生产力远未充分发挥。目前，全国的中幼龄林面积19.1亿亩（1亩＝1/15hm^2），占森林总面积的比例接近2/3，每公顷蓄积量仅有66.16m^3，急需抚育的中幼龄林面积8.4亿亩，占中幼龄林面积的44.2%。迫切需要加强森林经营，提升森林质量，满足人民群众日益增长的生态产品需求，实现人与自然和谐共生。推进森林可持续经营工作，既是深入践行习近平生态文明思想的务实举措，也是贯彻落实党的二十大精神和习近平总书记关于着力提高森林质量、发挥森林"四库"功能、"三绿并举"等重要指示批示精神的具体行动。

国家林业和草原局全面分析全国林业发展的形势和任务，及时将工作重点由增加森林面积转向增加森林面积与提高森林质量并重，将加强森林经营、提升森林质量作为林业高质量发展的重中之重，于2023年3月启动全国森林可持续经营试点工作，通过政策创新，加大支持力度，着力解决森林可持续经营面临的管理、政策、投入等问题，以试点示范引领带动各地提高森林质量、调整林分结构、创新管理机制，进而推动林草工作高质量发展，助力"双碳"战略目标实现。

森林经营是一项系统性长期工作，必须坚持全周期经营理念，一张蓝图绘到底。试点工作开展以来，各地加强实施方案和技术集成，在长期实践、专家指导和理念创新基础上，初步形成了适合本区域特色、技术特征明确、科学有效的经营模式。为科学指导新时期我国不同区域森林可持续经营工作，推广和交流各地经验，国家林业和草原局森林资源管理司开展了全国森林可持续经营技术模式的汇总工作，并由中国林业科学研究院资源信息研究所牵头，组织中国林业科学研究院林业研究所、河北农业大学、华南农业大学、中南林业科技大学、贵州大学和辽宁省森林经营研究所等高校和科研单位的相关专家对汇总的149个模式进行修改和审定，形成本书。

本书在森林可持续经营理论和技术框架下，融入了"全周期""多功能""近自然""差异化"等经营理念，针对我国不同区域森林类型和经营管理特点，对技术要素进行了标准化规范性表述，包括模式名称、适用条件、经营目标、目标林分、全周期主要经营措施和示范林6个部分，以东北、华北、西北、华东、中南和西南地区进行分区汇编。

本书的出版得到了"十四五"重点研发项目"森林立地质量评价与全周期多功能经营关键技术（2022YFD2200500）"的支持。

经营技术模式的总结是一个逐步深入和完善的过程，在实施过程中可以调整和修改。由于时间和水平所限，书中错误之处在所难免，敬请读者指正。

编者

2024.06

目录

1 森林可持续经营模式概述

1.1 概念与发展 ··· 2

1.2 设计原则 ··· 3

1.3 组成要素 ··· 4

2 森林可持续经营模式分区应用

2.1 东北地区 ··· 8

    2.1.1 黑龙江省 ·· 8

    2.1.2 吉林省 ·· 18

    2.1.3 辽宁省 ·· 23

    2.1.4 内蒙古自治区 ·· 38

    2.1.5 重点国有林区 ·· 45

2.2 华北地区 ··· 85

    2.2.1 北京市 ·· 85

    2.2.2 河北省 ·· 92

    2.2.3 山西省 ·· 105

2.3 西北地区 ··· 117

    2.3.1 陕西省 ·· 117

2.3.2　甘肃省 ·· 148
　　2.3.3　新疆维吾尔自治区 ································· 161
2.4　**华东地区** ··· 167
　　2.4.1　上海市 ·· 167
　　2.4.2　浙江省 ·· 172
　　2.4.3　安徽省 ·· 180
　　2.4.4　福建省 ·· 188
　　2.4.5　江西省 ·· 211
2.5　**中南地区** ··· 234
　　2.5.1　河南省 ·· 234
　　2.5.2　湖北省 ·· 246
　　2.5.3　湖南省 ·· 260
　　2.5.4　广东省 ·· 281
　　2.5.5　广西壮族自治区 ···································· 287
　　2.5.6　海南省 ·· 304
2.6　**西南地区** ··· 309
　　2.6.1　重庆市 ·· 309
　　2.6.2　四川省 ·· 326
　　2.6.3　贵州省 ·· 336
　　2.6.4　云南省 ·· 343

1 森林可持续经营模式概述

1.1 概念与发展

模式在不同的领域有着不同的含义，但通常指的是某种重复或有规律的结构、设计或行为，是理论和实践的中间环节，具有一般性、简单性、重复性、结构性、稳定性、可操作性的特征。

森林经营模式是森林经营理论和生产实践的中间环节，根据经营管理的目标和活动方式分为宏观尺度和具体的林分尺度。宏观尺度的森林经营模式是指由区域自然和社会经济特征差异，以及不同森林经营思想、经营目标决定的宏观森林管理政策和利用技术相结合的林业经营管理方式，如近自然森林经营模式、生态系统经营模式等；林分尺度则是指为实现具体的经营目标而采取的森林经营措施等要素的有机组合。本书中汇编的森林经营模式特指林分尺度。

本书中的森林可持续经营模式是指针对具体森林对象的经营目标和树种特征，从森林建群到实现培育目标全过程所采取的各种技术措施的有序组织方式，包括造林、抚育、主伐和更新等全部生产过程所采用的一系列技术措施的有机组合。经营模式是一个系统的概念，单一措施并不能成为模式。森林经营理论与技术设计，需要通过特定的森林经营模式表达并落实到具体的地块。森林经营模式是森林经理学的实践逻辑，特别体现在森林施业案中。

我国林业发展中关于森林经营模式的科学体系和实施技术一直较为薄弱。主要从与林分作业有关的育苗造林、抚育与主伐、树种与结构、上层与下层、更新与生长、促进与抑制等不同角度，对森林经营模式进行定义和描述。传统基层林业实践中，也以速生和单一树种人工林为目标的"皆伐模式"一枝独秀。

为了满足通过科学经营森林提高森林质量的需要，国家林业局2009年启动了中央财政森林抚育补贴试点，并于2012年设立了全国森林经营样板基地和相应的科技支持研究与示范项目，希望通过基地建设来进一步推进我国的森林可持续经营工作。到2016年已设立了20个全国森林经营样板基地，包括寒温带针叶林、暖温带针阔混交林和亚热带常绿阔叶林，全面涵盖了我国最具代表性的森林类型。与之相匹配，我国特有的三级结构森林作业法技术体系也同时开始在各样板基地得到细化研究和实验示范，并在经营实践中取得了明显的成效，为中国多功能森林经营的实践发展提供了有力的支撑。国家林草局2019年印发《关于全面加强森林经营工作的意见》，统筹谋划全国森林经营工作，指导各地加快构建以森林经营方案为核心的管理决策体系，其中森林经营模式是森林经营方案制定的核心要素。2020年启动了全国森林经营试点工作，2023年将全国森林可持续经营试点扩充至368个。试点建设旨在遵循森林可持续经营理论，探索建立不同地区、不同所有制和森林类型的森林经营模式和技术标准，推动森林可持续经营理念落地扎根。

1.2 设计原则

1.2.1 全周期整体设计

森林经营是一个长期过程，按发育阶段涵盖建群、竞争生长、质量选择、近自然林和恒续林等5个阶段。除确定现有林所处某一发育阶段的经营措施外，还需要根据森林的主导功能，参照区域稳定地带性植被或顶极群落植被组成，确定森林经营的目标林分，并给出从现状林分到目标林分过程中不同发育阶段的技术措施路线，确保一张蓝图绘到底。

1.2.2 多功能协同设计

我国森林在木材储备、生物多样性保护、固碳增汇、水土保持、水源涵养等方面都发挥着重要的作用。经营模式制定时应根据森林所处的区位、立地和林分特征等，确定森林的主导功能。在充分发挥次生林主导功能的同时，兼顾其他功能，实现森林不能功能间的最大协调和最小冲突[1]。

1.2.3 近自然协力设计

向自然学习，以区域地带性稳定群落或演替顶极群落为参照，充分利用森林的自我调控机制，同时发挥人为经营措施的作用，形成人与自然的合力。充分利用天然更新，适时采取人工促进天然更新措施，识别和标记天然更新层的目的树种。充分利用个体差异和竞争关系，识别和标记目标树，伐除影响目标树生长的干扰树。充分利用种间关系，补植能形成互利共生的树种。通过林分密度和结构调整等，发挥森林的自肥机制[2]。

1.2.4 差异化精准设计

森林由于受不同经营历史和自然干扰影响，形成的林分比较复杂，需要采取差异化的经营措施。从起源来看，既有由实生起源树木组成的乔林，也有由实生和萌生起源树木共同组成的中林，还有由萌生起源树木组成的矮林。从树种组成来看，既有

---

[1] 张会儒, 雷相东, 2016. 典型森林类型健康经营技术研究[M]. 北京: 中国林业出版社.
[2] 陆元昌, 2006. 近自然森林经营的理论与实践[M]. 北京: 科学出版社.

单一先锋树种组成的纯林，也有保留有原始林组成树种特征的混交林。从发育阶段来看，既有处于演替早期的林分，也有向稳定群落过渡的林分。需要针对这些特征设计差异化的经营措施，根据森林功能、立地质量、森林类型和发育阶段，在时间上和空间上合理组织森林经营活动。

1.3 组成要素

运用系统科学的方法，按森林经营涉及的对象层次、时间过程和作用要素对森林可持续经营模式进行结构化分解，以提高模式设计的科学性和可行性。以森林的功能（林种）、森林类型（树种组成和结构）、措施与林分（小班）条件匹配为主导形成一个具体地段的营林技术体系，实现从森林更新建群开始到实现培育目标的全周期经营。设计要素包括适用条件、经营目标、目标林分、全周期经营过程、当前措施等设计内容，并以应用案例的形式进行描述，以增强对经营模式的理解。森林可持续经营模式的要素及要求如下：

1.3.1 模式名称

包括林分起源（可选）、森林类型、经营目标和主伐方式，其中起源为人工或天然，森林类型根据树种组成来定义，经营目标主要体现培育目标，需要区分公益林和商品林，主伐方式包括皆伐、渐伐和择伐，其中公益林只能采用择伐的方式。如人工杉木林大径材择伐经营模式、马尾松水源涵养林择伐经营模式。

也可采用特色鲜明、有经营基础的技术名称，如目标树单株经营、结构化经营、近自然经营、均质化经营等。

1.3.2 适用条件

描述模式适用的气候环境、地形、地貌、土壤、立地等环境条件。环境条件详细程度应适中，过细会限制经营模式的使用区域，过粗又不具有适用性。以木材生产为目标的经营模式，需明确立地条件（立地等级、立地指数）。

如低山丘陵地区海拔600m以下，河（沟）谷地、山坡下部，土壤为花岗岩、砂页岩、变质岩等母岩发育的酸性红壤、黄壤、砖红壤，立地指数16以上；海拔1000米以下，阴坡半阴坡，地位级Ⅱ级以上。

1.3.3 经营目标

森林经营的目标（林种），包括森林的供给功能、调节功能、支持功能和文化功能，细化为木材生产、水土保持、水源涵养、防风固沙、景观游憩、生物多样性保护和固碳增汇等多个方面。如果经营目标为多种功能时，可采用"……兼顾……"来表达。

如珍贵大径材；水源涵养兼顾大径材；景观游憩兼顾生态防护等。

1.3.4 目标林分

指经营林分的目标状态，是长期目标。以健康稳定优质高效的森林生态系统为方向，主要采用树种组成、龄级结构、林层结构、林分密度或目标树密度、目标胸径或培育周期、单位面积蓄积量、更新方式等指标来描述。

因为是对未来培育目标的刻画，受缺乏稳定的预测模型所限，在描述目标林分时定量指标建议以范围来表达，树种组成可不明确比例，以上指标可不用面面俱到，但需包含混交树种、目标林分蓄积量、目标直径（培育期限）3项指标。

1.3.5 发育阶段

森林培育过程可划分为森林建群、竞争生长、质量选择、近自然林和恒续林5个阶段，适用于同龄林和异龄林。人工同龄林发育阶段也可采用传统龄组划分法，包括幼龄林、中龄林、近熟林、成熟林和过熟林5个阶段。每个阶段有不同的培育目标和措施。

1.3.5.1 森林建群阶段

指人工造林或天然更新至林分郁闭的未成林阶段。该阶段主要是采取割灌、除草、浇水、施肥等幼林管护措施，提高幼苗成活率，促进幼树生长、尽快郁闭。

1.3.5.2 竞争生长阶段

指所有林木个体在互利互助的竞争关系下开始高生长而导致主林层高度快速增长的阶段。由于主林层的密集生长导致林下强烈庇荫，草本和灌木稀少。

该阶段采取透光伐、疏伐、补植演替后期树种等措施，调整林分密度和树种结构，促进高生长，培育优良干形。

1.3.5.3 质量选择阶段

林木个体竞争关系转化为相互排斥为主，林木出现显著分化的阶段。生活力强的林木占据林冠的主林层并进入直径快速生长期，优势木和被压木可以明显地识别出来，典型的耐阴（顶极）群落树种出现大量天然更新。

该阶段采取生长伐和目标树管理（选择和标记目标树、采伐干扰树、目标树修枝）等措施，促进胸径和蓄积生长。通过人工促进天然更新和补植调整林分结构。

目标树为林分中长势好、质量优、寿命长、价值高，需要长期保留直到达到目标直径方可采伐利用的林木。优先选择实生起源的个体，标准包括：①目的树种；②优势木或亚优势木；③干形通直完满且没有二分枝的梢头，根据树种或当地的用材标准，至少应该有6~8m以上完好的干材；④一般要求至少有1/4全高的冠长；⑤无损伤。

1.3.5.4　近自然林阶段

目标树直径和林分蓄积快速生长，直到部分林木达到目标直径的阶段。树高差异变化表现出停止的趋势，部分天然更新起源的耐阴树种林木进入主林层，林分表现出先锋树种和顶极群落树种交替（混交）的特征。

该阶段主要采取生长伐，使目标树形成自由树冠，促进目标树生长；同时采取人工促进天然更新措施，培育下一代目标树。

1.3.5.5　恒续林阶段

目标树达到目标直径、形成稳定结构的阶段。当森林中的目标树达到目标直径时这个阶段就开始了，主林层树种结构相对稳定，主要由耐阴树种组成的顶极群落，达到目标直径的林木生长量开始下降，天然更新在部分林木死亡所形成的林隙下大量出现。

该阶段主要是实施混交异龄林的择伐作业，采伐达到目标直径的目标树收获木材，同时采取下层透光伐培育二代目标树。

1.3.6　全周期主要经营措施

从现状林分到目标林分全过程采取的所有经营措施描述，包括发育阶段、林龄或林分高范围、培育目标和主要培育措施。可以用"年度"单位的时间过程表（同龄林）或优势高代表的林分阶段（异龄林）与经营处理对应的全周期过程表来描述，也可以用逻辑过程图从起点到终点的概念性全过程来描述。

完整的恒续林培育过程包括从森林建群、竞争生长、质量选择、近自然林至恒续林的5个阶段。但并不是所有的森林经营都要经过这5个阶段，对于现有林分，起点可以是第2或第3阶段。不同的阶段采取不同的经营措施。对于采用皆伐作业的集约商品林，全周期经营过程仅包含前3个阶段。

由于缺乏基础参数而暂时不能判断发育阶段的森林经营模式，可以列出主要经营措施。经营措施中采伐不建议给出确切强度（可给出合理强度区间），但采伐间隔期、目标树密度、补植方式、补植密度（范围）、补植树种等尽量明确。

1.3.7　示范林

示范林介绍应包括地点（林场—林班—小班）、林分现状（树种组成、年龄、林分密度、郁闭度、平均胸径、平均高、优势高、天然更新等）、当前发育阶段、经营历史、目标林分、主要经营措施和效果。

示范林需要有清晰的照片，能体现措施或效果。

2 森林可持续经营模式分区应用

本书经营模式由不同省份提供，为了保留各省份模式的完整性，分区上未采用地理分区和植被类型分区，按照六大行政分区的方式分为东北地区、华北地区、西北地区、华东地区、中南地区和西南地区。

由各省份提供的模式，在模式示范林案例上列出其所在市、县、林场，可供读者与《全国森林经营规划（2016—2050年）》中的经营分区相对应。

2.1 东北地区

包括黑龙江省、吉林省、辽宁省、内蒙古自治区和重点国有林区。

2.1.1 黑龙江省

2.1.1.1 人工水曲柳、落叶松混交林大径材经营模式

1. 模式名称

人工水曲柳、落叶松混交林大径材经营模式。

2. 适用对象

适用于立地条件中等及以上，处在幼中龄阶段（10～30年生）人工营造的水曲柳、落叶松混交林。

3. 经营目标

培育大径材为主，兼顾生物多样性保护等生态防护功能。

4. 目标林分

水曲柳-落叶松混交林。目的树种为落叶松及水曲柳等阔叶树。落叶松林龄≥40年生，先期目标树株数300～450株/hm^2（含水曲柳等阔叶树），胸径≥30cm，蓄积量150～220m^3/hm^2。水曲柳林龄≥80年生，目标树株数150～200株/hm^2，胸径≥60cm，蓄积量200～300m^3/hm^2。

5. 全周期主要经营措施

（1）林分形成初期：人为干预促进林木生长

在林分达到10年生后，进行透光伐和疏伐各一次，主要伐除濒死木和生长不良的林木及被压木，并进行必要的修枝作业，伐后郁闭度控制在0.6～0.7，为保留木创造良好的生长空间，促进林下植被恢复和珍贵阔叶树天然更新。

（2）竞争生长阶段：结构调整

在林分20年生以后，进入快速生长阶段。当下层林木生长受到抑制时，林内透光及卫生条件较差，竞争激烈，林木分化明显，生长状况不良时，适时改善林分光照条件和林木营养空间，采取疏伐或生长伐抚育措施，逐步调整林分树种结构，伐后林分郁闭度不低于0.6。

（3）质量选择阶段：目标树选择

在林分达到30年生以后，进入径向生长阶段。此阶段采取必要的生长抚育措施，确定目标树300～450株/hm^2，伐除影响目标树生长的干扰树、病腐木、枯立木及干形弯曲、明显被压等生长不良林木。适时按目标树体系进行作业管理，对下层天然更新的目的树种的幼苗幼树采取必要的抚育与管护措施。

（4）最终培育目标：水曲柳大径材培育

在林分达到40年以上，伐除达到培育目标的落叶松，确定水曲柳等阔叶树目标树150～200株/hm^2，林龄≥80年生，目标直径≥60cm，培育形成以水曲柳大径级林木为主的阔叶树混交林。

6. 示范林

位于尚志国有林场管理局小九林场亮珠施业区56林班1小班，面积12hm^2，林分为人工水曲柳－落叶松混交林，该小班于2013年进行首次透光抚育，2023年采取了疏伐措施。现林龄25年生，树种组成为6落4水，林分密度1080株/hm^2，平均胸径16.6cm，平均树高17.5m，林分郁闭度0.7，现有蓄积量160m^3/hm^2，优势树种为水曲柳、落叶松，呈带状混交状态。更新层树种主要有胡桃楸、紫椴等，林分现状见图2-1、图2-2。

图 2-1　未采取经营措施的林相

图 2-2　经过疏伐抚育后的林相

（供稿人：马明臣　尚志国有林场管理局）

2.1.1.2　人工杨树低效林改造恢复阔叶红松林经营模式

1. 模式名称

人工杨树低效林改造恢复阔叶红松林经营模式。

2. 适用对象

适用于立地条件中等及以上的商品林（公益林），主林层或上层人工杨树由于品种选择不当等原因，随着林分年龄增长林木生长活力下降，表现出明显的枯梢、部分树枝逐渐枯死等生理衰退现象，通过低产（效）林改造措施，在林内人工更新的红松及天然更新的乡土阔叶幼树生长受抑制的林分。

3. 经营目标

以生态防护为主兼顾生物多样性保护，恢复地带性顶极群落红松阔叶混交林。

4. 目标林分

红松阔叶混交林，目的树种包括红松、水曲柳、胡桃楸、黄菠萝、白桦、柞树（蒙古栎）等乡土树种。通过相应改造经营措施后，人工补植的红松和有目的保留的天然更新阔叶树种株数800～1000株/hm^2，比例4∶6～6∶4。后续按目标树相关抚育原则，经多次抚育促进形成红松-阔叶树异龄复层混交林。

5. 全周期主要经营措施

（1）近期措施

人工杨树低产（效）林达到10年生后，对杨树采取卫生抚育伐措施，伐后郁闭度小于0.5，在杨树行间冠下人工栽植红松5年生移植苗，株行距约3m×3m（密度约1100株/hm²），栽植后连续3～5年对红松采取穴状幼林抚育措施，同时对天然更新的水曲柳、胡桃楸、黄菠萝、白桦、柞树（蒙古栎）等阔叶幼树采取同步抚育措施。冠下红松更新7～8年后，对上层杨树采取全部伐除措施，并对红松及天然更新的阔叶树进行抚育1次，割除高大灌草及藤本植物，改善人工更新红松及其他目的阔叶树种生长环境，抚育后红松+天然更新阔叶树保留株数1000～1500株/hm²。

（2）中期措施

补植红松10年后及时开展透光伐，主要伐除影响红松及天然更新目的树种生长的邻近木及干形弯曲、明显被压等生长不良林木，为目的树种创造良好生长空间，透光伐后保留红松和天然珍贵阔叶树种800～1000株/hm²，针阔比例保持在4∶6～6∶4，促进形成红松阔叶混交林。

（3）远期措施

通过不同发育阶段采取相应抚育措施，持续调整树种组成、密度，适时确定目标树，按目标树相关抚育原则，适时开展森林抚育措施，维持林分的针阔混交林状态，培育形成红松-阔叶树异龄复层混交林。

6. 示范林

位于尚志国有林场管理局老街基林场小太平沟施业区89林班1小班，面积6.6hm²，原林分为人工杨树纯林，林龄21年，林分密度1440株/hm²，平均胸径16.4cm，平均树高13.2m，郁闭度0.7，蓄积量101m³/hm²。该林分冠下栽植红松林龄为9年，林下天然更新树种主要为水曲柳、白桦、柞树等乡土树种。该林分于2013年进行过一次抚育，上层杨树生长活力逐渐下降，出现明显的生理衰退现象。现示范林中人工杨树已伐除，林分优势树种为人工更新的红松及天然更新的水曲柳、柞树、白桦等乡土树种，见图2-3、图2-4。

图2-3 人工杨树林下更新红松及抚育后的林相

图 2-4 上层杨树伐除后的林分现状

（供稿人：马明臣　尚志国有林场管理局）

2.1.1.3 人工落叶松、水曲柳大径材复层林经营模式

1. 模式名称

人工落叶松、水曲柳大径材复层林经营模式。

2. 适用对象

适用于立地条件中等及以上，土壤为暗棕壤，处于中龄林及以上的落叶松人工林，符合低质低效林块状改造条件的商品林皆伐迹地上人工更新的落叶松、水曲柳混交林。

3. 经营目标

大径材生产为主，兼顾水源涵养、景观美化、生物多样性保护、碳汇等生态服务功能。

4. 目标林分

落叶松（云杉）－水曲柳异龄复层林，目的树种为落叶松（云杉）及水曲柳等阔叶树。落叶松（云杉）、水曲柳等阔叶树目标树最终保留150～200株/hm^2，林分密度300株/hm^2。落叶松生长周期40年以上，目标胸径≥50cm，水曲柳等阔叶树生长周期80年以上，目标直径≥60cm，云杉生长周期60年以上，目标直径≥50cm，蓄积量280～300m^3/hm^2。

5. 全周期主要经营措施

（1）造林阶段（新林营造）

在皆伐迹地或低质低效天然林块状采伐迹地上按落叶松和水曲柳4:1进行带状混交配置方式，造林密度3300株/hm^2，造林后连续割草割灌、扩穴3年5次，未达到最低保留密度的在第2年和第3年均补植水曲柳。幼林抚育时注意保留天然更新的水曲柳等阔叶幼树（幼苗）。

（2）竞争生长阶段（结构调整阶段）

10～15年生时，当林内透光及卫生条件较差，竞争激烈，林木分化明显，及时透光伐措施，伐除影响目的树种生长的病腐木、枯立木及干形弯曲、明显被压等生长不良林木，伐后郁闭度不低于0.7，并对保留木进行修枝（修枝高度≥3m）及清除藤本植物。20～24年生时，采取疏伐抚育措施，保留林分密度1200株/hm²，落叶松、水曲柳比例为6：4，伐后林分郁闭度不低于0.6。

（3）质量选择阶段（更新层形成阶段）

30年生时，适时进行生长伐1次，确定目标树400株/hm²，伐除干扰树和生长不良的林木，保留林分密度1000株/hm²，伐后郁闭度控制在0.6以下。伐后林冠下采取人工更新云杉2000株/hm²，下层更新后连续割草割灌、扩穴3年5次，抚育时保留天然更新的水曲柳等目的阔叶树种幼树（苗）等。当更新层的生长受到抑制时，进行透光伐1次，伐后郁闭度控制在0.7，确保更新层有良好的生长空间，在调整的过程中阔叶树种不少于50%。

（4）主林层采伐利用阶段（异龄复层林阶段）

林分40年以上后，对胸径达到25cm以上的落叶松采取择伐措施，伐后郁闭度控制在0.7，调整落叶松、水曲柳树种组成比例为3：7，确定以水曲柳为主的目标树株数150～200株/hm²，林分保留密度200～400株/hm²，后续根据目标树培育原则，逐步伐除达到培育径级的落叶松和水曲柳，促进林下更新层恢复成复层林结构，培育形成水曲柳等阔叶树+落叶松+云杉的针阔异龄复层混交林。

6. 示范林

位于孟家岗林场南山经营区的79林班，总面积为25.6hm²，林龄52年，林分密度为200～600株/hm²，平均胸径19～25cm，树高20～24m，林分郁闭度0.6以上，上层树种组成为5水5落，蓄积量75～160m³/hm²。更新层主要为人工更新的14年生的云杉800株/hm²，高4m，天然更新的水曲柳等阔叶树1000株/hm²，高0.5m，见图2-5、图2-6。

图2-5 常规经营的水曲柳人工林

图 2-6 大径材培育经营的人工水曲柳复层林

（供稿人：丁佩军 佳木斯市孟家岗林场）

2.1.1.4 人工红松果材兼用林经营模式

1. 模式名称

人工红松果材兼用林经营模式。

2. 适用对象

适用于坡向为阳坡、半阳坡，排水良好，立地条件中、上等，处于中幼龄林阶段的人工红松林。

3. 经营目标

以红松大径材及松子生产为主，兼顾水源涵养、景观美化、碳汇等生态服务功能。

4. 目标林分

红松大径材林，目的树种为红松。生长周期80年以上，林分密度250～280株/hm^2，胸径≥40cm，蓄积量200～260m^3/hm^2，经多次抚育间伐，促进目标树生长和红松果产量，形成优质红松果材兼用林。

5. 全周期主要经营措施

（1）幼龄林阶段

林分郁闭后进行首次透光抚育，按照留优去劣、密间稀留、砍小留大的原则伐除影响红松生长的非目的树种，并进行林下清场（割除影响红松生长的高大灌木和藤本植物）。

林龄30年生以前根据生长竞争、林分分化及郁闭度变化情况采取疏伐抚育措施1～2次，间隔期3～5年，伐后林分密度800～1200株/hm²，伐后对保留木进行修枝（修持高度≥2m），郁闭度保持在0.6以上。

30～40年生期间再进行疏伐1～2次，间隔期3～5年，伐后林分密度650～850株/hm²，郁闭度保持在0.6～0.7，伐后对保留木进行修枝（修持高度≥3m），促进林木健康生长发育，培育红松优良干材和促进结实。

（2）中龄林阶段以后

树龄40～50年生，林木进入质量生长发育阶段，结实量增加，当林分郁闭度≥0.8，进行抚育采伐2～3次，伐后林分密度450～650株/hm²，伐后郁闭度不低于0.6，并对保留木进行修枝（修持高度≥4m）。

50～60年生，当林分郁闭度≥0.8，进行抚育采伐1～2次，伐后林分密度350～550株/hm²，伐后郁闭度不低于0.6，并对保留木进行修枝（修持高度≥5m）。

60年生以后，经过多次培育后，林分密度调整为250～280株/hm²，当树高≥14m以上、胸径≥30cm后，可结合红松球果采收开始进行树冠顶梢整形（折断），促进形成多头树梢，提高红松单株结实量，培育大径级林木，增加红松球果产量，达到果材兼优的培育目的。

图 2-7　丰年单株结实情况

6. 示范林

位于勃利县通天二林场九龙施业区，面积41hm²，红松纯林，林龄54年，林分密度540株/hm²，林分郁闭度0.8，平均胸径26.5cm，平均树高13m，蓄积量154m³/hm²，现年平均红松球果产量750kg/hm²（松子225kg/hm²），丰年红松球果产量可达2250kg/hm²（松子675kg/hm²）。林分经营现状见图2-7～图2-10。

图 2-8　丰年林分结实情况

图 2-9 未抚育林分状况

图 2-10 经过正常抚育的林分状况

（供稿人：孙　鹏　勃利县通天二林场）

2.1.1.5 天然蒙古栎林大径材经营模式

1. 模式名称

天然蒙古栎林大径材经营模式。

2. 适用对象

适用于立地条件中等及以上的天然蒙古栎中龄林。

3. 经营目标

以培育大径材为主，兼顾水源涵养、景观美化、生物多样性保护、碳汇等生态服务功能。

4. 目标林分

天然蒙古栎-红松异龄复层混交林。目的树种包括蒙古栎、紫椴、胡桃楸、黑桦、红松等，先期上层蒙古栎等阔叶目标树株数80～120株/hm²，树龄80年以上，胸径≥45cm，目标蓄积量100～150m³/hm²。红松进入主林层后，目标树密度150～200株/hm²，树龄120年以上，胸径≥45cm，目标蓄积量200～250m³/hm²。经单株木择伐作业经营，促进潜在目标树（阔叶树种）更新生长，形成蒙古栎-红松异龄混交林。

5. 全周期主要经营措施

（1）林下更新层形成期

① 在冠下更新造林的前一年对蒙古栎林进行综合抚育，按照留优去劣的原则伐除非目的树种、干形不良木及霸王木等，并进行林下清场及部分林木修枝，上层保留木郁闭度保持在0.5～0.6，并注意保留天然更新目的树种幼树幼苗。

② 林冠下补植红松600～800株/hm²，补植后5年内采用带状或穴状适度开展割灌除草3～5次，包括保留的天然更新的蒙古栎、紫椴、胡桃楸、黑桦等阔叶目的树种。

③ 更新层达到10年生后，进行生长伐，上层林木郁闭度控制在0.5～0.6（生长伐强度控制在伐前林木蓄积量的20%以内，伐后确定上层木目标树80～120株/hm²），并进行必要的修枝作业，抚育后红松幼树上方及侧方留有1.5m以上的生长空间。

（2）竞争生长阶段：结构调整期

① 下层更新林木树龄达到20年以上，进入快速生长阶段，当下层林木生长受到抑制时，对上层进行透光伐2～3次，改善光照条件，增加营养空间，伐后上层郁闭度不低于0.5。

② 对更新层林木进行疏伐，逐步调整树种结构，蒙古栎等阔叶树种不少于60%。

（3）质量选择阶段：上层木择伐期

① 当下层更新林木树龄达到30年以上，进入径向生长阶段，逐步进入主林层，形成蒙古栎、红松为主的异龄复层林。

② 对影响目标树生长的干扰树进行择伐，采伐强度达到为25%，间隔期小于8年。

③ 确定先期进入次林层目标树150～200株/hm²，对次林层进行透光疏伐，保留株数450～650株/hm²。

（4）收获阶段：主林层择伐期

① 主林层达到培育目标时则采取持续单株木择伐。

② 择伐后对下层更新以天然更新为主，辅助人工促进红松等目的树种更新，形成蒙古栎等阔叶树－红松异龄复层恒续林。

6. 示范林

位于哈尔滨市丹清河实验林场东北沟经营区，面积36.7hm²，蒙古栎林，树种组成为9蒙古栎1云杉－紫椴－黑桦－胡桃楸－水曲柳，林龄63年。林分平均株数795株/hm²，平均胸

图 2-11 蒙古栎大径材经营后林分现状

径15.8cm，平均树高16.7m，林分郁闭度0.6，现有蓄积量127m³/hm²。更新层树种为红松、胡桃楸等乡土树种，更新株数450～600株/hm²。现林分状况见图2-11。

（供稿人：王一东 哈尔滨市丹清河实验林场）

2.1.2 吉林省

2.1.2.1 人工红松林近自然经营模式

1. 模式名称

人工红松林近自然经营模式。

2. 适用对象

适用于海拔200~1000m的丘陵、山地，地形为平缓坡或斜坡，土壤为棕壤或暗棕壤，土层厚度（A+B层）30cm以上处于中幼龄林阶段的人工红松林。

3. 经营目标

以水源涵养、景观美化、生物多样性保护、碳汇等生态服务功能为主，兼顾大径级材及红松子生产。

4. 目标林分

阔叶红松异龄复层混交林，目的树种包括红松、水曲柳、胡桃楸、紫椴等珍贵乡土树种。红松（含水曲柳、胡桃楸、紫椴等）目标树株数120~150株/hm²，红松生长周期≥81年，目标胸径≥60cm，水曲柳、胡桃楸、紫椴等生长周期≥80年，目标直径≥50cm，目标蓄积量240~320m³/hm²。

5. 全周期主要经营措施

如表2-1所示。

表2-1 人工红松林近自然化经营模式全周期经营措施

发育阶段	林龄范围（年）	主要经营措施
造林后至郁闭成林前	≤10	造林后连续割草割灌5年7次，未达到最低保留密度的进行补植。对密度过大的林分割除影响红松等目的树种生长的非目的树种和灌木、藤本植物等，此阶段保留株树密度1666~2000株/hm²。抚育时注意保留天然更新的水曲柳、胡桃楸、紫椴等珍贵阔叶树幼树（幼苗）
郁闭后至干材形成期	11~20	种间生长竞争激烈，林分出现分化时，对红松开展透光伐1~3次或移除，伐除影响红松生长的非目的树种和部分先锋阔叶树种，有目的地保留珍贵阔叶树种，保留株数密度930~1111株/hm²，伐后对保留木进行修枝（去除枯死枝及濒死枝）

（续表）

发育阶段	林龄范围（年）	主要经营措施
郁闭后至干材形成期	21～40	25年生后进行透光伐和疏伐1～2次，主要伐除影响红松等目的树种生长的非目的树种和部分先锋阔叶树种。30年生后疏伐1次，按照目标树选择原则开展疏伐，确定先期目标树100～130株/hm^2，（目标树高生长达到终高1/2、胸径＞10cm，树干通直圆满、无病虫害和机械损伤、生长旺盛），并考虑空间位置的均匀性，保证其树冠自由生长，目标树确定后伐除影响目标树生长的干扰木和一般林木，林分保留株数密度560～640株/hm^2，对目标树进行修枝1次（修枝后冠高比≈1/2）。保留天然更新珍贵阔叶树种
干材培养及冠下更新阶段	41～50	进行1～2次疏伐或生长伐，间隔期5年，林分保留株树430～490株/hm^2，伐除干扰树并适当保留部分一般林木，人工促进水曲柳、胡桃楸、紫椴等珍贵阔叶树种天然更新，同时按上述要求对目标树进行修枝1次
	51～60	开展1次生长伐，保留株树为375～430株/hm^2。伐后对天然更新不良的林分和林窗等采用水曲柳、胡桃楸和紫椴等树种容器苗进行人工团块状补植，同时对天然更新珍贵针阔叶树种采取人工促进措施，人工补植和天然更新株树达到500～600株/hm^2。林冠下更新连续抚育管理5年后，开展2代目标树选择，株数为100～150株/hm^2。当下层更新的阔叶树幼树生长受抑制时，对上层红松再进行生长伐1次，保留林分密度330～370株/hm^2，伐后上层郁闭度0.5～0.7
	61～80	当下层更新幼树树高连年生长量明显下降时，对上层木实施生长伐1～3次，伐后林分密度230～270株/hm^2。采取人工措施促进红松及珍贵阔叶树更新，并对更新的红松和珍贵阔叶树进行割灌、除草、除藤等抚育作业，确保下层林木正常生长
收获、近自然结构恒续林阶段	81～120	对红松或珍贵树种达到培育径级的采取择伐措施，每次蓄积采伐强度不大于20%，同时对下层珍贵针阔叶树进行抚育，针阔株数比例控制在1∶2～1∶3，确保不同层次林木的正常生长，并培育2代目标树，形成阔叶红松异龄复层混交林，进入可持续经营状态

6. 示范林

位于吉林省通化县三棚林场，面积43hm^2。林龄41年，树种组成为5红2水1胡1椴1杂，平均胸径34.8cm，平均树高17.9m，林分密度780株/hm^2，郁闭度0.8，蓄积量214m^3/hm^2，亚林层主要为水曲柳、胡桃楸、水曲柳和紫椴等，450株/hm^2，高14～16m，胸径12～15cm，已经形成以红松和水曲柳、胡桃楸和紫椴等珍贵乡土树种构成的异龄复层混交林。经营前后的林分状况见图2-12、图2-13。

图 2-12 疏伐前的林分状况（2016 年）

图 2-13 近自然化经营后的林分现状（2023 年）

（供稿人：杨雨春　吉林省林业科学研究院）

2.1.2.2　天然杨桦次生林多功能经营模式

1. 模式名称

天然杨桦次生林多功能经营模式。

2. 适用对象

适用于立地条件中等以上，天然杨桦树种株数或蓄积量占比65%以上，伴生10%~20%水曲柳、胡桃楸、紫椴、红松等珍贵树种，处于中幼龄林阶段的天然杨桦次生林。

3. 经营目标

以培育大径材为主，兼顾碳汇、生物多样性保护、水源涵养、水土保持等生态服务功能。

4．目标林分

红松阔叶异龄复层混交林，目的树种包括红松、水曲柳、胡桃楸、黄菠萝、紫椴、蒙古栎等乡土树种，其中针叶树种以红松为主，占比30%～40%，其他阔叶树种占比60%～70%。林分密度为600～800株/hm²，目标树密度120～150株/hm²，主要树种目标胸径：红松≥60cm，水曲柳、胡桃楸、黄菠萝、紫椴、蒙古栎等阔叶树种≥40cm，目标蓄积量310～350m³/hm²。

5．全周期主要经营措施

（1）建群阶段：上层疏伐、冠下更新时期

① 对中、幼龄杨桦次生林开展上层疏伐，按照伐劣留优的原则，首先伐除枯立木、病腐木、多头木、无头木后，对分布密集的杨桦先锋树种进行疏伐，伐后郁闭度保持在0.6～0.7，采伐过程中注意保留天然更新幼树、幼苗。

② 疏伐后在林隙（窗）等适宜地块人工栽植5年生以上的红松Ⅰ级苗200～300株/hm²，栽植后进行连续5年7次穴状割灌除草等抚育，同时对天然更新目的树种进行抚育管护，此阶段不补植补造阔叶树种。

③ 林下补植红松20年以内，进行上层疏伐2～3次，间隔7～10年，每次疏伐后郁闭度0.6～0.7。主要伐除杨桦及影响更新层红松生长的非目的树种，确保为红松留出半径1.5m以上生长空间。采伐作业过程中注意保护天然更新幼树、幼苗。

④ 林下补植红松20年以后，天然更新珍贵阔叶树种数量不足的，按照立地条件补植补造水曲柳、胡桃楸、黄菠萝、紫椴等珍贵树种，补植后珍贵阔叶树种达到200～300株/hm²，配置尽量与原有补植红松形成混交状态，并进行连续5年7次抚育管护。根据上层郁闭情况，进行上层疏伐1～2次，疏伐后郁闭度0.6～0.7。

（2）竞争生长阶段：结构调控时期

① 补植红松达到40年、珍贵阔叶树种更新20年以上时，更新层进入树高快速生长阶段，上层木对其生长产生竞争，适时开展抚育间伐2～3次，逐步伐除上层杨桦木，伐后郁闭度不低于0.6。

② 伐除上层杨桦木后，对林分进行树种及空间结构调控，针叶树种比例占30%～40%，珍贵阔叶树种占30%～40%，其他伴生阔叶树种占20%～30%，更新层树种均匀分布。

（3）质量选择阶段：更新层目标树选择时期

红松达到50年、阔叶树种30年以上时，进入径向快速生长阶段，逐步进入主林层，逐步形成以红松为主的针阔混交林，对新晋主林层林木进行目标树选择，确定目标树120~150株/hm²，对影响目标树生长的干扰树进行伐除，同时伐除影响其他目的树种生长的林木，林分密度600~800株/hm²，此阶段围绕目标树开展的抚育采伐作业需要2~3次，林分郁闭度保持在0.6~0.7。

（4）收获、恒续利用阶段：择伐利用时期

补植红松达到80年、阔叶树种60年以上时，对达到目标胸径的林木进行择伐收获，每次择伐作业后，补选新的目标树，确保目标树120~150株/hm²，对影响新确定的目标树生长的干扰树进行伐除，蓄积采伐强度不超过20%~30%，择伐间隔期不小于1个龄级期，培育形成红松阔叶异龄复层混交林。

6. 示范林

位于吉林省蛟河林业实验区国有林保护中心，面积22hm²，原有林分为杨桦占比70%以上，其他阔叶树种占比不足30%的天然次生杨桦林。经过15年的经营，现有林分杨桦占比不足50%，水曲柳、胡桃楸、蒙古栎、紫椴等珍贵树种占比20%，色木（含色木槭、白牛槭、拧筋槭等）、榆树（含春榆、裂叶榆等）、杂木等占比20%，红松等针叶树种占比10%。现林分平均胸径

图2-14 经营前天然杨桦次生林林相

图2-15 经营后天然杨桦次生林林相

18.4cm，平均树高14.2m，蓄积量188m³/hm²，密度850株/hm²，郁闭度0.8。更新层为2005年人工补植的红松、水曲柳、胡桃楸等幼树（苗），初植密度1100株/hm²，现保存密度650~700株/hm²，高0.8~1.5m，经营前后的林分状况见图2-14、图2-15。

（供稿人：何怀江 吉林省林业科学研究院）

2.1.3 辽宁省

2.1.3.1 落叶松人工林大径材择伐经营模式

1. 模式名称

落叶松人工林大径材择伐经营模式。

2. 适用对象

位于阴坡、半阴坡、阳坡、半阳坡土层厚度（A+B层）30cm以上，林地质量等级为Ⅰ、Ⅱ级，国家Ⅱ级公益林、地方公益林或商品林位于重点地段需要延长主伐期的日本（长白）落叶松人工林。

3. 经营目标

大径材生产为主，兼顾水源涵养等生态服务功能。

4. 目标林分

落叶松-阔叶树异龄复层林，落叶松、阔叶树目标树最终保留120~150株/hm²（林分密度210~330株/hm²），落叶松生长周期60年以上，目标直径≥40cm，阔叶树生长周期80年以上，目标直径≥45cm，目标蓄积量200~310m³/hm²。

5. 全周期主要经营措施

如表2-2所示。

表2-2 落叶松人工林大径材择伐经营模式全周期经营措施

发育阶段	林龄范围（年）	主要经营措施
造林后至郁闭成林前	1~7	造林密度2200~2500株/hm²，造林后连续割草割灌、扩穴3年5次，未达到最低保留株数密度的进行补植。注意保留天然更新的栎类、水曲柳等阔叶幼树幼苗
郁闭后至干材形成期	8~11	割除影响落叶松和目的阔叶树种生长的非目的树种和灌木、藤本，去除枯死枝以及阔叶树修干定型（保证形成主干）
	12~15	种间生长竞争激烈，林分出现分化时，进行透光伐1次，伐后修枝（特别是靠近落叶松的阔叶树侧枝需要修除，高度≥3m）
	16~34	疏伐1~2次，间隔期3~4年，伐后林分密度540~630株/hm²，促进林木生长，培育优良干材。抚育过程中落叶松、天然更新的阔叶树同等对待
	35~39	进行疏伐1~2次，确定目标树120~150株/hm²，间隔期3~4年，伐后林分密度390~480株/hm²。对目标树进行修枝（≥4m）

（续表）

发育阶段	林龄范围（年）	主要经营措施
林分蓄积生长及冠下更新阶段	40～49	林分进入冠下更新阶段。生长伐1次，保留密度360～420株/hm²，并进行修枝（≥8m）。林冠下补植红松、栎类等阔叶树750～1005株/hm²，更新后对冠下红松、阔叶树及时进行幼林抚育，并注意保留天然更新的阔叶幼树（苗）。当下层红松及更新的阔叶树幼树生长受抑制时，对上层林木进行生长伐1次，保留密度330～390株/hm²。促进林木个体径向生长，增加林木蓄积量，改善林木质量和森林健康，培育形成高品质的落叶松、阔叶树大径级林木
	50～60	当下层更新的红松等林木进入高生长期，对上层林木实施生长伐1次，保留密度210～330株/hm²。对下层红松林木和天然更新的阔叶树种进行割灌、除草、除藤、修枝定干等抚育，确保下层林木正常生长
收获、异龄复层林阶段	≥61	对落叶松择伐1次（株数强度20%左右），间隔期不小于10年，71年生以后保留落叶松（含阔叶树）大径级林木75～90株/hm²，后续多次对更新层进行抚育，培育形成落叶松－红松－阔叶异龄复层林至红松－阔叶异龄复层林

6. 示范林

位于清原县夏家堡镇金家窝棚村8林班3小班，面积11.5hm²。该林分于2014年第二次疏伐，伐后平均胸径20.8cm，平均树高21.1m，林分密度520株/hm²，蓄积量165.08m³/hm²。2015年林下人工栽植了刺龙芽，2017年人工补植红松，密度900～1200株/hm²。林分现林龄31年，树种组成为8落1柞1胡，平均胸径21.8cm，平均树高22.6m，林分密度为520株/hm²，蓄积量192.8m³/hm²，郁闭度0.7，现已经形成长白落叶松－蒙古栎－胡桃楸混交林，林分现状见图2-16、图2-17。

图2-16 落叶松－阔叶树混交林林相

图 2-17 林下部分红松及刺龙芽生长现状

(供稿人:谭学仁 辽宁省森林经营研究所
　　　　丁　磊 辽宁省森林经营研究所
　　　　代力民 中国科学院沈阳应用生态研究所)

2.1.3.2　落叶松人工林中小径材或大径材皆伐经营模式

1. 模式名称

落叶松人工林中小径材或大径材皆伐经营模式。

2. 适用对象

适用于土层厚度（A+B层）30cm以上，林地质量等级为Ⅰ、Ⅱ级，落叶松人工商品林。培育中小径材宜采用小面积皆伐作业法，培育大径材宜采用镶嵌式皆伐作业法或小面积皆伐作业法。

3. 经营目标

培育日本（长白）落叶松中小径材或大径材为主。

4. 目标林分

落叶松纯林，培育中小径材的林分密度810~1050株/hm^2，生长周期20~25年，目标蓄积量200~260m^3/hm^2。落叶松、红松（云、冷杉）、水曲柳、栎类等树种小面积镶嵌式混交林，培育大径材的林分密度330~390株/hm^2，生长周期40年以上，平均胸径≥32cm（70%以上），目标蓄积量180~240m^3/hm^2，采取镶嵌式皆伐或小面积皆伐更新。

5. 全周期主要经营措施

如表2-3所示。

表2-3 落叶松人工林中小径材－大径材经营模式全周期经营措施

发育阶段	林龄范围（年）	主要经营措施
造林后至郁闭成林前	1～5	造林密度2250～2500株/hm²，造林后连续割草割灌、扩穴3年5次，未达到最低保留密度的进行补植。注意保留天然更新的水曲柳、栎类等阔叶幼树（幼苗）
郁闭后至干材形成期	6～10	割除影响落叶松生长的非目的树种和灌木、藤本植物，修枝（去除枯死枝）
郁闭后至干材形成期	11～20	开展透光伐1次，去除枯死木，伐后修枝（枯死枝）。疏伐1～2次，间隔期3～4年，伐后保留林分密度960～1140株/hm²，促进林木生长，培育优良干材
郁闭后至干材形成期	21～30	对培育中小径材的进行小面积皆伐，伐后人工更新，形成小面积块状混交林。 对培育大径材的进行疏伐1～2次，间隔期3～4年，伐后保留林分密度690～870株/hm²，对保留木进行修枝（≥8m）
林分蓄积生长阶段	31～40	生长伐2～3次，间隔期5～10年，逐步调整林分密度至330～390株/hm²
收获更新阶段	≥41	坡度小于15°区域进行小面积皆伐，坡度在16～25°区域进行镶嵌式皆伐，采伐间隔大于1个龄级期限。 伐后人工更新，栽植落叶松、红松（云杉、冷杉）、水曲柳、栎类等树种，形成小面积镶嵌式混交林

6. 示范林

位于清原县城郊林场南岭工区48林班18小班，面积12.2hm²，该林分于2019年抚育间伐1次，当前林分为日本落叶松纯林，林龄19年生，密度为1143株/hm²，平均胸径12.8cm，平均树高12.9m，蓄积量90.3m³/hm²，抚育间伐前后林分状况如图2-18、图2-19所示。

图 2-18 未抚育林分状况

图 2-19 抚育后的林相

（供稿人：谭学仁　辽宁省森林经营研究所
　　　　　丁　磊　辽宁省森林经营研究所
　　　　　代力民　中国科学院沈阳应用生态研究所）

2.1.3.3　红松人工林大径材择伐经营模式

1. 模式名称

红松人工林大径材择伐经营模式。

2. 适用对象

适用于土壤类型为棕壤或暗棕壤，土层厚度（A+B层）30cm以上，林地质量等级为Ⅰ、Ⅱ级，国家Ⅱ级公益林、地方公益林或商品林位于重点地段需要延长主伐期的红松人工林。

3. 经营目标

大径材生产为主，兼顾水源涵养、景观美化等生态服务功能。

4. 目标林分

红松－阔叶异龄复层林，目的树种为红松、栎类等阔叶树。红松目标树株数150～180株/hm^2（林分密度240～300株/hm^2），生长周期100年以上，目标直径≥45cm，目标蓄积量260～420m^3/hm^2。

5. 全周期主要经营措施

如表2-4所示。

表2-4 红松人工林大径材择伐经营模式全周期经营措施

发育阶段	林龄范围（年）	主要经营措施
造林后至郁闭成林前	1～7	造林密度2200～2500株/hm^2，造林后连续割草割灌、扩穴3年5次，未达到最低保留密度的进行补植。注意保留天然更新的栎类、水曲柳等阔叶幼树（幼苗）
郁闭后至干材形成期	8～15	割除影响红松生长的非目的树种和灌木、藤本，修枝（去除枯死枝及濒死枝）
郁闭后至干材形成期	16～30	种间生长竞争激烈，林分出现分化时开展透光伐1次，伐后修枝（去除枯死枝及濒死枝）。疏伐1～2次，间隔期3～4年，伐后保留林分密度690～780株/hm^2，促进林木生长，培育优良干材
郁闭后至干材形成期	31～40	疏伐1～2次，间隔期大于5年，伐后保留林分密度450～510株/hm^2，对保留木进行修枝（≥6m）
林分蓄积生长及冠下更新阶段	41～60	林分进入冠下更新阶段，实施均匀或团块状（1倍树高）疏伐（生长伐）1次，上层红松目标树株数150～180株/hm^2（目标树含阔叶树，林分保留密度330～390株/hm^2），对保留木或目标树进行修枝（≥8m）。林冠下补植更新红松和栎类等600～1080株/hm^2，及时对更新的红松及阔叶树进行幼林抚育，并注意保留天然更新的幼树（苗）。当下层红松及更新的阔叶树幼树生长受抑制时，对上层红松生长伐1次，保留林分密度300～360株/hm^2
林分蓄积生长及冠下更新阶段	61～80	当下层更新幼树连年生长量明显下降时，对上层红松实施生长伐1次，伐后林分密度240～300株/hm^2。对更新的红松和阔叶树进行割灌、除草、除藤、水肥坑等抚育作业，确保下层林木正常生长
收获、恒续林阶段	81～100	对上层红松择伐2～3次，每次蓄积采伐强度不大于30%，同时对下层红松和阔叶树进行抚育，株数针阔比例控制在6：4，确保不同层次林木的正常生长
收获、恒续林阶段	≥101	每次择伐蓄积采伐强度小于30%，最终保留红松大径级木75～105株/hm^2，培育形成红松–阔叶异龄复层林

6. 示范林

位于清原县大边沟林场西岭，18林班43小班，面积14.1hm^2，林龄57年，平均胸径31.3cm，平均树高17.1m，林分密度300株/hm^2（目标树150株/hm^2），蓄积量187.98m^3/hm^2，郁闭度0.8，林下有人工栽植的刺龙芽和少量天然更新幼树，见图2-20、图2-21。

图 2-20　林分现状

图 2-21　林下栽植的部分刺龙芽

（供稿人：谭学仁　辽宁省森林经营研究所
　　　　　丁　磊　辽宁省森林经营研究所
　　　　　代力民　中国科学院沈阳应用生态研究所）

2.1.3.4 蒙古栎次生林目标树单株择伐经营模式

1. 模式名称

蒙古栎次生林目标树单株择伐经营模式。

2. 适用对象

适用于土壤类型主要为棕壤或暗棕壤、棕黄土、褐色土等，林地质量等级为Ⅰ、Ⅱ级，国家Ⅱ级公益林、地方公益林或商品林中以蒙古栎（栎类）为主的天然次生林。

3. 经营目标

以培育大径材为主，兼顾水源涵养、水土保持、景观美化、生物多样性保护及碳汇功能等生态服务功能。

4. 目标林分

蒙古栎（栎类）、红松为主的阔叶红松林，蒙古栎目标树150~180株/hm²（林分密度330~390株/hm²），主要树种目标直径：柞树≥45cm、红松≥50cm，生长周期80年以上，目标蓄积量280~310m³/hm²。

5. 全周期主要经营措施

如表2-5所示。

表2-5 蒙古栎次生林目标树单株择伐经营模式全周期经营措施

发育阶段	林龄范围（年）	主要经营措施
更新形成后至郁闭成林前	1~5	高度小于1m保持自然状态，大于1m后对丛状的进行定株（每丛3~4株，发育健壮、离地面最近者优先保留）、抹芽定干（幼树条直、有主干）、除藤割灌等抚育措施1~2次，定株（每丛2~3株），保留密度3000~6000株/hm²，抚育时注意保留其他天然更新目的树种
郁闭后至干材形成期	6~10	进行定株抚育（每丛1~2株），保留密度2400~3900株/hm²；割除影响柞树生长的非目的树种和灌木、藤本，去除枯死枝和发育粗壮的侧枝等（保证形成主干），培育优良柞树干形
郁闭后至干材形成期	11~20	种间生长竞争激烈、林分出现分化时，开展透光伐1次，树冠修枝整形（树干≥3m）。疏伐1~2次，间隔期3~4年，伐后保留林分密度900~1110株/hm²，促进林木生长，培育优良干材
	21~40	疏伐1~2次，伐后保留林分密度540~630株/hm²。对保留木进行修枝（≥4m）

（续表）

发育阶段	林龄范围（年）	主要经营措施
林分蓄积生长及促进更新阶段	41~60	林分进入冠下更新阶段。实施疏伐（生长伐）1~2次，确定目标树150~180株/hm^2（目标树含其他阔叶树，林分保留密度420~480株/hm^2），对目标树进行修枝（≥5m）。林冠下人工补植红松、栎类等（人工促进树更新）510~750株/hm^2，及时进行幼林抚育，并注意保留天然更新的幼树（苗）
	61~80	当下层更新的幼树生长受抑制时，对上层柞树生长伐1~2次，最终保留林分密度330~390株/hm^2。促进林木个体径向生长，增加林木蓄积量，改善林木质量和森林健康，培育形成高品质的柞树（部分阔叶树）大径级林木
收获更新、恒续林阶段	>81	对上层林木择伐2~3次，每次蓄积采伐强度≤30%，同时对更新层进行抚育，同一层次株数针阔比例控制在5:5左右，确保不同层次林木的正常生长。 以水源涵养、水土保持、景观美化等生态服务功能为主的，最终保留上层大径级柞树林木90~105株/hm^2（至生理成熟），培育以柞树-红松为主，其他适生阔叶树、针叶树混交的异龄复层恒续林

6. 示范林

位于清原县夏家堡镇金家窝棚村7林班23小班，面积11.4hm^2，现林分平均林龄43年，树种组成8柞1桦1杂，林分密度为617株/hm^2，林分平均胸径15.8cm，平均树高14.5m，蓄积量76.9m^3/hm^2，上层林木郁闭度0.6。林下红松平均树高0.6m，现存株数约为1300株/hm^2，下层阔叶树高1.0~2.5m，株数约350~650株/hm^2（分布不均），如图2-22、图2-23所示。

图2-22 经营前林相

图 2-23　经营后林内补植红松林相

（供稿人：谭学仁　辽宁省森林经营研究所
　　　　　丁　磊　辽宁省森林经营研究所
　　　　　代力民　中国科学院沈阳应用生态研究所）

2.1.3.5　红松无性系果林经营模式

1. 模式名称

红松无性系果林经营模式。

2. 适用对象

用结实高产无性系或结实型优树的接穗嫁接并能生产商品松子的林分。林地排水良好，坡度≤25°，坡向以阳坡、半阳坡的全光照为宜（不宜林下栽植），交通方便，劳动力招集条件好，土层厚度（A+B层）30cm以上的采伐迹地、退耕地等。

3. 经营目标

以生产红松子为主，兼顾景观美化、水源涵养、生物多样性保护等生态服务功能。

4. 目标林分

以结实（松子）高产为经营目标，培育红松为主的矮化纯林，林分具有明显的层次［乔木（红松）层以及林下（林间、林缘）灌木和草本层次］结构，林分郁闭前可适度开展林下（内）经济植物复合间作，发展林下经济。

5. 全周期主要经营措施

（1）适宜立地条件选择

林地应该选择排水良好、坡度不超过25°、坡向以半阳坡或阳坡的全光照地方为宜（不宜林下栽植）。

（2）营建方式

红松果林主要有两种方法。一种是在苗圃嫁接，成活后再造林；另一种是采用在林地内先定植砧木，成活后再进行嫁接或利用现有幼林改建果林。以种子园、子代林及优树中选出的结实高产无性系为建园材料，无性系的应采用随机排列，以减少自交概率。

（3）栽植密度及栽植方法

栽植密度为4m×4m、4m×5m、3m×6m或3m×5m。采用穴状整地方式，穴的规格为0.5m×0.5m，深度0.3m。

（4）嫁接方法及幼树（苗）管理

采用芽端楔接法。嫁接苗成活后第二年开始，每年春天树液流动前进行一次修剪，剪去影响接穗生长的砧木侧枝顶端。连续3～5年剪去砧木的所有侧枝，此时，接穗形成新的树冠。

（5）幼林抚育（土壤管理）

一般每年夏季6月中旬至7月中旬采取带状或全面割草的方法抚育1～2次，连续抚育3～5年。

（6）幼树树体管理

果林建成后要连续进行5～7年的树势管理。每年早春进行一次修剪，剪去影响接穗生长的砧木侧枝顶端。定植后10年左右，可于早春剪去树木主梢，去梢后在最上层轮枝中选留3～5个生长健壮、分布匀称的侧枝作为未来的多头主枝，该层中多余的枝全部剪掉。红松无性系果林在林分郁闭前可在行间栽植刺龙牙等经济植物，以提高林地利用率。

（7）结实期林木管理

①密度调整：初始营建密度3m×3m的林分第一次间伐在25年左右，密度4m×4m的第一次间伐在35年左右。间伐时伐除的对象为生长弱势木和根据采种记录评价出的结实量低的林木，间伐后尽量保持林木个体营养空间大致均匀。

②修枝：无性系果林郁闭后，在冬季或早春树木生长停止季节用锯及时修掉枯死枝和半枯死枝。

③截顶：当林木树高达到6～8m时，为增加球果产量，在种子歉年的冬季实施。截顶方法是在树冠上数第4层轮生上10cm处用锯或高枝剪截掉主梢，保留3～5个匀称健壮的侧枝作为未来的主枝，以后不进行第二次截顶。进入结实期后，采果时应保护

树体，不折断树头。

（8）施肥

如土壤瘠薄或进入盛果期可追施一些化肥，方法是在树冠垂直投影范围内以树为中心，刨6~8条放射状小沟，深5cm、宽8cm，将肥料均匀施入沟中后覆土。化肥采用复合肥为好，施肥量为每株100~150g。

（9）人工辅助授粉

造林后7~8年大部分树木进入花期，但花粉数量较少。有条件的可在树木结实初期进行5~6年的人工辅助授粉。

（10）松果采集

松子质量达到和自然成熟相近的质量标准，当球果由绿色变为黄褐色，种仁具有独特的香味，部分球果果鳞裂开时，为果初熟。此后，果鳞逐渐变黄，球果含水率为75%左右，大部分球果果鳞裂开，并有个别球果自然脱落，为果熟期，即可进行采集。

6. 示范林

位于本溪县草河口镇辽宁省森林经营研究所实验林场山城沟后沟，6林班35小班，面积3.67hm²。无性系24个。目前林分密度400株/hm²，平均胸径32.5cm，平均树高19.2m。现年最高产量可达1000kg/hm²，平均年产量500kg/hm²左右。

图2-24 红松果林丰年结实情况

图 2-25　林分经营状况

（供稿人：谭学仁　辽宁省森林经营研究所
　　　　　丁　磊　辽宁省森林经营研究所
　　　　　代力民　中国科学院沈阳应用生态研究所）

2.1.3.6　天然阔叶混交次生林（杂木林）目标树择伐经营模式

1. 模式名称

天然阔叶混交次生林（杂木林）目标树择伐经营模式。

2. 适用对象

适用于土壤肥沃、湿润，具有中等腐殖质层的棕壤或暗棕壤等，土层厚度（A+B层）30cm以上，林地质量等级为Ⅰ、Ⅱ级。包括一般用材林（商品林）、国家Ⅱ级公益林、地方公益林中由槭、榆、椴、柞（栎类）、桦、水曲柳、胡桃楸、黄菠萝、花曲柳、刺楸、稠李、杨树等天然阔叶树组成的次生林（杂木林）。

3. 经营目标

以培育大径材为主，兼顾水源涵养、水土保持、景观美化、生物多样性保护及碳汇等生态服务功能。

4. 目标林分

榆、椴、柞、水曲柳、胡桃楸、黄菠萝等阔叶树和红松组成的阔叶红松林，目标树150～180株/hm^2（林分密度240～330株/hm^2），槭、榆、椴、柞、水曲柳、胡桃楸、黄菠萝、花曲柳等阔叶树目标直径≥40cm，生长周期60年以上，红松目标直径≥50cm，生长周期80年以上，目标蓄积量260～350m³/hm²，经多次抚育及促进目的适生阔叶树种和红松等针叶树更新，择伐后培育形成红松－阔叶树异龄复层混交林（恢复阔叶红松林）。

5. 全周期主要经营措施

如表2-6所示。

表2-6 天然阔叶次生林目标树择伐经营模式全周期经营措施

发育阶段	林龄范围（年）	主要经营措施
更新形成后至郁闭成林前	1～5	高度小于1m保持自然状态，大于1m后对丛状的进行定株（每丛3～4株，发育健壮、离地面最近者优先保留）、抹芽定干（幼树条直、有主干）、必要的除藤割除灌木等抚育措施1～2次，定株（每丛2～3株），保留密度3000～4500株/hm²，优先保留水曲柳、黄菠萝等珍贵树种幼树（苗）
郁闭后至干材形成期	6～10	定株（每丛1～2株），保留密度2400～3300株/hm²，割除影响目的树种生长的非目的树种和灌木、藤本，去除枯死枝和发育粗壮的侧枝等（保证形成主干），培育优良干形
	11～20	种间生长竞争激烈、林分出现分化时，开展透光伐1次，树冠修枝整形（≥4m）。疏伐1～2次，间隔期3～4年，伐后保留林分密度840～930株/hm²，促进林木生长，培育优良干材
	21～30	疏伐1次，伐后保留林分密度540～690株/hm²。对保留木进行修枝（≥5m）
林分蓄积生长及促进更新阶段	31～50	林分进入冠下更新阶段。实施疏伐（生长伐）1次，确定目标树150～180株/hm²（林分保留密度390～450株/hm²），对目标树进行修枝（≥6m）。林冠下人工补植红松750～900株/hm²，及时对更新层进行幼林抚育，并注意保留天然更新的幼树（苗）
	51～80	当下层更新的幼树生长受抑制时，对上层阔叶树生长伐1～2次，最终保留林分密度240～330株/hm²。促进林木个体径向生长，增加林木蓄积量，改善林木质量和森林健康，培育形成高品质大径级林木
收获更新、恒续林阶段	>81	对上层林木择伐2～3次，每次蓄积采伐强度不大于30%，同时对更新层进行抚育，同一层次株数针阔比例控制在5：5左右，确保不同层次林木的正常生长。最终保留大径级林木90～105株/hm²，培育红松－阔叶树异龄复层恒续林（红松阔叶林）

6. 示范林

位于本溪满族自治县碱厂林场老营沟工区6林班7小班，面积10.1hm²，该林分为20世纪80年代中期皆伐后经天然更新形成的次生林。林分平均年龄31年，密度930株/hm²，林分平均胸径14.3cm，平均树高13.5m，蓄积量103.9m³/hm²，对林分进行清场，主要伐除部分霸王木和丛状萌生木及5cm以下的非目的树种的幼树，然后林冠下栽植4年生红松实生苗，密度1500株/hm²左右，现存红松幼树1000～1200株/hm²，高0.5～1.3m，作业前后的林分状况见图2-26、图2-27。

图2-26 作业前的林分状况

图2-27 阔叶混交次生林（林冠下人工更新红松生长情况）

（供稿人：谭学仁　辽宁省森林经营研究所
　　　　　丁　磊　辽宁省森林经营研究所
　　　　　代力民　中国科学院沈阳应用生态研究所）

2.1.4 内蒙古自治区

2.1.4.1 落叶松人工林大径材经营模式

1. 模式名称

落叶松人工林大径材经营模式。

2. 适用对象

适用于海拔900~1500m的丘陵、山地，坡向为阴坡、半阴坡，土壤为褐土、棕壤，土层厚度在40cm以上的人工华北落叶松商品林。

3. 经营目标

以培育大径材为主，兼顾水土保持等生态服务功能。

4. 目标林分

华北落叶松纯林。落叶松最终保留林分密度375~450株/hm^2，生长周期51年以上，目标直径≥40cm，蓄积量210~300m^3/hm^2。

5. 全周期主要经营措施

（1）幼龄林阶段

新植林栽植前一年雨季按株行距2m×1.5m进行穴状整地，规格为60cm×60cm×30cm，清除穴内草根、石块，熟土还原，穴面反坡呈5°。选择二年生Ⅰ级苗或二年生容器苗进行春季或雨季造林。

造林后1~5年进行3次除草。6~10年去除分杈、断头、双苗的植株。11~20年透光抚育2次，伐除Ⅴ级木、Ⅳ级木和干形不良的Ⅲ级木、Ⅱ级木和Ⅰ级木。在树冠下部出现枯死枝时开始结合上述抚育作业进行修枝，强度为修至最大冠幅的下一层轮枝，修枝在树木生长停止季节进行（当年12月至翌年3月）。

（2）中龄林阶段

林龄21~30年采取疏伐措施2~3次，伐除林分中Ⅴ级木、Ⅳ级木及干形不良的Ⅲ级木、Ⅱ级木和Ⅰ级木。中龄林末期，将林分密度调整到750~800株/hm^2。对保留木中的Ⅰ级木、Ⅱ级木进行1~2次修枝，修掉最大冠幅轮枝下全部枝条，修枝高度达到6m后不再修枝。

（3）近、成熟林阶段

林龄31~40年疏伐1~2次，近熟林末期，将Ⅰ级木和Ⅱ级木的保留株数调整到375~450株/hm^2。

林龄41~50年阶段，主要经营措施为林下伐前更新及林地利用：①林地经济利用：利用3~5年时间，发展林菌、林药等林下经济。②林下更新：人工补植红松、云杉等耐阴树及蒙古栎等阔叶树600~850株/hm²，栽植后5年3次进行穴状割灌除草等抚育，并对更新幼树进行抚育管理，注意保护天然更新的目的树种。

(4) 采伐更新阶段

林龄≥51年，林分平均胸径≥40cm，更新幼树树高≥5m，可分1~2次采伐利用。

6. 示范林

位于赤峰市旺业甸实验林场古山营林区（小古盘）王家沟27林班28小班，面积28.2hm²，坡向东南，坡度13°，土层厚度43cm，落叶松人工纯林（林种为用材林），林龄46年，平均胸径24cm，平均树高15.2m，林分密度570株/hm²，蓄积量201m³/hm²，林分郁闭度0.6，林下散生绣线菊等灌木和苔草类草本植物，当前在林下进行了赤松茸食用菌栽培利用。经营前后的林分状况见图2-28、图2-29，林下食用菌开发利用见图2-30~图2-32。

图2-28 经营试点前林相

图2-29 经营后林相

图2-30 林下开展食用菌栽培

图 2-31 食用菌收获　　　　图 2-32 林下食用菌生长情况

（供稿人：惠建平　赤峰市喀喇沁旗旺业甸实验林场）

2.1.4.2 落叶松人工林近自然经营模式

1. 模式名称

落叶松人工林近自然经营模式。

2. 适用对象

适用于海拔900～1500m的丘陵、山地，坡向为阴坡、半阴坡，土壤为褐土、棕壤，土层厚度在40cm以上，处于幼龄林、中龄林、近熟林阶段的华北落叶松人工纯林。

3. 经营目标

以水土保持、水源涵养、景观美化、生物多样性保护等生态服务功能为主，兼顾大径级材生产。

4. 目标林分

华北落叶松-栎类（柞）、椴树等阔叶树异龄复层混交林，目的树种为华北落叶松、蒙古栎（辽东栎等）、椴树、胡桃楸、白桦等。落叶松以及栎类、椴树、胡桃楸、白桦等目标树密度120～150株/hm²（林分密度330～600株/hm²），落叶松生长周期≥51年，目标胸径≥40cm，栎类、椴树、胡桃楸等生长周期≥81年，目标胸径≥40cm，目标蓄积量270～340m³/hm²。

5. 全周期主要经营措施

（1）建群阶段

林龄10～20年，主要经营措施为透光伐，对密度过高林分开展2～3次透光抚育，保留株数1500～2000株/hm²，抚育过程中适当保留天然更新的阔叶幼树。结合抚育作业对保留木进行1～2次修枝，修枝后冠高比大于1/2。

（2）竞争生长阶段

林龄21～30年，采取生长伐措施两次，确定目标树株数120～150株/hm²，首先标记目标树、干扰树、特别目标树和一般林木，通过两次生长伐，伐除干扰树以及林分中的Ⅴ级木、Ⅳ级木，林分保留株数900～1500株/hm²，结合生长伐作业对目标树进行修枝，修枝后冠高比大于1/2，修枝高度≥6m。

（3）质量选择阶段

林龄31～40年，通过2～3次生长伐，按照目标树作业原则伐除干扰树和一般林木，伐后上林层保留株数330～600株/hm²。

（4）近自然阶段

41～50年，人工促进天然更新的同时，人工补植阔叶树种（蒙古栎、核桃楸、白桦等），前一年穴状整地，补植3～4年生容器苗，株数依据实际释放空间大小具体确定（一般林下人工补植和天然更新株树达到500～600株/hm²），林冠下更新连续抚育管理5年后，开展2代目标树选择，株数为240～300株/hm²。当下层更新的阔叶树幼树生长受抑制时，对上层林木再进行生长伐1次，保留林分密度300～500株/hm²，伐后上层郁闭度0.5～0.7，最终林分结构达到复层异龄针阔混交林。

（5）恒续林阶段

林龄≥51年后，可对目标胸径达到40cm的林木进行采伐利用，同时从生长到主林层的生态目标树中选择新的目标树120～150株/hm²，继续开展目标树经营，培育华北落叶松－栎类、椴树等阔叶树异龄复层混交林，实现森林持续覆盖。

6. 示范林

位于旺业甸实验林场大店营林区坝梁127林班264小班，面积6.3公顷，林龄47年，树种组成为10落+白－柞，平均胸径22.4cm，平均树高17m，郁闭度0.6，林分密度581株/hm²，蓄积量171.49m³/hm²，现林分主要树种为华北落叶松，天然萌生白桦、山杨、柞树、椴树等乡土树种。经营前后的林分状况见图2-33、图2-34。

图 2-33 经营前的林相

图 2-34 采取近自然经营措施后的林相

（供稿人：惠建平　赤峰市喀喇沁旗旺业甸实验林场）

2.1.4.3　白桦次生林目标树经营模式

1. 模式名称

白桦次生林目标树经营模式。

2. 适用对象

适用于海拔900～1500m，坡向为阴坡、半阴坡，土壤为褐土、棕壤，土层厚度在

40cm以上，处于中龄林阶段的以白桦为主要树种的天然次生林。

3. 经营目标

培育大径材为主，兼顾生物多样性保护等生态服务功能。

4. 目标林分

白桦－华北落叶松（红松、云杉）等针阔叶树种异龄复层混交林。目的树种包括白桦、华北落叶松（红松、云杉）、山杨、柞树（蒙古栎、辽东栎）等。目标树株数150～200株/hm²，林分密度250～300株/hm²，培育周期≥81年，目标胸径≥40cm，蓄积量180～300m³/hm²。

5. 全周期主要经营措施

（1）建群阶段

林龄31～40年，先期对丛生的白桦进行定株抚育，去劣留强，每丛保留1～2株（生长健壮、干形直优先保留）。后续进行2～3次生长伐，林分密度1000～1500株/hm²，抚育过程中注意保留天然更新的栎类等阔叶树幼树。

（2）竞争生长阶段

林龄41～50年，林木间生长竞争激烈、林分出现明显分化时，采取生长抚育措施2～3次，伐除林分中的Ⅴ级木、Ⅳ级木，优先保留实生林木，此阶段末期林分密度控制在800～1200株/hm²，郁闭度控制在0.6左右。

（3）质量选择阶段

林龄51～60年，采取疏伐措施1～2次，选择生长健壮、干形良好、无机械损伤的白桦等优势木进行树标记，确定目标树150～200株//hm²，伐除影响目标树生长的干扰树，对不影响目标树生长的其他一般林木（特别是栎类等其他阔叶树原则上保留），林分密度控制在450～600株/hm²，此阶段同时开展林冠下更新促进措施，在林窗内群状补植红松、云杉等耐阴树种，并对天然更新的栎类等阔叶树种采取人工促进措施，林冠下更新连续抚育管理5年后，人工补植和天然更新株树达到500～600株/hm²。当下层更新的阔叶树幼树生长受抑制时，对上层林木再进行疏伐1次，保留林分密度300～450株/hm²，伐后上层郁闭度0.5～0.7。

（4）近自然阶段

林龄61～80年，当下层更新幼树树高连年生长量明显下降时，对上层木实施疏伐1次，伐后林分密度250～300株/hm²，确保下层林木正常生长，促进形成复层异龄森林结构。

（5）恒续林阶段

81年生以后，对胸径达到40cm以上的目标树进行群团状择伐利用，并对确定的二代目标树进行培育,确保林木正常生长,培育形成白桦-华北落叶松(红松、云杉)等针阔叶树种异龄复层混交林。

6. 示范林

位于旺业甸实验林场美林大店区四道沟正沟196林班589小班,面积41.9公顷,为国家二级公益林,树种组成为7白1落1山1柞,林龄44年,中龄林,平均胸径17.8cm,平均树高12m,林分郁闭度0.7,林分密度955株/hm^2,蓄积量129.82m^3/hm^2。林内局部有少量天然更新的柞树、山杨幼树。经营前后的林分状况见图2-35、图2-36。

图2-35 经营前的林相

图2-36 经营后的林相

(供稿人:惠建平 赤峰市喀喇沁旗旺业甸实验林场)

2.1.5 重点国有林区

2.1.5.1 兴安落叶松（樟子松）人工林大径材经营模式

1．模式名称

兴安落叶松（樟子松）人工林大径材经营模式。

2．适用对象

兴安落叶松人工林商品林，地位级为≥Ⅲ级。

3．经营目标

大径材生产。

4．目标林分

兴安落叶松（樟子松）异龄林。大径材株数密度400～600株/hm^2，平均胸径≥35cm（70%以上），兴安落叶松、樟子松45cm以上，阔叶树35cm以上，生长周期120年以上。

5．全周期主要经营措施

如表2-7所示。

表2-7 兴安落叶松（樟子松）人工林大径材经营模式全周期经营措施

发育阶段	树高范围（m）	主要经营措施
建群阶段	1～2	造林密度2500株/hm^2，造林后灌木或杂草高度超过长势良好、有培育前途的目的树种幼苗幼树，并对其生长造成严重影响时，对其半径1m以内的灌木、杂草进行清理，其余灌草均任其自然竞争，天然淘汰
	3～6	未达到最低保留株数密度的进行补植。林中存在大于25m^{2}的林窗时补植兴安落叶松（樟子松），在土壤肥沃且排水良好的林间空地补植西伯利亚红松，水湿条件好的地段补植云杉。保留天然更新的阔叶幼树幼苗。割除影响兴安落叶松（樟子松）生长的灌木、藤本
竞争生长阶段	7～10	伐除影响兴安落叶松（樟子松）生长的其他树种，调整林分密度、改善营养空间、促进林木高生长
	10～15	进行首次疏伐，去劣留优，间密留匀，去弱留强。根据实际生长状况进行二次疏伐；伐除林内萌生杨桦个体，促进林木生长，培育优良干材。对长势良好的兴安落叶松（樟子松）进行修枝以提高其木材品质，修枝高度在6m以内

（续表）

发育阶段	树高范围（m）	主要经营措施
竞争生长阶段	15～20	对林木进行疏伐：伐除过密兴安落叶松（樟子松）及萌生白桦、窜根杨树，调节竞争、改善冠高比，促进兴安落叶松（樟子松）径向生长；疏伐抚育间隔期控制在7年以上，进行二次疏伐
质量选择阶段	20～24	按照林木分级的方式确定Ⅰ、Ⅱ级木，并采伐Ⅳ、Ⅴ级木，促进保留木生长。根据实际生长状况进行生长伐。对林分中生长良好、树冠均匀、干形饱满、无病腐、有培育前途的兴安落叶松（樟子松）进行适当修枝。在林冠下土壤肥沃且排水良好的林间空地补植西伯利亚红松，水湿条件好的地段补植云杉。伐除已达经营目标的兴安落叶松（樟子松），在伐后空地和林中大于25m²的林窗处补植更新第二代兴安落叶松（樟子松），对冠下更新的幼树及时进行幼林抚育，并注意保留阔叶树。当下层兴安落叶松（樟子松）幼树生长受抑制时，对上层林分生长伐1次。促进林木个体径向生长，增加林木蓄积量，改善林木质量和森林健康，培育形成高品质的大径材。当下层兴安落叶松（樟子松）林木进入高生长期，对上层林分实施生长伐1次
近自然林阶段	>24	伐除上层木。采伐达到目标直径的兴安落叶松（樟子松）；采伐主林层第一代林木，收获木材，采伐过程中注意保护下层林木；促进次生林和林下层的生长；更新不足的地段进行补植，大于25m²的林窗补植兴安落叶松（樟子松），在土壤肥沃且排水良好的林间空地补植西伯利亚红松，水湿条件好的地段补植云杉。围绕第二代兴安落叶松（樟子松）进行生长抚育

6. 示范林

位于瓦拉干林场122林班1小班，小班面积301.2亩，人工兴安落叶松林。现有蓄积量128.17m³/hm²，每公顷株数3513株，树种组成7落3樟+白+山，平均胸径9.8cm，平均树高12m，林龄28年，林分郁闭度0.8。经营组织形式为国有林场经营。更新层树种为落叶松，更新株数1280株/hm²，商品林地位级Ⅲ级。

林分当前发育阶段：竞争生长。

当前经营措施：

林木分级：将林木分为五级——Ⅰ优势木，Ⅱ亚优势木，Ⅲ中间木，Ⅳ被压木，Ⅴ濒死木与枯立木。

对林木进行疏伐：采劣留优，采弱留壮，采密留稀，改善林分光照条件，不要出现大林窗，单株间距保留2m。疏伐后林分Ⅰ级木、Ⅱ级木数量不减少。伐后郁闭度不得低于0.6，林分郁闭度原则上一次降低不得超过0.2。

对林分中生长良好、树冠均匀、干形饱满、无病腐、有培育前途的兴安落叶松进行适当修枝。

保留一定比例的阔叶树，以维持林分的混交结构，提高森林生态系统稳定性。

每公顷保留1～3株平均胸径以上的枯立木，为鸟类提供栖息地，维持野生动物物种多样性。

林间较大空地可补植兴安落叶松。

对高度≥50cm的天然更新苗木进行标识和生长促进。

图 2-37　瓦拉干林场122林班1小班经营前林相

图 2-38　瓦拉干林场122林班1小班经营后林相

（供稿人：于瑞安　大兴安岭林业集团公司

秦世立　大兴安岭林业集团公司）

2.1.5.2 兴安落叶松（樟子松）人工林多功能经营模式

1. 模式名称

兴安落叶松（樟子松）人工林多功能经营模式。

2. 适用对象

适用于大兴安岭地区的落叶松（樟子松）人工林。

3. 经营目标

中大径级用材兼顾水源涵养、碳汇等生态服务功能，采用择伐作业法。

4. 目标林分

针叶复层异龄混交林，兴安落叶松占60%，西伯利亚红松、云杉等其他针叶树占20%，杨桦、栎类等其他阔叶树占20%。目标直径：兴安落叶松、樟子松、西伯利亚红松、云杉≥40cm，山杨、白桦≥35cm；目标树密度为150～180株/hm²，目标林分蓄积量≥200m³/hm²。

5. 全周期主要经营措施

如表2-8所示。

表2-8 兴安落叶松（樟子松）人工林多功能经营模式全周期经营措施

林分发育阶段	树高范围（m）	主要经营措施
建群阶段	1～5	兴安落叶松（樟子松）人工造林，商品林造林密度：兴安落叶松、樟子松1429～2500株/hm²，公益林造林密度：兴安落叶松1667～3333株/hm²、樟子松1250～2222株/hm²；新造林3年幼林抚育，清除影响苗木生长的灌草藤本；对天然更新的杨桦实生个体进行选择并标识；侧方透光伐（萌生杨桦霸王树采伐）、割灌除草等幼龄期作业均以促进目的树种兴安落叶松（樟子松）或天然实生杨桦个体为目标，不做全林割灌除草
竞争生长阶段	6～10	进行首次疏伐，去劣留优，间密留匀，去弱留强；疏伐以萌生白桦和蒙古栎、窜根杨树为主，疏伐后控制萌生数量降低至杨桦数量的25%以下；如林分内无萌生个体或萌生个体比例较低（≤25%）则按照"三采三留"的方式开展疏伐作业；兴安落叶松（樟子松）疏伐按照"三采三留"的方式开展。 对于采伐或自然干扰造成的林窗、林间空地进行补植，在林内大于25m²的林窗补植兴安落叶松（樟子松），土壤肥沃且排水良好的林间空地（<25m²）可补植西伯利亚红松，水湿条件好的地段补植云杉，维持林分密度1200株/hm²以上

（续表）

林分发育阶段	树高范围（m）	主要经营措施
质量选择阶段	11~16	确定目标树，目标树密度为150~180株/hm²，采伐干扰木，保护生态目标树；目标树抚育间伐期控制在8~10年，进行多次生长伐抚育；目标树进行修枝，控制在4~6m；除干扰树外，结合林木郁闭度情况适当采伐萌生杨桦木个体，多次间伐后，杨桦萌生个体蓄积量占林分总蓄积量的比例降至5%以下；如林内无萌生个体或萌生林木蓄积量占林分总蓄积量的比例小于5%时，按照抚育过程要求顺次采伐干扰树和Ⅳ、Ⅴ级木；伐后土壤肥沃、排水良好的林窗、林隙补植西伯利亚红松；水湿条件好的地段可补植云杉；保护幼苗幼树，对进入次林层潜在目标树进行标识
近自然林阶段	17~22	生长伐，促进保留目标树生长；形成和保持较大的林木径级差异；促进和保护林下更新优秀个体数量和质量；每公顷保留4~6株胸径20cm以上的枯立木，保留特殊的环境要素（水源、巨石等），维持林下灌草多样性格局
恒续林阶段	>22	进行目标树单株择伐；促进林下层天然更新的生长；围绕第二代目标树进行生长抚育；每公顷保留4~6株胸径20cm以上的枯立木，保留特殊的环境要素（水源、巨石等），维持林下灌草多样性格局

6. 示范林

位于古源林场154林班21小班，面积74.85亩，林分起源是林冠下造林形成的复层异龄混交林，上层为阔叶林、下层为人工落叶松林。现有林分蓄积量112.76m³/hm²，每公顷株数2694株，下层树种组成7落2山1白+柞－黑，平均胸径5.77cm，平均树高5.65m，林龄19年，林分郁闭度0.74。更新层树种为兴安落叶松、白桦，更新株数156株/hm²。经营组织形式为国有林场经营。

森林类别：公益林区。

经营历史：2015年进行过一次抚育，抚育措施是采劣留优，只采伐胸径13cm以下生长不良的林木。

林分当前发育阶段：竞争生长阶段。

林分当前经营措施：

疏伐以萌生白桦和蒙古栎、窜根杨树为主，疏伐后控制萌生数量降至杨桦数量的25%以下；如林分内无萌生个体或萌生个体比例较低（≤25%）则按照"三采三留"的方式开展疏伐作业；兴安落叶松疏伐按照"三采三留"的方式开展；对于采伐或自然干扰造成的林窗、林间空地进行补植，在林内大于25m²的林窗补植兴安落叶松（樟子松），土壤肥沃且排水良好的林间空地（<25m²）可补植西伯利亚红松，水湿条件

好的地段补植云杉,维持林分株数密度1200株/hm²以上。伐后郁闭度不得低于0.6,林分郁闭度原则上一次降低不得超过0.2。

对林分中生长良好、树冠均匀、干形通直、无病腐、有培育前途的落叶松目标树进行适当修枝。

林间空地、林窗、林隙等处通过松土除草、就地间苗补植等措施促进目的树种生长发育。

伐除遭受病虫害、风折、风倒、冰冻、雪压等灾害危害,丧失培育价值的林木和生态功能明显降低的被害木。

树冠上有动物巢穴、隐蔽地的林木应作为辅助木保留,每公顷保留1~3株平均胸径15cm以上的枯立木。《大兴安岭国家重点保护野生植物名录》(参见《大兴安岭森林抚育技术规程》附录G)中的树种,应标记为辅助树或目标树保留,保留兴安杜鹃等有观赏价值以及蓝莓、五味子等有食用药用价值的植物。

图2-39 古源林场154林班21小班伐区经营前林相

图2-40 古源林场154林班21小班伐区经营后林相

(供稿人:秦世立 大兴安岭林业集团公司)

2.1.5.3 杨桦栎阔叶次生林多功能经营模式

1. 模式名称

杨桦栎阔叶次生林多功能经营模式。

2. 适用对象

杨桦栎等阔叶次生林。

3. 经营目标

水源涵养、水土保持兼顾碳汇功能,采用择伐作业法。

4. 目标林分

针阔混交异龄复层林,兴安落叶松占40%,西伯利亚红松(云杉)占20%,栎类20%,其他为杨桦等阔叶树种。目标直径:兴安落叶松、西伯利亚红松、云杉≥40cm,栎(其他硬阔)≥40cm,山杨、白桦≥35cm;目标树密度为120~180株/hm^2,培育周期80~120年,目标蓄积量200~260m^3/hm^2,天然更新中等以上。

5. 全周期主要经营措施

如表2-9所示。

表2-9 杨桦栎阔叶次生林多功能经营模式全周期经营措施

林分发育阶段	树高范围(m)	主要经营措施
建群阶段	1~5	对天然更新的实生个体进行选择、标识并重点保护促进,对天然更新不良的地段补植(大于25m^{2}林窗补植兴安落叶松,在土壤肥沃且排水良好的林间空地可补植西伯利亚红松,水湿条件好的地段补植云杉)并进行3年幼林管护;对丛生杨、桦、蒙古栎进行定株,视每丛株数选择一定数量优秀个体作为保留木,避免过稀导致雪压倒伏,定株措施后,全林萌生个体株数占比控制在80%以下
竞争生长阶段	6~10	丛生杨、桦、蒙古栎进行二次定株,每丛至多保留2株,定株后萌生个体数量占比降低至60%以下;首次强度疏伐,疏伐对象以萌生白桦、栎类、窜根杨树为主,疏伐后全林萌生个体数量占比降低至40%以下;如林分内无萌生个体或萌生个体比例较低(≤40%)则按照"三采三留"的方式选择疏伐林木,开展疏伐作业;林中存在大于25m^{2}林窗时补植兴安落叶松,在土壤肥沃且排水良好的林间空地可补植西伯利亚红松,水湿条件好的地段补植云杉,维持林分株数密度1200株/hm^{2}以上,对影响补植苗木生长的灌木和高大草本进行清理;按照8~10年间隔期进行二次疏伐

（续表）

林分发育阶段	树高范围（m）	主要经营措施
质量选择阶段	11~18	确定目标树，采伐干扰木，保护生态目标树；中大强度生长伐，以采伐干扰树、杨桦栎类萌生个体为主，采伐后针叶树种数量占比70%以上；林内实生个体数量占比80%以上；间伐期控制在8~10年以上，进行多次生长伐；林窗内补植兴安落叶松，土壤肥沃、排水良好的林间空地可补植西伯利亚红松或云杉；对补植幼苗和实生天然更新的针叶树种进行重点保护和促进，并计划性地开展透光伐，优化林下针叶树种的生长光环境；对进入次林层二代目标树进行标识
近自然林阶段	19~24	采伐干扰树，促进目标树生长；形成和保持较大的林木径级差异；促进和保护林下更新优秀个体数量和质量；通过抚育间伐进一步降低杨桦的比例，占比控制在20%以下；每公顷保留4~6株胸径20cm以上的枯立木，维持林下灌草多样性格局
恒续林阶段	>24	目标树单株择伐，逐步增加落叶松、西伯利亚红松等针叶树的比例；对影响二代目标树生长的干扰树进行采伐；保护和促进天然更新的生长，必要时可进行透光伐；每公顷保留4~6株胸径20cm以上的枯立木，保留特殊的环境要素（水源、巨石等），维持林下灌草多样性格局

6. 示范林

位于古源林场153林班11小班，面积143.55亩，杨桦栎阔叶次生林。现有蓄积量112.91m³/hm²，每公顷株数2939株，树种组成4白3山2落1黑，平均胸径10.78cm，平均树高12.11m，林龄36年，林分郁闭度0.77。更新层树种为兴安落叶松、白桦、山杨，更新株数180株/hm²。经营组织形式为国有林场经营。

经营历史：2015年进行过一次抚育，抚育措施是采劣留优，只采伐胸径13cm以下生长不良的林木。

当前林分发育阶段：竞争生长阶段。

林分当前经营措施：

根据林木个体性质的优劣及其在林分中的作用，将林木划分为目标树、辅助树、干扰树和其他树。培育目标树木，保留辅助树，采伐干扰树，抚育后林冠形成多层郁闭，伐后郁闭度不得低于0.6，林分郁闭度原则上一次降低不得超过0.2。

对林分中生长良好、树冠均匀、干形饱满、无病腐、有培育前途的落叶松目标树进行适当修枝。

林间空地、林窗、林隙等处通过松土除草、就地间苗补植等措施促进目的树种生长发育。

伐除遭受病虫害、风折、风倒、冰冻、雪压等灾害危害，丧失培育价值的林木和生态功能明显降低的被害木。

树冠上有动物巢穴、隐蔽地的林木应作为辅助木保留，每公顷保留1~3株平均胸径15cm以上的枯立木。

《大兴安岭国家重点保护野生植物名录》（参见《大兴安岭森林抚育技术规程》附录G）中的树种，应标记为辅助树或目标树保留，保留兴安杜鹃等有观赏价值以及蓝莓、五味子等有食用药用价值的植物。

图 2-41　古源林场 153 林班 11 小班伐区经营前林相

图 2-42　古源林场 153 林班 11 小班伐区经营后林相

（供稿人：秦世立　大兴安岭林业集团公司）

2.1.5.4 天然兴安落叶松（樟子松）林大径材择伐经营模式

1. 模式名称

天然兴安落叶松（樟子松）林大径材择伐经营模式。

2. 适用对象

商品林区地位级≥Ⅲ级及以上的兴安落叶松、樟子松天然林，包括兴安落叶松、樟子松纯林、针叶混交天然林。

3. 经营目标

主导功能为大径材生产，兼顾森林碳汇、水源涵养等生态服务功能。

4. 目标林分

落叶松（樟子松）-阔叶树混交林，兴安落叶松（樟子松）占比70%以上，白桦、山杨等阔叶树占比20%～30%，西伯利亚红松、云杉等呈伴生状态。目标直径：樟子松≥45cm，兴安落叶松≥40cm，阔叶树≥35cm；目标树密度150～180株/hm²；培育周期针叶树120年以上，阔叶树80年以上，天然更新中等以上。

5. 全周期主要经营措施

如表2-10所示。

表2-10 天然兴安落叶松（樟子松）林大径材择伐经营模式全周期经营措施

发育阶段	树高范围（m）	主要经营措施
建群阶段	<2	严格管护，避免牲畜破坏，减少对地表的人为扰动；当幼苗、幼树株数达不到规程要求时，应采取人工促进天然更新、幼林抚育措施；灌木或杂草高度超过长势良好、有培育前途的目的树种幼苗幼树，并对其生长造成严重影响时，对其半径1m以内的灌木、杂草要进行清理，其余灌草均任其自然竞争，天然淘汰
	落叶松：2～6（樟子松：2～4）	封育管护为主；进行透光伐，伐除影响天然更新苗木生长的非目的树种或上层霸王树，调整林分结构，促进林木生长
竞争生长阶段	落叶松：7～12（樟子松：5～10）	疏伐调整林分密度，扩大林木生长空间，促进其快速生长，抚育间隔期7年以上；此阶段不确定目标树，采用林木分级法，但应选定保留木与采伐木；伐后郁闭度不得低于0.6，林分郁闭度原则上一次降低不得超过0.2；疏伐抚育间隔期7年以上

（续表）

发育阶段	树高范围（m）	主要经营措施
质量选择阶段	落叶松：12~16（樟子松：10~13）	根据林木个体优劣及其在林分中的作用，确定落叶松、樟子松等目标树、辅助树、干扰树和其他树，并对目标树、辅助树和干扰树进行标记。其中，《大兴安岭国家重点保护野生植物名录》中的树种，应标记为辅助树或目标树保留；在针叶纯林中的当地乡土树种应作为辅助木保留；选定目标树密度，控制在200~400株/hm²；采用生长伐伐除干扰树，保留一定比例的阔叶树，以维持林分的混交结构，抚育间隔期7年以上；每公顷保留枯立木（胸径大于林分平均胸径）1~3株，维持林下灌草多样性格局；生长伐抚育间隔期7年以上
	落叶松：17~20（樟子松：14~17）	生长伐伐除目标树周围1~3株干扰树，促进目标树自由树冠形成、促进目标树（胸径）生长、提高森林蓄积量；保留一定比例的阔叶树，以维持林分的混交结构，提高森林生态系统稳定性；卫生伐伐除遭受病虫害、风折、风倒、冰冻、雪压等灾害危害，丧失培育价值的林木和生态功能明显降低的被害木；林间空地、林窗、林隙等处通过松土除草、就地间苗补植等措施促进目的树种生长发育。生长伐抚育间隔期7年以上
近自然阶段	落叶松：21~25（樟子松：18~21）	持续采伐干扰树，促进目标树生长至目标胸径；培育高价值二代目标树，促进下层更新生长；促进二代目标树生长，形成和保持较大的林木径级差异；促进和保护林下更新优秀个体数量和质量，必要时进行透光伐
恒续林阶段	落叶松：>25（樟子松：>21）	采伐达到目标直径的目标树，持续收获目标树，维持林分的多样性和结构复杂性，形成多层次森林群落；对影响二代目标树生长的干扰树进行采伐；保护和促进天然更新树种的生长，必要时可进行透光伐

6. 示范林

位于图强林业局潮河林场5林班10小班，面积430.5亩，天然樟子松林。现有蓄积量112.8m³/hm²，每公顷株数1291株，树种组成5樟3落2白，平均胸径14cm，平均树高11m，林龄52年，林分郁闭度0.7。更新层树种为兴安落叶松、樟子松、白桦。经营组织形式为国有林场经营。

经营历史：2014年进行过抚育。

当前发育阶段：质量选择阶段。

林分当前经营措施：

根据林木个体性质的优劣及其在林分中的作用，确定落叶松、樟子松等目标树、辅助树、干扰树和其他树，并对目标树、辅助树和干扰树进行标记，保留辅助树，采伐干扰树，抚育后林冠形成多层郁闭，伐后郁闭度不得低于0.6，林分郁闭度原则上一次降低不得超过0.2。

对林分中生长良好、树冠均匀、干形饱满、无病腐、有培育前途的樟子松目标树进行适当修枝。

林间空地、林窗、林隙等处通过松土除草、就地间苗补植等措施促进目的树种生长发育。

伐除遭受病虫害、风折、风倒、冰冻、雪压等灾害危害，丧失培育价值的林木和生态功能明显降低的被害木。

树冠上有动物巢穴、隐蔽地的林木应作为辅助木保留，每公顷保留1~3株平均胸径15cm以上的枯立木。

《大兴安岭国家重点保护野生植物名录》（参见《大兴安岭森林抚育技术规程》附录G）中的树种，应标记为辅助树或目标树保留，保留兴安杜鹃等有观赏价值以及蓝莓、五味子等有食用药用价值的植物。

图2-43 潮河林场5林班10小班经营前林相

图2-44 潮河林场5林班10小班经营后林相

（供稿人：秦世立　大兴安岭林业集团公司）

2.1.5.5 低质低效柞矮林（柞、黑）转化经营模式

1. 模式名称

低质低效柞矮林（柞、黑）转化经营模式。

2. 适用对象

适用于土壤厚度25cm以上、地位级≥Ⅲ级，蒙古栎（黑桦）天然林经过伐后萌生形成的低质矮林。

3. 经营目标

低效公益林：生态防护功能为主兼顾景观美化、碳汇等功能。

低质商品林：培育中大径材为主兼顾生态服务和景观美化等功能。

4. 目标林分

针阔混交林，栎类（黑桦）主要发挥提供食源和改良土壤等生态功能。第一代林树种组成为6栎2桦2落，萌生栎类与桦木林和人工补植的针叶树形成相对同龄林，第二代林树种组成为60%兴安落叶松、西伯利亚红松、云杉、20%蒙古栎、20%黑桦，形成针阔复层异龄混交林。目标直径：针叶树种≥45cm，栎、桦树种≥35cm；目标蓄积量：220～260m³/hm²；目标树株数：主林层密度300～450株/hm²、次林层针叶树密度保持在500株/hm²。

5. 全周期主要经营措施

表2-11 低质低效柞矮林（柞、黑）转化经营模式全周期经营措施

发育阶段	树龄范围（年）	主要经营措施
更新形成后至郁闭成林前	1～5	对柞矮林进行定株。每丛保留2～3株相对优株；对更新的其他阔叶树，高度小于1m保持自然状态，大于1m后对丛状的进行定株（每丛3～4株，健壮、干形直优先保留）、抹芽定干（幼树条直、有主干）、必要时扩穴等4～5年1次，二次定株（每丛2～3株），保留密度1350～3300株/hm²，优先保留蒙古栎等珍贵天然更新幼树（苗）。天然更新不良的地段进行人工补植，林内大于25m²的林窗补植兴安落叶松，土壤肥沃且排水良好的林间空地（＜25m²）可补植西伯利亚红松，水湿条件好的地段补植云杉，对人工补植的幼苗幼树进行保护和促进。保留上层留下的散生木
郁闭后至干材形成期	6～10	第三次定株（每丛1～2株），保留林分密度1110～2000株/hm²
	11～20	种间生长竞争激烈，下层落叶松高生长受到影响时，开展1次透光伐，伐除上层柞木；对潜在目标树进行修枝整形（高度≥4m）；疏伐1～2次，间隔期7年，伐后保留上层林分密度柞树、杨桦1000～1500株/hm²；注意对前期补植幼树的保护和促进，当主林层萌生阔叶树影响下层林木生长时应以促进下层目的树种为主，采取修枝或透光伐等措施

(续表)

发育阶段	树龄范围（年）	主要经营措施
郁闭后至干材形成期	21~40	选择落叶松、白桦等目标树，采伐柞树等干扰树，伐后主林层保留株数750~900株/hm²；采伐间隔期7年以上；间伐后进行林下补植，采用随机见缝插针式补植，相对开阔的地段补植兴安落叶松和樟子松（上层需有直射光），冠下补植西伯利亚红松或云杉，人工补植针叶树种密度依据林分改造强度及空地情况确定在600~750株/hm²以上；通过割灌、修枝、扩穴等方式，对补植苗木的生长进行促进
林分蓄积生长及促进下层更新生长阶段	41~60	选择主林层落叶松、樟子松、阔叶树作为目标树，采伐干扰树；采伐间隔期7年以上；多次生长伐后主林层保留木500~650株/hm²，采伐过程注意对下层针叶树种的保护；通过目标树修枝、透光伐等方式促进下层针叶树种生长；冠下人工更新和天然更新不良的地段再次进行补植
	61~80	继续开展主林层的生长伐，多次生长伐后主林层保留250~400株/hm²，促进林木个体径向生长，增加林木蓄积量，改善林木质量和森林健康状况。对进入次生林的针叶树种进行下层疏伐，改善针叶树的生长空间，下层疏伐与上层生长伐可同步开展，多次疏伐后，次林层针叶树密度保持在500株以上；保护和促进更新层的生长发育
异龄混交林阶段	≥81	对达到目标胸径的上层林木持续进行单株木择伐；对次林层或已经进入主林层的兴安落叶松等针叶树种进行目标树选择和干扰树采伐；同时对更新层进行多次抚育，确保不同层次林木的正常生长；每公顷保留4~6株胸径20cm以上的枯立木、生境树，保留特殊的环境要素（水源、巨石等），维持林下灌草多样性格局

6. 示范林

示范林位于翠峰林场112林班3小班，示范面积49.2亩。该小班是一般商品林，地位级为Ⅲ级，海拔高412m，坡向西，坡度11°，坡位中。土壤种类为暗棕壤，平均厚度27cm，地被物以杂草为主。郁闭度0.6，树种组成6柞2山2白，平均胸径9cm，平均树高7.6m，属于杨桦柞阔叶混交林，公顷株数1843株，公顷蓄积量59.5m³。

经营历史：2015年进行过一次抚育，抚育措施是采劣留优，只采伐胸径8cm以下生长不良的林木。

林分当前发育阶段：郁闭后至干材形成期的第三阶段（林龄范围在21~40年）。

经营措施：

强度间伐，伐除林内质量差、萌生的蒙古栎和桦木，均匀保留较大个体的蒙古栎、桦木，保留林内针叶树种。

对偶见的林下针叶树种的天然更新，蒙古栎、白桦等阔叶实生天然更新进行标识保护和促进。

伐后及时补植，补植密度依据林分改造强度及空地情况确定在600～750株/hm^2。

对于补植后的幼树进行3年的管护和促进，伐除影响其生长的杂草和灌木。

图 2-45 翠峰林场 112 林班 3 小班经营前林相

图 2-46 翠峰林场 112 林班 3 小班经营后林相

（供稿人：秦世立　大兴安岭林业集团公司）

2.1.5.6 兴安落叶松人工林大径材择伐经营模式

1. 模式名称

兴安落叶松人工林大径材择伐经营模式。

2. 适用对象

人工兴安落叶松纯林，立地条件中等。

3. 经营目标

大径级材培育、生态防护、森林碳汇多功能兼顾。

4. 目标林分

兴安落叶松－西伯利亚红松异龄混交林。落叶松株数150～250株/hm²，年龄60年，胸径40cm以上；西伯利亚红松株数50～100株/hm²，年龄120年以上，胸径40cm以上，目标蓄积量240～280m³/hm²。

5. 全周期主要经营措施

表2-12 兴安落叶松人工林大径材择伐经营模式全周期经营措施

发育阶段	树高范围（m）	主要经营措施
竞争生长阶段	8～10	进行首次疏伐，强度30%，去劣留优，间密留匀，去弱留强；兴安落叶松疏伐按照"三采三留"的方式开展。伐后郁闭度保持0.5～0.6
质量选择阶段	11～15	确定目标树，目标树密度为100～150株/hm²，采伐干扰木，保护生态目标树；采伐强度30%。林层下补植西伯利亚红松20～30株/亩。间伐期控制在8～10年，进行多次生长伐抚育；目标树进行修枝，控制在6m以下；保护幼苗幼树，对进入次林层二代目标树进行标识
近自然林阶段	16～20	采伐干扰树，促进保留目标树生长；形成和保持较大的林木径级差异；促进和保护林下更新优秀个体数量和质量；通过保护生境树，维持生物多样性
恒续林阶段	>20	进行目标树单株择伐；促进林下层天然更新的生长；围绕西伯利亚红松目标树进行生长抚育

6. 示范林

该经营模式位于内蒙古大兴安岭乌尔旗汉森工公司佰拉图施业区23林班3小班。林分起源：人工林。树种组成为10落。林型：落叶松－草类林。1991年造林，初植密度3333株/hm^2，2009年进行最后一次抚育，抚育后平均保留株数2450株/hm^2，蓄积量156.53m^3/hm^2。

图 2-47 佰拉图施业区 23 林班 3 小班经营前林相

图 2-48 佰拉图施业区 23 林班 3 小班经营后林相

（供稿人：赵炳柱 内蒙古大兴安岭森林调查规划院）

2.1.5.7 长白落叶松人工林大径材目标树经营模式

1. 模式名称

长白落叶松人工林大径材目标树经营模式。

2. 适用对象

东北重点国有林区长白落叶松人工商品林。

3. 经营目标

以大径材培育为主要经营目标。

4. 目标林分

林分经营的最终目标是近天然的人工复层异龄针阔混交林。目的树种主要有落叶松、红松、水曲柳、胡桃楸、蒙古栎等。落叶松人工林在中龄林时的目标树密度为150~300株/hm^2，成过熟林时为120~150株/hm^2，达到目标林分时全林各树种总的目标树密度100~150株/hm^2。落叶松等针叶树和黄菠萝、水曲柳、胡桃楸等阔叶树的目标胸径≥45cm，其他阔叶树≥40cm，杨树、白桦≥30cm。

5. 全周期主要经营措施

在经营时，应先选择目标树，后进行采伐设计。这种技术选择可有效破解东北重点国有林区长期存在的"伐大留小、伐好留坏"，伐后林相残破这一难题。通过控制目标树的数量和林分郁闭度可有效控制采伐强度。

（1）最佳介入期：中龄期的落叶松人工林

经营目标：选择目标树，培育天然更新幼树。

经营技术：

① 在落叶松人工林经过充分竞争，林木发生明显分化后，进行目标树选择，目标树株数150~300株/hm^2。

② 选择目标树后再确定干扰树和一部分一般树及病腐木、被压木为采伐木，然后进行生长伐。

③ 生长伐后的林分郁闭度应在0.7左右；采伐后至下一次经营前应每隔3年进行一次人工辅助天然更新作业。

（2）介入期：成过熟的落叶松人工林

经营目标：选择（培育）目标树，更新层幼树培育。

经营技术：

① 在中龄期进行过目标树选择的林分，此时应对目标树进行进一步的筛选，将目标树密度降低为120~150株/hm^2。

② 中龄期没有进行过目标树选择的林分，应在择伐前先选择目标树，目标树的密度为120～150株/hm²。

③ 选择好目标树之后，再进行择伐设计，伐除干扰树、霸王树、病腐木、被压木及一部分一般木。

④ 采伐后林分上层落叶松的郁闭度应保持在0.5～0.6。

⑤ 采伐后林冠下天然更新幼树（树高1m以上）低于500株/hm²的应进行人工冠下造林；当林冠下天然更新幼苗（高度0.5m以下）密度大于2000株/hm²时可进行人工辅助天然更新。林冠下人工造林树种优选水曲柳、胡桃楸、黄菠萝、蒙古栎、红松，造林密度700株/hm²以上。

（3）复层异龄混交林形成阶段

经营目标：落叶松大径材生产、复层异龄混交林形成。

经营技术：

① 当冠下更新幼树平均高达到2m左右时，对上层落叶松进行第二次择伐，伐后上层落叶松的郁闭度应为0.4左右，保留密度300～400株/hm²。

② 当更新幼树的树高接近主林层时，进行第二代目标树选择，目标树密度150～200/hm²。

③ 选择第二代目标树后，对更新层进行生长伐，林分整体郁闭度不能高于0.8，保持林冠下有相对较丰富的草本物种多样性和较高的生物量，目的是促进落叶松针叶腐化，增加土壤养分循环的速度。

④ 人工辅助天然更新，培育第三代更新幼树。

（4）近自然林阶段

经营目标：以落叶松和第二代阔叶树大径材生产为主要目标，兼顾生态效益的近天然恒续林。

经营技术：

① 完全按目标树经营技术，对达到目标胸径的林木进行径级单株择伐。

② 对单株择伐后形成的林窗，以林分树种组成调整为目标进行人工更新或人工促进天然更新。

6. 示范林

位于吉林省临江林业局闹枝林场56林班、135林班，面积320亩。1956年在皆伐迹地营造了长白落叶松人工纯林，经过多年的经营已经将长白落叶松人工纯林转变为上层木以长白落叶松为主体，下层木以人工更新的红松为主，天然更新的椴树、水曲柳、黄菠萝为辅的复层异龄混交林。初步接近了天然林的林分结构形态，林分蓄积量

282m³/hm²。经营样地上层落叶松的林分平均胸径年均生长量比对照样地高了14.3%；而下层木的胸径生长量高了50%，蓄积量提高了111.6%。如图2-49、图2-50所示。

图 2-49 人工复层异龄混交林（上层：落叶松，下层：红松）

图 2-50 基于目标树经营技术的落叶松与红松人工复层林

（供稿人：刘　盛　北华大学）

2.1.5.8 杨树低产人工林改造经营模式

1. 模式名称

杨树低产人工林改造经营模式。

2. 适用对象

适用于重要生态区位外，立地条件中等及以上，生长停滞、生产力低下、处于近熟林阶段的人工杨树工业原料林。

3. 经营目标

主导功能为珍贵大径材生产兼顾碳汇生态功能。

4. 目标林分

针阔混交异龄林，目的树种包括红松、水曲柳、胡桃楸等，其中针叶树种占比

40%～50%，阔叶树种占比50%～60%。目标林分密度600～800株/hm²，目标树密度120～150株/hm²。主要树种的目标胸径：红松60cm以上，水曲柳、胡桃楸等珍贵阔叶树种40～60cm。目标蓄积量300～350m³/hm²。培育周期60～80年。

5. 全周期主要经营措施

（1）目标树建群阶段

① 采伐作业：对人工杨树工业原料林进行大强度抚育采伐，分2～3次逐步伐除，每次采伐株数强度20%左右，伐后郁闭度不低于0.5，间隔期3～5年。

② 补植补造：伐除人工杨树第二年后，选择适宜株行距营造4年生红松实生优质壮苗或实生大苗，不得使用嫁接苗木；红松造林10年或者株高2m以上时，选择适宜株行距，补植补造阔叶树种，形成针阔混交林，林分密度基本处于1000～1200株/hm²。若针叶树种选用落叶松，可与阔叶树种同时补植补造。

③ 抚育管护：每次更新造林后，按照5年7次适时开展割灌除草、松土施肥等抚育管护，同时注重保留天然更新的阔叶目的树种。

（2）竞争生长阶段

① 间伐：红松达到30年，阔叶树种达到20年以上，林木树高达到8～12m，树冠逐步出现重叠，适时开展2～3次抚育采伐，每次控制采伐株数强度20%～25%，伐后郁闭度不低于0.6，间隔期5～7年。确保伐后针叶树种和阔叶树种占比各保持50%左右，伐后保留密度700～900株/hm²。

② 抚育管护：透光后，适时开展修枝、施肥等抚育管护，改善光照条件，增加生长和营养空间。

（3）质量选择阶段

① 目标树选择：红松达到50年，阔叶树种达到40年以上时，进入径向快速生长阶段，并进入严重分化时期，此时选定林分目标树，目标树密度120～150株/hm²。对选定的目标树进行修枝。

② 干扰树伐除：对影响目标树生长的干扰树进行伐除，采伐株数强度不高于30%，伐后郁闭度不低于0.6，伐后林分密度500～700株/hm²为宜，采伐时注意保护天然更新幼树、幼苗。

③ 伐后补植补造及抚育管护：对干扰树伐除后天然更新不良的林分补植补造红松、水曲柳、胡桃楸、紫椴、蒙古栎等珍贵乡土树种，并进行5年7次抚育管护；同时对天然更新珍贵幼树、幼苗进行抚育管护。

（4）近自然阶段

① 目标树单株择伐：红松达到70～80年，阔叶树种达到60～70年时，对进入成过熟林且达到目标胸径的林木进行单木择伐收获，每次择伐作业后，补选新的目标树，

确保目标树120~150株/hm^2，对影响新确定的目标树生长的干扰树进行伐除，采伐强度不超过35%，择伐间隔期不低于1个龄级期。

②伐后更新及抚育管护：伐后天然更新良好的，适时开展抚育管护，并根据更新树种组成，辅以人工补植；对伐后天然更新不良的，需人工补植红松、水曲柳、胡桃楸、紫椴、蒙古栎等，更新密度不宜过高，建议300~400株/hm^2，尽量做到混交，补植后适时开展抚育管护，并对新选定的目标树进行修枝，此阶段林分已逐步形成近自然化的针阔混交异龄复层林。

（5）恒续林阶段

对达到目标胸径的林木开展择伐作业，每次作业后，确定二代目标树，根据林下更新状况，开展抚育管护和补植补造，原则上以天然更新为主，人工促进目的树种更新为辅，形成红松-阔叶树混交异龄复层恒续林。

6. 示范林

位于吉林森工泉阳林业有限公司和临江林业有限公司，面积500亩。改造前后林分如图2-51、图2-52所示。

图2-51 改造前林分

图2-52 经营后林分

（供稿人：徐 亮 吉林森工集团）

2.1.5.9 落叶松人工用材林目标树单株经营模式

1. 模式名称

落叶松人工用材林目标树单株经营模式。

2. 适用对象

适用于东北长白山地区落叶松纯林向针阔混交复层异龄林正向演替的人工针叶纯林近自然化改造林分。

3. 经营目标

主导功能为用材，兼顾生物多样性保护。

4. 目标林分

第一代目标林分为落叶松阔叶混交林，落叶松占60%，阔叶树占40%。第二代目标林分是由红松、云杉和珍贵阔叶树组成的针阔混交复层异龄林，红松、云杉占60%～70%，阔叶树种占30%～40%。阔叶树主要包括水曲柳、黄菠萝、紫椴等珍贵阔叶树。密度目标为800～1000株/hm^2，目标直径为落叶松40cm，红松45～80cm，云杉45～60cm，水曲柳、黄菠萝45～60cm，椴树35～60cm，主伐蓄积量大于300m^3/hm^2。

5. 全周期主要经营措施

（1）建群阶段

是指落叶松造林至幼林郁闭阶段，造林密度3300株/hm^2。主要是采取管护措施，清除影响落叶松和天然更新阔叶幼苗生长的杂草和灌木，为幼树生长创造环境。

（2）竞争阶段

林分郁闭开始进入高生长的速生期，可采取透光伐和疏伐，调节林分密度，促进高生长和形成良好干形。同时采取人工促进天然更新措施。

（3）质量生长阶段

落叶松林木开始出现分化，树木高度差异显著，生活力强的树木占据林冠的主林层，优势木和被压木可以明显地识别出来。可选择目标树，并采伐干扰树，同时采取人工促进天然更新措施，在天然更新不足或缺少高价值针阔叶树种时，补植红松、云杉、水曲柳、黄菠萝、紫椴等乡土和珍贵树种。

（4）近自然阶段

落叶松树高生长趋于缓慢或停止，红松、水曲柳、黄菠萝、紫椴等开始进入主林层，落叶松达到目标直径，进行目标树单株择伐。

（5）红松、云杉为主的针阔混交复层异龄恒续林阶段

主林层的红松、云杉、水曲柳、黄菠萝、紫椴等优势木达到目标直径，次林层明

显形成，林下层有大量更新。可采伐目标树，并选择新的目标树。

6. 示范林

位于汪清林业局塔子沟林场59林班5小班，面积7.2hm^2。1987年造林，林分树种组成：10落－白，平均胸径17.8cm、平均树高17.8m、公顷株数693株、公顷蓄积量123.2m^3（图2-53）。

图 2-53 落叶松人工林分

（供稿人：雷相东　中国林业科学研究院资源信息研究所）

2.1.5.10 云杉、冷杉采育林经营模式

1. 模式名称

云杉、冷杉采育林经营模式。

2. 适用对象

适用于东北长白山地区多以鱼鳞云杉、红皮云杉、臭冷杉为主体的暗针叶林和以红松为主体的阔叶红松林。

3. 经营目标

用材为主兼顾生物多样性保护和碳汇的多功能林。

4. 目标林分

以红松、云杉、冷杉为主的针阔混交复层异龄林，云杉、冷杉、红松占60%～70%，阔叶树种占30%～40%。阔叶树主要包括水曲柳、胡桃楸、黄菠萝、蒙古栎、紫椴等珍贵阔叶树。密度目标为1000～1300株/hm^2，目标树密度130～150株/hm^2。目标直径：红松45～80cm，鱼鳞云杉、红皮云杉45～60cm，冷杉50cm，水曲柳、核桃楸、黄菠萝45～60cm，椴树35～60cm。目标蓄积量320m^3/hm^2。

5. 全周期主要经营措施

天然针叶混交林→抚育间伐（选择云杉、冷杉、红松目标树，采伐干扰树）→补植红松、珍贵阔叶树→冠下人工更新，同时促进天然更新→采伐达到目标胸径的云杉、冷杉、红松→选择红松、阔叶目标树，采伐干扰树→红松、云杉、冷杉阔叶混交林。

选择和标记云冷杉、红松、椴树、蒙古栎、水曲柳、胡桃楸、黄菠萝等目标树，目标树密度为80~120株/hm^2，采伐干扰树和劣质非目的树种。

幼林抚育：对补植及天然更新的幼苗及时进行除草、松土等抚育，保证补植苗木的成活率和保存率，促进苗木正常生长。抚育次数，针叶树为5年7次（前2年每年2次、后每年1次），阔叶树为3年5次（前2年每年2次、后每年1次），抚育时间为每年6月初至7月下旬。

标记和抚育天然更新的红松、水曲柳等树种，天然更新不足的地方补植红松和珍贵阔叶树，团状补植，密度900株/hm^2。

6. 示范林

位于金沟岭林场12林班7小班，面积7.4hm^2。此类森林起源为天然云冷杉针叶过伐林，采育林经营后为复层异龄林，树种组成为3臭3云1落1红1白1水+色+椴，平均胸径20.4cm、平均树高18.4m、公顷株数730株、公顷蓄积量201m^3。如图2-54、图2-55所示。

图 2-54 经营抚育前林分

图 2-55 经营抚育后林分

（供稿人：雷相东　中国林业科学研究院资源信息研究所）

2.1.5.11 长白山蒙古栎红松林多功能经营模式

1. 模式名称

长白山蒙古栎红松林多功能经营模式。

2. 适用对象

适用于立地条件中等及以上,中龄以上阶段的蒙古栎天然次生林。

3. 经营目标

主导功能为珍贵大径材生产,兼顾碳汇和生物多样性保护等多功能。

4. 目标林分

蒙古栎－红松异龄混交林。目的树种包括蒙古栎、红松、水曲柳、椴树等,初期上层蒙古栎目标树密度100~150株/hm²,树龄60年以上,目标树胸径35cm以上,目标蓄积量200~250m³/hm²。通过开展人工促进天然更新等措施,后期红松进入主林层,目标树密度80~100株/hm²,平均树龄80年以上,胸径50cm以上,目标蓄积量250~350m³/hm²。经目标树单株择伐作业经营,促进潜在目标树(红松)更新生长,形成蒙古栎－红松异龄混交林。

5. 全周期主要经营措施

(1)过伐萌生阶段

① 先按照留优去劣的原则伐除没有生长潜力的Ⅳ、Ⅴ级木,干形不良木及受害木等,上层保留木郁闭度保持在0.7~0.8,并注意保护天然更新的红松幼树(苗),围绕幼树清除杂灌杂草。

② 对丛生的蒙古栎和白桦等进行定株,群团丛保留1~2株生长较好的。

③ 林冠下补植红松,根据天然更新的多少,补植500~1000株/hm²,充分利用红松幼苗的耐阴性,栽后5年内采用穴状适度开展割灌除草3~5次,注重保留天然更新的蒙古栎、椴树、水曲柳等目的树种。

④ 更新层的红松达到5~8m后,进行1~2次透光伐(或生长伐),郁闭度控制在0.7~0.8,生长伐强度控制在伐前林木蓄积量的15%以内,抚育后幼树上方及侧方有1.5m以上的生长空间。

(2)竞争生长阶段

① 红松和蒙古栎进入快速高生长阶段。红松幼树达到10~12m后,生长受到抑制,对上层进行透光伐或疏伐,改善光照条件,增加红松营养空间,使红松快速进入主林层,伐后上层郁闭度不低于0.7。

② 对更新层的幼树进行保护,对珍贵树种如水曲柳、黄菠萝和胡桃楸等开展扩

穴，清除杂灌杂草。

（3）质量选择阶段

① 红松树龄30年以上，树高超过12m，进入径向生长阶段，逐步进入主林层。主林层出现分化，蒙古栎等阔叶树种快速生长，形成60%阔叶、40%针叶复层异龄林。

② 对干形通直（造材6～8m）、树冠活力旺盛（树冠比＞0.25）、健康的优质个体进行目标树标记，包括蒙古栎、水曲柳、胡桃楸、黄菠萝、枫桦、椴树、红松等目的树种。围绕目标树开展树冠重叠释放，同时考虑周围红松的生长释放。

③ 确定主林层目标树密度100～150株/hm^2，对更新林木进行疏伐，密度400～600株/hm^2。

（4）近自然阶段

① 主林层高生长停滞，直径生长缓慢，达到培育目标采取持续单株木择伐。蒙古栎目标直径≥45cm，水曲柳、胡桃楸、黄菠萝45～60cm，红松≥60cm。控制伐倒木方向，保护下层幼树。

② 择伐后对下层以天然更新为主，辅助人工促进红松等目的树种更新，实现阔叶-红松多层覆盖。

6. 示范林

位于八家子林业局仲乡林场，面积170亩，蒙古栎天然次生林。当前林分现状为：蓄积量210m^3/hm^2，公顷株数1280株，平均胸径17.0cm，平均树高18.0m，林分郁闭度0.7，树种组成为7蒙古栎1椴树1白桦1杨树，优势树种为蒙古栎。冠下补植红松密度达600株/hm^2，平均树高约6m。如图2-56、图2-57所示。

图2-56　天然实生蒙古栎混交林

图 2-57 蒙古栎红松林现状

（供稿人：卢　军　中国林业科学研究院资源信息研究所）

2.1.5.12　人工落叶松大径材经营模式

1．模式名称

人工落叶松大径材经营模式。

2．适用对象

道路交通方便，地势平缓，立地条件好，林木生长良好，有培育前途的落叶松人工林。

3．经营目标

落叶松大径材。

4．目标林分

以生产优质落叶松大径材为主，兼顾涵养水源、景观游憩等辅助功能。目标胸径50cm以上，树高25m以上，蓄积量350m^3/hm^2以上。经单株木择伐作业经营，促进落叶松生长，形成大径级落叶松林。

5．全周期主要经营措施

① 林龄15年以下时，对落叶松人工林进行综合抚育，按照留优去劣的原则，伐除非目的树种、干形不良木及霸王木等，并且对落叶松进行修枝。

② 当林龄大于15年时，进入快速生长阶段。根据林分郁闭情况，每间隔5～10年对人工落叶松林进行抚育间伐，伐除非目的树种、干形不良木、病虫害侵袭树木以及霸王木等，改善光照条件，增加营养空间，伐后上层郁闭度不低于0.5；抚育间伐标准参考《黑龙江省林口林业局有限公司森林经营试点实施方案（2023）》中不同立地条件下林分理论平均密度表。

6. 示范林

位于曙光经营所41林班。落叶松中强度抚育（间伐强度20%～40%）效果最好，每公顷蓄积量增加了61.88m³，比对照林分多1.90m³，每公顷生物量增加了38.89t，比对照林分多3.38t，每公顷碳储量增加了19.44t，比对照林分多1.69t，灌木总盖度比对照林分平均高10%。如图2-58、图2-59所示。

图 2-58　未经营的落叶松人工林

图 2-59　经营的落叶松人工林（间伐强度 20%～40%）

（供稿人：贾炜玮　东北林业大学）

2.1.5.13　人工红松果材兼用林经营模式

1. 模式名称

人工红松果材兼用林经营模式。

2. 适用对象

适用于立地条件中等及以上，中幼龄林阶段的红松人工林。

3. 经营目标

主导功能为松塔生产兼顾大径材生产。

4. 目标林分

目标林分为果材兼用的多功能林分，以生产优质红松大径材和果实为主，兼顾涵养水源、景观游憩等辅助功能。目标胸径50cm以上，树高25m以上，蓄积量450m³/hm²以上，结实500kg/hm²，经营周期50年。经单株木择伐作业经营，促进红松生长，形成大径级红松果材兼用林。

5. 全周期主要经营措施

① 15年以前，树高干形（材长）培育阶段：对红松人工林进行综合抚育，按照留优去劣的原则，伐除非目的树种、干形不良木及霸王木等，进行密度控制、修枝、防止分杈、营养管理，为将来用材塑造良好的干形，并进行林下清场及部分林木修枝。

② 20年以后，直径培育和果实生产阶段：进行林分结构、树体结构、林分组成等的动态管理，并采取截顶促杈、营养管理等措施促进结实，根据林分郁闭情况，每间隔5~10年对人工红松林进行抚育间伐，伐除非目的树种、干形不良木、病虫害侵袭树木以及霸王木等。

6. 示范林

位于西北楞经营所105林班，面积115亩。土壤为暗棕壤，土层厚度48cm，林分树龄37年。红松的平均胸径增加1.19~3.88cm、增幅7.03%~26.35%；红松的平均树高增加了0.55~2.38m、增幅5.25%~24.91%。其中，中强度抚育（间伐强度20%~40%）效果最好，每公顷蓄积量增加了38.60m³，比对照样地多8.02m³，每公顷生物量增加了4.85t，比对照样地多2.27t，每公顷碳储量增加了2.42t，比对照样地多1.13t，灌木总盖度比对照样地平均高10%。如图2-60、图2-61所示。

图 2-60 未经营的红松人工林

图 2-61 经营后的红松人工林

（供稿人：贾炜玮　东北林业大学）

2.1.5.14 人工针叶混交红松果材兼用林目标树经营模式

1. 模式名称

人工针叶混交红松果材兼用林目标树经营模式。

2. 适用对象

以人工红松、云杉和冷杉为优势树种的针叶混交林。林分立地条件好，树木分化明显，单位面积内有一定数量的能够达到目标树选择标准、处于目标树选择期的红松，即红松树木干形通直，树冠丰满，结实量大。

3. 经营目标

培育以收获红松果实为主导目标，兼顾大径材生产的优质红松林。

4. 目标林分

以红松为主，目的树种包括红松、水曲柳、黄菠萝等的异龄复层混交林。红松目标胸径60cm以上，目标树密度120～150株/hm²，目标蓄积量400m³/hm²以上。

5. 全周期主要经营措施

（1）目标树选择

选择结实能力强、树冠丰满、干形较好的优质红松为目标树，目标树选择密度120～150株/hm²，目标树之间的距离8～9m。

（2）干扰树伐除

伐除干扰树，为目标树健康生长释放足够空间，促进目标树树冠发育、径级生长和蓄积量增加，提高目标树生长速度，干扰树伐除间隔期5～7年。

（3）种源树培育

种源树一般是指现有林分中的稀缺树种，其培育目的是利用其天然更新，增加林分树种多样性，因此其选择不论起源、不论树形，以正常结实为唯一标准，通过疏伐竞争木，促进其生长，从而增加其结实量。

（4）目标树修枝

修枝高度取决于树种的生物特性、立地条件以及市场需求和价格。针叶树一般不超过当前树高的1/2，以便获得有活力的树冠，加速树木径级生长。修枝时不平切、不中切、不撕破树皮。

（5）加强林政管护

禁止放牧、乱伐、盗伐，严禁在林内开展挖沙、取土和破坏森林植被的经营活动，减少森林土壤的碳释放。

6. 示范林

经营示范样地位于美溪林业局公司大西林林场51林班1小班，小班面积19.26hm^2，为人工针叶混交幼龄林。树种组成4云2红1冷1色1枫1白+糠椴+榆－水－柞－山杨－柳，优势树种为人工云杉，平均胸径14cm，平均树高13m，密度1346株/hm^2，单位面积蓄积量134.8m^3/hm^2，郁闭度0.7。如图2-62所示。

图2-62 人工针叶混交红松果材兼用林目标树经营作业前后对比（上：作业前，下：作业后）

（供稿人：陈绍志 中国林业科学研究院科技信息研究所）

2.1.5.15 以目标树为构架的人工红松果材兼用林全林经营模式

1. 模式名称

以目标树为构架的人工红松果材兼用林全林经营模式。

2. 适用对象

立地等级高，珍贵树种比重大，交通方便，可进入性好的红松林。

3. 经营目标

与目标树经营目标基本相同。以目标树为构架的全林经营是在充分满足目标树生长条件的同时，也关注目标树以外其他树木的生长发育，提高全林生长量、价值量和中间收益。

4. 目标林分

红松纯林，目标胸径60cm以上，目标树密度120~150株/hm^2，目标蓄积量400m^3/hm^{2}以上。

5. 全周期主要经营措施

（1）目标树选择（参考"2.1.5.14"）

（2）干扰树伐除（参考"2.1.5.14"）

（3）对目标树进行修枝（参考"2.1.5.14"）

（4）控制全林密度

在伐除干扰树的同时，对林内其他树木进行密度调整和质量调整疏伐，伐除Ⅳ、Ⅴ级木和生长较差的低质萌生木，控制全林密度。有《收获量表》的经营单位按照《收获量表》实施密度控制，没有《收获量表》时按树木的"高径比"控制，即：林内大多数目的树种的当前树高除以胸径的商控制在80~100，低于80表明林内密度过低，应停止疏伐，高于100表明林内密度过高，应尽早实施疏伐。通过以上措施，使全林保持合理密度，促进全林生长和蓄积量增加。

（5）加强林政管护

禁止放牧、乱伐、盗伐，严禁在林内开展挖沙、取土和破坏森林植被的经营活动，减少森林土壤的碳释放。

6. 示范林

①经营示范样地位于美溪林业局公司对青山经营所9林班44小班，小班面积3.41hm^2。人工红松纯林，中龄林，林龄40年。树种组成8红1云1樟+糠椴－柞－黑，优势树种为人工红松，平均胸径24cm，平均树高16m，密度842株/hm^2，单位面积蓄积量198.7m^3/hm^2，郁闭度0.6。如图2-63所示。

图 2-63 人工红松果材兼用林以目标树构架的全林经营作业前后对比（1）
（左：作业前，右：作业后）

②经营示范样地位于美溪林业局公司对青山林场9林班45小班，小班面积9.22hm²。人工红松纯林，中龄林，林龄40年。树种组成10红+糠椴+云－落－柞－樟，优势树种为人工红松，平均胸径24cm，平均树高15m，密度657株/hm²，单位面积蓄积量179.9m³/hm²，郁闭度0.6。如图2-64所示。

图 2-64 人工红松果材兼用林以目标树构架的全林经营作业前后对比（2）
（左：作业前，右：作业后）

（供稿人：陈绍志　中国林业科学研究院科技信息研究所）

2.1.5.16 天然针阔混交林目标树经营模式

1. 模式名称

天然针阔混交林目标树经营模式。

2. 适用对象

天然针阔混交林,一般是落叶松或云杉、红松与天然更新的阔叶白桦、水曲柳、榆树、椴树等形成的混交林。混交方式以株间混交和小群团混交为主。

3. 经营目标

增加目的树种和目的树种中优质树木比例,培育以红松、硬阔(水曲柳、蒙古栎等)为优势树种的针阔混交林。

4. 目标林分

红松、云杉与珍贵阔叶异龄复层混交林。目的树种包括红松、云杉、水曲柳、黄菠萝、胡桃楸等。

5. 全周期主要经营措施

(1)目标树选择

按照树种价值与稀有度确定目标树树种选择优先顺序,选择林内实生、干形质量好、生长活力强的红松、胡桃楸、紫椴、黄菠萝、蒙古栎、水曲柳、色木槭、云杉、落叶松、榆树、黑桦、枫桦等。

(2)干扰树伐除

伐除干扰树,为目标树健康生长释放足够空间,促进目标树树冠发育、径级生长和蓄积量增加,提高目标树生长速度,干扰树伐除间隔期5~7年。

(3)目标树的选择数量和株间距离

针阔混交林一般控制在100~120株/hm^2,窄冠幅的云杉一般控制在200株/hm^2。在具体操作中以实现均匀分布为最佳,由于质量要求无法实现均匀分布时也可选择目标树群团,群团内目标树最多不能超过3株。

(4)目标树的修枝

修枝高度为当前树高的1/2,修枝时不平切、不中切、不撕破树皮。

(5)加强林政管护

禁止放牧、乱伐、盗伐,严禁在林内开展挖沙、取土和破坏森林植被的经营活动,减少森林土壤的碳释放。

6. 示范林

经营示范样地位于美溪林业局公司兰新经营所11林班4小班,小班面积13.68hm^2。

天然针阔混交林，中龄林。树种组成4冷1红1云1水1糠椴1枫1白+色－胡－黄－柞－榆－山杨－柳，优势树种为冷杉，平均胸径16cm，平均树高15m，密度707株/hm^2，单位面积蓄积量88.6m^3/hm^2，郁闭度0.6。如图2-65所示。

图2-65 天然针阔混交林目标树经营作业前后对比（左：作业前，右：作业后）

（供稿人：陈绍志 中国林业科学研究院科技信息研究所）

2.1.5.17 遏制天然林退化演替保护性经营模式

1. 模式名称

遏制天然林退化演替保护性经营模式。

2. 适用对象

适用于因樵、采过度，森林郁闭度急速降低，林地杂草、藤蔓植物生长泛滥，缺乏可更新的优质种源，导致森林天然更新能力不足，出现逆行演替而发生退化的林分。

3. 经营目标

遏制森林退化演替趋势。提升林分基本成林树种和顶极种占比，增强森林生态系统健康与稳定性。培育异龄复层、针阔混交、高价值的多功能森林。

4. 目标林分

由红松和珍贵阔叶树组成的针阔混交复层异龄林。目的树种包括红松（占60%～70%），紫椴、水曲柳、黄菠萝等珍贵阔叶树种（占30%～40%）。目标胸径60cm以上，目标树密度100～120株/hm^2。

5. 全周期主要经营措施

改变过去单一重视"减法式"间伐措施而忽视"加法式"补植补造的状况。在维持森林生境和植被持续覆盖前提下，通过疏伐补植、人工诱导天然更新、渐进式树种置换等方法，增加顶极树种或长期伴生树种，逐步改善退化林结构，促进森林正向演替，提高森林质量，恢复森林功能，增强森林生态系统健康与稳定性。具体经营措施包括：

①全面清林，保留目的树种天然更新幼苗幼树，清林作业前注意对珍贵树种和其他保留树种的幼苗幼树进行标记，以免误伤。清林剩余物应按垂直等高线带状堆积，以有效降低作业对林地的干扰，维持土壤养分循环。

②调整树种结构，对局部过密林分，疏伐先锋树种和生长不良的萌生树木，降低林分密度，为冠下珍贵树种更新生长释放空间。

③选定和抚育种源目标树。保留下来的质量较好的目的树种树木，可作为种源树重点培育，需要做好标识，伐除影响其生长的干扰树，促其结实，加强天然更新。

④对天然更新不足形成的林间空地，通过人工补植目的树种补充更新。

⑤待更新层树种达到目标树选择标准时，选择红松、水曲柳等目标树长期经营与保留，围绕目标树逐渐伐除上层树木，为目标树生长释放空间，从而逐步将退化天然林调整为多树种、高价值的复层异龄针阔混交林。

⑥加强林政管护，禁止放牧、乱伐、盗伐，严禁在林内开展挖沙、取土和破坏森林植被的经营活动，减少森林土壤的碳释放。

6. 示范林

①经营示范样地位于朗乡林业局公司小白林场47林班1小班，小班面积7.84hm²。天然针阔混交林，中龄林。树种组成2红2紫椴1云1冷1色1枫1榆1白+水+黄－胡－山杨，平均胸径18cm，平均树高14m，密度988株/hm²，单位面积蓄积量167.9m³/hm²，郁闭度0.8。如图2-66所示。

②经营示范样地位于朗乡林业局公司新东林场46林班8小班，小班面积13.12hm²。天然针阔混交林，中龄林。树种组成3冷2云2白1红1色1山杨+水+紫椴+色－黄－柞－榆，平均胸径16cm，平均树高14m，密度840株/hm²，单位面积蓄积量103.7m³/hm²，郁闭度0.7。如图2-67所示。

图2-66 遏制天然林退化演替保护性经营作业前后对比（1）（左：作业前，右：作业后）

图 2-67 遏制天然林退化演替保护性经营作业前后对比（2）（左：作业前，右：作业后）

（供稿人：陈绍志　中国林业科学研究院科技信息研究所）

2.1.5.18　天然针阔混交景观林目标树经营模式

1. 模式名称

天然针阔混交景观林目标树经营模式。

2. 适用对象

适用于交通沿线有景观经营需求的落叶松或云杉、冷杉、红松与天然更新的阔叶白桦、水曲柳、榆树、椴树等形成的混交林，混交以株间混交和小群团混交为主。

3. 经营目标

培育以红松、硬阔为优势树种的针阔混交林，同时兼顾营建、培育的具有多树种、多色彩、多功能、多效益的森林景观带。

4. 目标林分

落叶松或云杉以及天然更新的水曲柳、榆树、椴树等阔叶树种构成的异龄复层针阔混交林。落叶松、云杉、红松、水曲柳、椴树等目的树种的目标胸径60cm，目标树密度100～120株/hm^2，目标蓄积量300m^3/hm^{2}以上。

5. 全周期主要经营措施

（1）目标树选择

按照树种价值与稀有度确定目标树树种选择优先顺序，目标树选择以红松、云杉、水曲柳、胡桃楸、紫椴、黄菠萝、色木槭、枫桦、榆树等为主，兼顾优质木材培育与景观林干形良好、彩化树种等需求。

（2）干扰树伐除

伐除干扰树为目标树健康生长释放足够空间，兼顾景观效果，干扰树伐除间隔期

5~7年。同时伐除Ⅳ、Ⅴ级木以及干形较差的树木，改善目标树生长空间，提升林分视觉通透性。

（3）目标树的选择数量和株间距离

针阔混交林密度一般控制在100~120株/hm²，窄冠幅的云杉一般控制在200株/hm²。在具体操作中以实现均匀分布为最佳，由于质量要求无法实现均匀分布时也可选择目标树群团，群团内目标树最多不能超过3株。

（4）目标树修枝

针叶树修枝高度为当前树高的1/2，阔叶树修枝高度为当前树高的1/3。修枝时不平切、不中切、不撕破树皮。

6. 示范林

①经营示范样地位于上甘岭林业局公司红山林场83林班1小班，小班面积1.81hm²。天然阔叶混交林，树种组成3红2柞1水1糠椴1色1白1山杨+榆-冷-黑，优势树种为红松，平均胸径18cm，平均树高17m，密度734株/hm²，单位面积蓄积量145m³/hm²。如图2-68所示。

②经营示范样地位于上甘岭林业局公司溪水林场119林班8小班，小班面积12.7hm²。天然阔叶混交林，中龄林。树种组成6枫桦1红1冷1水1白+色+榆+山杨-云-糠椴，优势树种为枫桦，平均胸径20cm，平均树高19m，密度635株/hm²，单位面积蓄积量149.6m³/hm²，郁闭度0.5。如图2-69所示。

图2-68 天然针阔混交景观林目标树经营作业前后（左：作业前，右：作业后）

图2-69 天然针阔混交景观林目标树经营作业前后（左：作业前，右：作业后）

（供稿人：陈绍志 中国林业科学研究院科技信息研究所）

2.2 华北地区

包括北京市、河北省、山西省。

2.2.1 北京市

2.2.1.1 人工松栎景观游憩林单木择伐经营模式

1. 模式名称

人工松栎景观游憩林单木择伐经营模式。

2. 适用对象

适用于北京中低山地区立地条件较差、土层较薄的人工松栎混交林。

3. 经营目标

主导功能为景观游憩的生态公益林。

4. 目标林分

树体高大、色彩丰富的油松阔叶混交林，优势树种为油松、栓皮栎，混交的阔叶树种包括元宝枫、白蜡等，油松与阔叶树混交比例为6∶4或5∶5，目标树密度100～120株/hm²，油松目标直径40cm，阔叶树目标直径45cm，目标蓄积量180m³/hm²，培育周期80年以上。

5. 全周期主要经营措施

（1）建群阶段

① 造林后保护造林地，避免人畜干扰和破坏。

② 视情况对幼树进行扩堰、施肥处理，促进幼树生长。

③ 开展以割灌为主的侧方抚育，促进幼林郁闭。

（2）竞争生长阶段

① 林龄25年以上时，进入快速生长阶段，开展疏伐，采伐强度25%～30%，促进

保留木生长，同时注重保护林下天然更新。

② 疏伐5～7年后，当同树种林木间胸径出现明显差异时，选择目标树并进行标记，目标树密度300株/hm²左右，对林分开展第一次生长伐，每株目标树周围伐除1～2株干扰树。

（3）质量选择阶段

①第二次生长伐：7～10年后进一步选择并标记目标树，目标树密度200株/hm²左右，每株目标树周围伐除1～2株干扰树。

②第三次生长伐：7～10年后对目标树进一步选优和标记，目标树密度170株/hm²左右，每株目标树周围伐除1～2株干扰树。

③采伐后的林窗、林隙进行人工促进天然更新，促进林下栓皮栎、白蜡、栾树、元宝枫等幼苗幼树生长；天然更新不足的地段，进行补植。

（4）近自然阶段

①第四次生长伐：7～10年后对目标树进一步优选，选择主林层目标树的密度为80～100株/hm²，每株目标树周围选择和伐除1株干扰木，改善次林层木生长条件，形成自由树冠。

②延长生长伐的间隔期到10年以上。

③在次林层选择第二代目标树，第二代目标树密度为150株/hm²左右。

④保护林内出现的较大枯立木、巨石等促进生物多样性恢复的生境要素。

（5）恒续林阶段

①对部分达到目标直径的林木可进行择伐利用或视景观需求继续培育；单次采伐强度20%，目标树密度控制在100～120株/hm²，油松阔叶树混交比例6∶4或5∶5。

②开展人工促进天然更新措施，持续促进林下天然更新生长，形成健康稳定的森林生态系统，持续发挥景观游憩功能及生态服务功能。

6. 示范林

位于西山试验林场魏家村分场，面积150亩，油松栓皮栎人工混交林。现有蓄积量82.5m³/hm²，平均每亩株数66株，平均胸径15.8cm，平均树高8.5m，林分郁闭度0.8。优势树种为油松、栓皮栎，林下为天然更新的栓皮栎、元宝枫、白蜡等乡土阔叶树种幼苗，乔灌草结构完整。如图2-70、图2-71所示。

图 2-70　油松栓皮栎林经营前

图 2-71　油松栓皮栎林经营后

（供稿人：周晓东　北京市西山试验林场）

2.2.1.2　刺槐低效人工防护林群团状择伐经营模式

1. 模式名称

刺槐低效人工防护林群团状择伐经营模式。

2. 适用对象

北京低山地区立地条件差、土层较薄、生长退化的刺槐人工萌生林。

3. 经营目标

以生态防护为主导功能。

4. 目标林分

促进天然更新目的树种生长，逐步变刺槐萌生林为乡土实生多树种混交林。

一代目标林分：团状伐除生长退化的刺槐个体，刺槐林分郁闭度降至0.3~0.4，刺槐保留密度225~375株/hm^2，群团式补植栓皮栎、元宝枫、栾树、山杏、白皮松、侧柏等针阔叶树，保留刺槐与补植的针阔叶树形成团块状混交林。

二代目标林分：引入的针阔叶树种逐渐占优势，刺槐进一步衰退直至消失，形成以中慢生硬阔叶为主的针阔混交林，针阔叶混交比例2∶8。阔叶树目标直径45cm，针叶树目标直径40cm，目标树密度120～150株/hm^2，目标蓄积量180m^3/hm^2。培育周期80年以上。

5. 全周期主要经营措施

该模式介入时刺槐生长已出现明显退化，枯梢枯死较为严重。由于培育的目标为刺槐消亡后的针阔混交林，故而以补植林木发育阶段为划分依据。其全周期经营过程如下：

（1）建群阶段

① 群团状择伐生长衰退的刺槐，伐后林分郁闭度0.5～0.6，注意保留天然更新幼树。

② 伐后在林中空地和较大林窗群团式补植栓皮栎、元宝枫、栾树、山杏等乡土阔叶树种及少量白皮松、侧柏，补植密度300～375株/hm^2；栽后5年内补植苗周围开展割灌除草3～5次，促进补植林木生长；注重保留天然更新的阔叶目的树种。

③ 第一次择伐后5～7年，对刺槐进行第二次群团状择伐，伐后郁闭度0.5～0.6，在林中空地及较大林窗补植，补植密度250～300株/hm^2。

④ 清除刺槐萌条，对压抑明显的天然更新幼树进行透光伐，保护和促进天然落种的目的树种。

（2）竞争生长阶段

① 补植及天然更新林木树龄25年以上，进入快速生长阶段。再次群团状伐除生长退化的刺槐，伐后主林层郁闭度0.3～0.4，刺槐保留密度225～375株/hm^2，形成团块状混交复层林，即为第一代目标林分。

② 清除刺槐萌条，对林下天然更新幼苗1.5m范围内影响其生长的灌木进行折灌处理，保护和促进天然落种的目的树种。

③ 选择并标记补植和天然更新的目标树，目标树密度200株/hm^{2}左右，采伐刺槐等干扰树1～2次。

（3）质量选择阶段

① 皆伐刺槐；对补植和天然更新的目标树，每株目标树周围伐除1～2株干扰树，并对目标树进行修枝作业。

② 进行人工促进天然更新作业，促进更新幼苗生长，使各个垂直高度都有林木。

③ 进一步选择并标记目标树，同时选择第二代目标树，目标树密度150株/hm^{2}左右。

（4）近自然阶段

① 每株目标树周围伐除1～2株干扰树，促进形成自由树冠。

② 保护和促进天然更新的阔叶树种生长，更新阔叶树生长受到抑制时进行1～2次透光伐。

（5）恒续林阶段

对部分达到目标直径的林木进行择伐，选择下一代目标树，目标树密度控制在120～150株/hm^2，针阔叶混交比例2∶8，形成健康稳定的森林生态系统。

6. 示范林

位于西山试验林场魏家村分场，面积150亩，退化刺槐人工林，经营前后林相见图2-72和图2-73。现有林优势树种为刺槐、栓皮栎和白皮松，蓄积量55.3m^3/hm^2，平均每亩株数70株，刺槐与补植树种比例为1∶3，平均胸径12.4cm，平均树高6.0m，林分郁闭度0.6，林下有栓皮栎天然更新幼苗。

图 2-72　经营前刺槐低效林

图 2-73　经营后刺槐低效林

（供稿人：周晓东　北京市西山试验林场）

2.2.1.3 人工华北落叶松景观游憩林择伐经营模式

1. 模式名称

人工华北落叶松景观游憩林择伐经营模式。

2. 适用对象

适用于北京市海拔500m以下、立地条件适中、坡度小于30°、以华北落叶松为优势树种的人工林。

3. 经营目标

以森林景观美化和康养为主导功能，兼顾水源涵养和生物多样性保育功能。

4. 目标林分

落叶松与其他珍贵阔叶树种组成的异龄复层混交林，落叶松与阔叶树组成比例为6∶4或5∶5，阔叶树种包括蒙古栎、椴树、五角枫等。落叶松目标直径为45cm，阔叶目的树种的目标直径为45～50cm，林分蓄积量达到220～270m^3/hm^2。

5. 全周期主要经营措施

（1）森林建群阶段

① 保护造林地，避免人畜干扰和破坏。

② 割除影响幼苗生长的灌木、大草本，清除死亡个体，再补植乡土阔叶树种。

③ 造林3年后，要定株抚育，每穴保留1株生长旺盛的个体，有选择地对幼苗进行扩堰、培土，坡度＞25°时，需修集水圈。

（2）竞争生长阶段：个体互利竞争、树高快速生长阶段

① 后期标记高品质目标树，每公顷标记300株以上。

② 保护天然蒙古栎、五角枫、椴树等珍贵乡土树种。

③ 当林下天然更新受到抑制时，进行透光伐，促进天然更新林木尽快进入主林层。

（3）质量选择阶段：目标树直径生长阶段

① 对目标树进一步选优和标记，密度150株/hm^2，伐除目标树周围1～2株干扰树，并对目标树进行修枝作业。

② 疏伐，降低林分密度，间伐劣质木、病虫木。

③ 促进阔叶混交树种生长，天然更新不足时，补植乡土阔叶树，设置围栏进行保护。

（4）近自然阶段：目标树直径、林分蓄积速生阶段，阔叶树进入主林层

① 对目标树进一步选优和标记，密度控制在100～150株/hm^2左右。

② 伐除目标树周围1～2株干扰树，形成自由树冠。

③ 透光抚育，保护和促进天然及补植阔叶混交树种生长。

（5）恒续林阶段：培育二代目标树

① 达到目标直径的落叶松可进行单株择伐，为天然更新创造条件，伐除劣质木和病腐木。

② 选择第二代阔叶目标树，密度控制在90～120株/hm²左右，维护和保持生态服务功能，人工促进天然更新。

6. 示范林

示范林为华北落叶松人工林，位于北京市延庆区四海镇，造林时间为1981年。当前林分平均胸径大于40cm，蓄积量为200m³/hm²，林分优势高为23m，主林层以落叶松为主，次林层由天然更新的椴树、蒙古栎、五角枫等阔叶树构成，林下有蒙古栎天然更新，林分处于近自然生长阶段。图2-74为2006年12月的林相（质量选择阶段），图2-75为2022年7月的林相。

图 2-74 示范林分 2006 年 12 月林相效果

图 2-75 示范林分 2022 年 7 月林相效果

（供稿人：陆元昌　中国林业科学研究院资源信息研究所
　　　　　孟京辉　北京林业大学）

2.2.2 河北省

2.2.2.1 人工针叶纯林近自然异龄复层林经营模式

1. 模式名称

人工针叶纯林近自然异龄复层林经营模式。

2. 适用对象

适用于主导功能为木材生产，兼顾生态防护为培育目标的人工针叶纯林，主要解决此林分存在的结构单一、天然更新能力弱、生态功能低下等主要问题。

3. 经营目标

以用材生产为主导，兼顾生态防护。

4. 目标林分

华北落叶松、樟子松－云杉、阔叶小乔木或灌木异龄复层混交林，林内上层针叶大径级树木；次林层均匀分布云杉、阔叶小乔木或灌木等树种，下层植被茂密。目标树直径≥40cm，云杉≥50cm。

5. 全周期主要经营措施

根据树高确定林分发育阶段为建群、竞争生长、质量选择、近自然、恒续林5个阶段，按照不同阶段，结合森林经营目标，按照表2-13进行全周期森林经营。

表2-13 人工针叶纯林近自然异龄复层林全周期经营措施

编号	林分特征	树高范围（m）	主要抚育措施
1	林分建群阶段	<1.5	造林/幼林形成阶段，提高造林密度，每亩444株或333株，及早形成森林环境；严格管护，避免人畜干扰和破坏，及时割灌除草
		1.5～4	出现枯死枝时，即开始修枝作业；清理枯死木、被压木
2	竞争生长质量形成的阶段	4～8	核心目标是促进林木高生长。此阶段采伐强度不宜过大，保持林分适当高密度，促进林木高生长；继续实施修枝作业，修枝高度要控制在3～3.5m的下部；抚育生态伴生林木，开展优势木层的强度抚育伐，促进混交树种生长
3	质量选择和生长抚育阶段	8～13	通过目标树管理，促进林木径生长。每隔5年实施一次抚育作业，通过3～5次抚育，最终目标树密度维持在30株/亩左右，加快树冠生长

(续表)

编号	林分特征	树高范围（m）	主要抚育措施
4	近自然生长阶段	13～17	通过抚育促进优势个体生长，提高林下幼树和混交树种的数量和质量。逐渐降低目标树密度，控制在15～20株/亩；在林冠下营造耐阴树种云杉，在林缘处营造樟子松；加强林下更新层的管理，适当实施割灌除草作业，促进更新苗木生长
5	恒续林阶段	>17	林下人工更新层进入次林层，林下乔灌草结构合理，林相由整齐的人工林转为异龄复层混交林；大量大径级林木出现；逐渐择伐部分大径级华北落叶松，加快次林层进入主林层的进度

6. 示范林建设

林分主要位于第三乡林场坝梁营林区。1973年造林，为人工落叶松纯林，初植密度333株/亩。经过5次抚育后，于2011年林分密度达到38株/亩，平均胸径为22cm，蓄积量为10.1m³/亩时，再次实施了间伐作业，将林分密度降至17株/亩，平均胸径为23.6cm，亩蓄积量为6.2m³。2012年实施林冠下造林，造林树种为云杉和樟子松。2023年林分平均密度为17株/亩，平均胸径31.1cm，平均树高17.5m，每亩平均蓄积达10.8m³，林下人工营造的云杉、樟子松和天然下种更新的白桦达76株/亩，灌木呈不均匀状分布。如图2-76、图2-77所示。

图2-76 经营前

图2-77 经营后

（供稿人：常伟强 河北省塞罕坝机械林场）

2.2.2.2 白桦天然次生林目标树经营模式

1. 模式名称

白桦天然次生林目标树经营模式。

2. 适用对象

适用于我国北方防沙带和黄河重点生态区白桦次生林分布区，要求林地土层较厚、立地条件较好。

3. 经营目标

主导功能为生态防护兼顾大径材培育。

4. 目标林分

健康稳定近自然杨桦－针叶树混交林或杨桦－其他阔叶树混交林，生长周期为50年以上，目标直径为白桦≥35cm，落叶松≥40cm，云杉≥50cm，樟子松≥50cm，最终林分蓄积量＞20m³/亩。

5. 全周期主要经营措施

按照建群、竞争生长、质量选择、近自然、恒续林5个阶段，结合森林经营目标，按照表2-14进行全周期森林经营。

表2-14 白桦天然次生林目标树全周期经营措施

编号	林分特征	树高范围（m）	主要抚育措施
1	林分建群阶段	＜1	白桦冠下造林，造林密度111株/亩，严格管护，避免人畜干扰和破坏，及时割灌除草
		1～3	冠下林分过密影响生长时，实施采挖作业，产出部分绿化苗木；冠下针叶树生长到2m左右时，停止割灌除草作业，利用萌生的桦树作为辅助树，促进干形生长
2	竞争生长质量形成的阶段	3～10	出现枯死枝时，即开始修枝作业；多次采取疏挖措施，疏挖干扰树用于城市绿化树种，提高中间抚育经济收益
3	质量选择和生长抚育阶段	10～15	针叶树树冠进入保留的白桦树冠层，形成了针阔混交林；针叶树与白桦形成竞争关系，部分白桦达到目标直径，逐渐实施择伐作业，利用白桦林木
4	近自然生长阶段	15～18	选择目标树的密度控制在15株/亩；林下天然落种大面积出现，在促进目标树保持自由冠的同时，为天然更新树木树种创造条件
5	恒续林阶段	＞18	目标树可以收获，林下更新逐渐进入主林层，单位亩蓄积量达到20m³以上

6. 示范林建设

林分位于千层板林场马蹄坑营林区，林分为白桦天然次生林，主要树种为白桦，林龄47年，小班土层厚度50～60cm。2013年完成采伐作业，伐前每亩株数68株，平均胸径16.7cm，平均树高11.6m，蓄积量为8.4m³/亩；2014年造林，造林树种有云杉、樟子松、落叶松等，造林密度为111株/亩；2015—2017年连续3年实施了抹除萌芽和割灌除草作业。经2023年调查，平均每亩保留白桦14株，平均胸径22.6cm，平均树高15m；林下幼树100株/亩，主要

图2-78 未作业小班（2013年）

图2-79 抚育后冠下造林（2014年）

为人工营造的云杉、樟子松、落叶松和天然萌生的白桦，幼树树高平均3m；林下灌木主要是稠李、野蔷薇等。如图2-78～图2-80所示。

图2-80 经营初步成效（2023年）

（供稿人：常伟强 河北省塞罕坝机械林场）

2.2.2.3 华北落叶松乔林目标树经营模式

1. 模式名称

华北落叶松乔林目标树经营模式。

2. 适用对象

适用于立地条件中等及以上，质量优良、立地较好的华北落叶松实生林分；可选作目标树的优质个体数量足够且分布均匀；林龄20年左右，胸径为10~20cm。

3. 经营目标

培育优质大径材，目标胸径60cm；通过二代林建群，形成多树种混交的林分结构，增加生物多样性。

4. 目标林分

该模式下培育林分计划经营期80年左右，目标树终伐胸径60cm，蓄积量不低于350m^3/hm^2，通过二次建群，生物多样性渐次恢复，生态功能逐渐完备，森林的多种功能充分发挥，林分结构实现异龄复层混交。

5. 发育阶段划分

结合经营目标和林木生长规律确定培育年限，在传统"幼、中、近、成、过"龄组划分的基础上，充分延长培育周期，更好发挥林木生长潜力，根据林分的生长发育特点和规律划分为幼树阶段、形干阶段、展冠阶段和成熟阶段4个阶段。

幼树阶段：指林分郁闭前的未成林阶段，该阶段主要是通过割灌、折灌、扩穴除草等幼抚措施为幼树生长创造环境，促进幼树正常生长、及时郁闭。

形干阶段：指林分郁闭后到树高生长速度减慢时（树高达到终高的1/2），该阶段是林分高生长的速生期，要合理控制森林密度，促进树高生长和良好干形的形成。阶段末期及时选择目标树，并按照目标树的管理技术对目标树进行重点管理。

展冠阶段：指形干阶段完成到成熟阶段前的生长时期，该阶段是林分径生长的速生期；目标树达到目标胸径前一个龄级期或20年左右，建立更新层。

成熟阶段：实施目标树收获，培育保护亚林层。

6. 技术措施

根据不同的发育阶段实施相应经营措施。

幼树阶段：采取的措施主要是扩穴除草、幼树抚育割灌、折灌、围栏封禁。

形干阶段：合理控制森林密度，末期及时选择目标树，目标树密度7株/亩，围绕目标树采伐干扰树，抚育其他树，作业间隔期5~7年（视林分实际干扰程度可适当调整采伐期限），进行目标树修枝。

展冠阶段：定期伐除干扰树，目标树修枝，抚育其他树，目标树达到目标胸径前

20年左右开始构建更新层,若天然更新不足,要及时采取割灌、破土作业,人工促进天然实生更新形成,强化更新层管理,及时为更新层创造良好的生长环境,必要时为增加林内透光,可提前采伐部分目标树。

成熟阶段:采伐收获目标树,根据林下更新情况,分批次逐渐收获;注意保护亚林层,保护下一代目标树的个体,同时进行下一代林分经营。

7. 示范林建设

示范林位于木兰林场国有林场良种苗木繁育场,该示范林建于2014年,面积210亩,人工落叶松林,林龄34年,密度67株/亩,平均胸径16.9cm,优势树高14.7m,亩蓄积量9.1m^3。优势树种为落叶松。目标树经营样地,林龄34年,平均胸径27.4cm,优势树高17.6m,亩蓄积量10.1m^3,标注目标树7株/亩。常规经营对照样地,面积0.9亩,人工落叶松纯林,密度113株/亩,平均胸径16.3cm,优势树高13.6m,亩蓄积量7.4m^3,采取常规经营。如图2-81、图2-82所示。

图2-81 华北落叶松乔林常规经营(对照)

图2-82 华北落叶松乔林目标树经营

(供稿人:孟令宇 河北省木兰围场国有林场)

2.2.2.4 杨桦矮林转化经营模式

1. 模式名称

杨桦矮林转化经营模式。

2. 适用对象

适用于立地条件较好的阴坡、半阴坡,海拔高度在750～1900m,质量残次的多代萌生杨桦林分。转化经营措施主要在杨、桦树林龄达到50年左右开始实施,按传统"幼、中、近、成、过"龄组划分,杨树处于过熟林阶段,桦树处于近熟林阶段。

3. 经营目标

逐渐实现起源或树种的调整,提升森林质量、林地生产力和生态功能,依托现有森林的自然基础,在尽可能少干扰森林自然结构的前提下,通过有效的人为干预活动,促进先锋树种向基本成林树种,低质林向优质林,矮林向中林、乔林转化,最终实现森林的多功能性。

4. 目标林分

该模式下培育的目标林分,树种组成以针阔或阔叶混交林为主,目标林分结构为异龄复层混交林,最终实现杨桦低质矮林向优质中林、乔林的转化。

5. 全周期主要经营措施

具体措施主要分为疏伐转化和带状(块状)转化两种方式。

(1)疏伐转化

适用于林内还有个别林木质量较好,短期内有一定培育价值的天然杨桦低质林。以疏伐为主要技术措施,通过多次疏伐的方式,不断伐除上层林木,为林下更新释放空间,促进天然更新或实施人工更新,实现树种或起源的优化。

疏伐:伐除过密、无培育前途的贬值资源,伐后郁闭度一般要低于0.5,为林下更新创造适宜的生长环境。

更新:杨桦矮林一般目的树种更新较少,如果林下已经存在一定的优质更新幼苗幼树,也符合培育目标,对更新幼苗幼树进行标记、割灌或扩穴,促进更新层的健康生长。如果林下没有适宜的更新树种,可以采取人工割灌、整地、破土、架设围栏等措施,促进天然更新形成。当天然更新不成功或缺失目的树种时,采用人工补植的方法引进更新。

后期抚育:更新层成功建立以后,要及时开展幼抚作业,防止周边灌草影响。同时根据更新层需光情况,逐步采伐上层木,保障二代林健康生长,并能逐步替代上层木。在采伐上层林木时注意保护更新幼树,损伤率不能超过20%。

（2）带状（块状）转化

适用于立地条件好，但林分质量极差、绝大多数为贬值林木资源、衰退严重的天然杨桦次生林。

带状（块状）采伐：通过逐块、逐带改造的方式实现低质林向优质林的转化。一是采用带状采伐：按垂直等高线布带，坡度较大时按平行等高线布带；平坦地带南北向布带（便于更新带受光）带宽20~30m。二是采用块状采伐：每块面积不超过0.5hm^2，相邻两块间隔不低于70m。带状或者块状采伐累计面积不能超过小班总面积的50%。

更新：有目的树种种源的优先选择天然更新或人工促进天然更新，在没有种源或种源不适生的地块要进行人工更新，引进优质种源。更新层建立后，及时对幼苗进行抚育，保证尽快郁闭成林，在幼苗成林后，对保留带或块再按以上方式进行转化更新，以此类推，最终实现对全林的有效转化。

图 2-83　杨桦矮林（对照）

6. 示范林

示范林位于木兰围场国有林场五道沟分场，该示范林建设于2023年，面积19.4亩，现有蓄积量5.8m^3/亩，每亩平均株数77株，平均胸径16.2cm，平均树高（优势树高）

图 2-84　杨桦矮林转化经营

12.5m，林分郁闭度0.9。对照样地，面积0.9亩，现有蓄积量8.8m^3/亩，每亩平均株数83株，平均胸径16.2cm，平均树高（优势树高）12.5m，林分郁闭度0.9。如图2-83、图2-84所示。

（供稿人：孟令宇　河北省木兰围场国有林场）

2.2.2.5 油松乔林均质经营模式

1. 模式名称

油松乔林均质经营模式。

2. 适用对象

适用于立地条件中等及以上，油松长势均匀、实生起源的林分。

3. 经营目标

培育以木材生产为主，兼有水土保持、生物多样性保护的多功能森林。充分利用林地生产力，发挥林木生长潜力，生产中小径级材，保持全林较大的生长量，渐次增加生物多样性。

该模式以培育异龄复层林为主，主林层目标胸径60cm，经营中持续生产中小径材；收获前构建优质更新层，促进人工纯林向异龄复层林发展，培育后期逐渐形成恒续林。

4. 目标林分

结合经营目标和林木生长规律确定培育年限，在传统"幼、中、近、成、过"龄组划分的基础上，充分延长培育周期，更好发挥林木生长潜力，根据林分的生长发育特点和规律划分为幼树阶段、形干阶段、展冠阶段和成熟阶段4个阶段。

幼树阶段：指林分郁闭前的未成林阶段，该阶段主要是通过割灌、折灌、扩穴除草等幼抚措施为幼树生长创造环境，促进幼树正常生长、及时郁闭。

形干阶段：指林分郁闭后到树高生长速度减慢时（树高达到终高的1/2），该阶段是林分高生长的速生期，要合理控制森林密度，促进树高生长和良好干形的形成。

展冠阶段：自树高达到终高的1/2至胸径达到目标前的阶段。此阶段高生长速度减慢，径生长加快。此阶段主要目的是通过合理疏伐促进林木展冠增径。

成熟（恒续林）阶段：林分内大、中、小径级的林木同时存在，每个林龄（龄级）都有林木存在，径级越大数量越少，径级越小数量越多，径级和株数呈倒"J"曲线，不同林龄、径级、树高的林木互相依存，互相制约，形成马赛克式的镶嵌体。

5. 全周期主要经营措施

（1）疏伐

以质定留，优先采伐濒死、病腐、弯曲、多头、偏冠、严重被压等无培育前途林木以及Ⅳ、Ⅴ级木，为保留木释放空间，加速生长。在确定留伐时可以按照《木兰林场收获量表》进行测算。此外，不要求保留木均匀分布，可以形成林窗，为其他树种进入创造条件。

（2）人工促进天然更新

林分达到目标胸径前一个龄级期左右，重点关注林下更新，若天然更新不能满足二次建群需求，则采用透光、破土、抑灌等措施促进天然更新，天然更新不足时，人工补植完成更新，二代林形成复层林。

（3）幼抚定株

对更新层及时进行割灌除草、定株修枝等抚育，促进其健康生长。修枝重点修剪粗壮侧枝，保持良好顶端优势，形成通直干形。

（4）择伐收获

对达到目标胸径的林木，结合市场行情及林下更新情况适时择伐，其他未达到目标林木继续培育。作业过程中注意保护保留木和更新苗木，防止砸伤、碰破。

6. 示范林

示范林位于木兰围场国有林场五道沟分场，该示范林建设于2014年，面积140亩，人工油松林。现有蓄积量13.7m³/亩，每亩平均株数96株，平均胸径18cm，平均树高13.5m（优势树高）。优势树种为油松。天然更新花楸、油松、蒙古栎等树种，亩株数45株，平均高0.3～1.5m。

对照样地面积1.5亩，人工油松林。现有蓄积量19.7m³/亩，每亩平均株数171株，平均胸径16.2cm，平均树高12.8m（优势树高）。如图2-85、图2-86所示。

图2-85 油松乔林（对照）

图2-86 油松乔林均质经营

（供稿人：孟令宇 河北省木兰围场国有林场）

2.2.2.6 冀北油松建筑材林高效培育技术模式

1. 模式名称

冀北油松建筑材林高效培育技术模式。

2. 适用对象

适用于温带季风气候、阴坡厚土、中等以上立地的油松建筑材林。

3. 经营目标

以提升油松建筑材林生产力为主导，兼顾生态防护功能，实现森林多功能经营。

4. 目标林分

油松大中径级建筑材林。树种组成为10油松，同龄林，目标直径16cm以上。阴坡厚土中大径级材培育周期50年以上。

基于建筑材林培育目标，开展密度动态调控研究促进油松的更新生长，以提高建筑材林的综合效益，促进形成林分结构合理的油松人工林。

5. 发育阶段

幼龄林0～20年；

中龄林21～30年；

近熟龄31～40年；

成熟龄41～60年；

过熟龄＞60年。

6. 全周期主要经营措施

技术模式的技术内容包括材种指标、育苗种质来源、造林苗木规格、适宜立地选择、造林密度、整地方式、林分密度动态调控、间伐作业和最适主伐龄。

具体的高效培育技术体系与应用模式见表2-15。

表2-15 河北承德市油松建筑材林高效培育技术体系

序号	技术名称	适用立地	技术措施	技术指标	预期效果
1	建筑材材种指标	中等以上立地	按胸径划分不同径级建筑材种规格	大径材＞22cm。中径材16～22cm。小径材8～16cm。小条木6～8cm	

（续表）

序号	技术名称	适用立地	技术措施	技术指标	预期效果
2	苗木种质来源	苗圃地	按照育苗用种的来源途径及遗传改良水平，择优选择育苗种质来源	高级种子园混合种子	>20%*
				初级种子园优良家系	10%~15%
				初级种子园混合种子	5%~10%
				当地优良母树林种子和优良种源种子	>2%
3	造林苗木规格	中等以上立地	按GB 6000规定执行，采用Ⅰ级实生苗或优良移植苗造林		
4	建筑材林适宜培育立地选择	阴坡厚土层，中等以上立地	优选立地指数7以上、土壤深厚、肥沃、疏松，水分条件良好的立地。其中，阴坡厚土的土壤水分条件最佳，土壤养分充足，更适合培育油松建筑材林	平泉油松林分立地指数分布图。适宜油松大径级建筑材林分布图。大、中径级建筑材宜优先选择黄土梁子镇和柳溪满族乡	①材质好，生产力高；②生产力较高，材质好
5	不同规格建筑材造林密度	中等以上立地	根据不同材种规格确定适宜的造林密度	①拼接材2500~3000株/hm²。②中径材2000~2500株/hm²。③大径材1100~1600株/hm²	
6	整地方式	中等以上立地	按照造林地的立地条件类型选择适宜的整地方式。①在地形复杂多样、坡度较大的地段。②对坡度较缓、坡面较长，土壤中石质含量较小和土层较厚的地段	①鱼鳞坑整地方式。②穴状和带状整地	
7	林分密度动态调控	中等以上立地	针对不同立地、林龄和材种规格的林分制定相应的林分密度动态调控技术策略。研发的油松建筑材林密度管理图和合理密度经营表，是林分密度动态调控的基本依据		不同规格建筑材有相应的经营密度

(续表)

序号	技术名称	适用立地	技术措施	技术指标	预期效果
8	间伐作业	现有林立地	林分胸径连年生长量明显下降时，开始下层抚育间伐。间伐强度按株树计算，强度控制在20%～35%。初始间伐期在7～10年，中强度，分2～3次间伐，间隔5～10年。①阳坡中土林分：培育拼接材，每公顷初植密度为3000～3300株。②阴坡中土林分：培育中径材，每公顷初植密度为2700～3000株。③阴坡中土林分：培育大径材，每公顷初植密度为2300～2600株。④阴坡厚土林分：培育大径材，每公顷初植密度为2000～2300株	①中弱度间伐3次，主伐时树高为9～11m，保留密度1650株/hm²。②中度间伐2次，主伐时树高为9～11m，保留密度1500株/hm²。③中度间伐3次，主伐时树高为11～13m，保留密度1000株/hm²。④幼龄林阶段，以去劣留优、间伐定株的疏伐抚育为主，中度间伐2次；中龄林阶段，通过伐除部分树木完成林间集材道的准备；近熟林阶段，开辟林道，修枝控制在6m以下，伐除1～2株干扰树，保持下木和中间木层的生长条件	
9	建筑材林最适主伐龄	中等以上立地	根据油松建筑材林立地条件、不同径级出材量、工艺成熟龄、经济成熟龄、数量成熟龄确定相应主伐年龄。主伐龄延3～5年，可获得更高效益	①中、大径级油松建筑材的林分工艺成熟龄分别为47年、50年。②经济成熟龄为47年。③阴坡厚土油松人工林数量成熟龄为35年	阴坡厚土中径材最适主伐龄47年。大径级材最适主伐龄50年

注：*处理中径级以上林木蓄积量＞对照中径级以上林木蓄积量的百分比。

7. 示范林

2018年，在河北承德市平泉市黄土梁林场建成技术试验示范林2000亩。初植密度为1000～1200株/hm²，第7年生开始间伐，首次间伐强度为20%，第13年和第23年分别以20%和25%的强度进行第二次和第三次间伐，共间伐3次，保留密度为530株/hm²，以获得较好干形，此时树干生物量占比最佳，最佳主伐年龄为53～55年，伐期树高13～15m，保留木平均单株材积0.2245m³，公顷蓄积量119m³，用于培育大径级油松建筑材，直径＞22cm。如图2-87所示。

技术可就地辐射转化面积约5万公顷。主要技术措施在冀北油松林区的推广潜力约20万公顷。

抚育前林分

抚育后林分

图2-87 阴坡厚土油松建筑材林

（供稿人：贾忠奎　北京林业大学）

2.2.3 山西省

2.2.3.1 人工油松大径材兼用林目标树近自然经营模式

1. 模式名称

人工油松大径材兼用林目标树近自然经营模式。

2. 适用对象

适用于立地条件中等及以上，中、幼龄林阶段的油松人工林。

3. 经营目标

以珍贵大径材生产为主导，兼顾生态防护。

4. 目标林分

油松－阔叶异龄混交林，目的树种为油松、辽东栎、漆树等，目标树密度100～150株/hm²，目标胸径≥50cm，目标蓄积量200～280m³/hm²。经单株木择伐作业经营，促进潜在目标树（阔叶树种）更新生长，形成油松－阔叶异龄混交林。

5. 发育阶段

当前的发育阶段为竞争生长后期。

6. 全周期主要经营措施

（1）当前主要经营措施

①疏伐。通过疏伐的抚育方式为目标树或保留木保留适宜的生长空间，主要促进林木的高生长。抚育强度15%～20%，抚育后郁闭度控制在0.6～0.65，抚育间隔期6～10年。

②选择"目标树"，构建优质林分结构骨架。目标树密度100～150株/hm²。伐除干扰树并保证目标树和其他保留优势木不受损伤。

③控制林内植被。保证亚林层、灌草层有可供生长的光照。

④保留油松之外的耐阴性树种和亚乔木。

⑤除以复壮为目的的割灌作业外，保护林下灌草生长并加强对阔叶树更新的抚育。

（2）混交林引导培育

①高抚育强度，适当创造林中小空地，为补植辽东栎创造空间。

②抚育强度15%～20%，抚育后郁闭度控制在0.6左右。

③在抚育采伐的同时，利用现有的或采伐形成的林中小空地，团块状补植辽东栎，株行距1～1.5m×1.5～2m。

（3）更新层培育阶段

①在目标树胸径达到40cm左右时，为促进林分天然更新，进行一次强度抚育，除干扰树外对部分胸径达到35cm的林木进行采伐，采伐强度25%～35%。

②采伐时对林下已有的油松、漆树、辽东栎等目的树种的幼树幼苗进行标记和保护，并进一步采取人工促进天然更新等方式，促进目的树种的天然更新；天然更新达不到中等以上时林冠下补植辽东栎等阔叶树450～750株/hm²。

（4）收获阶段：主林层择伐期

①主林层达到培育目标后采取持续单株木择伐。

②择伐后对下层以天然更新为主，人工辅助促进油松、辽东栎等目的树种更新，实现松栎混交恒续覆盖。

③确定先期更新层目标树120～150株/hm²，对更新林木进行疏伐，密度650～850株/hm²。

7. 示范林

示范林位于中条林局中村林场南河林班211小班，建设于2022年。面积300亩，地貌类型为山地，土壤类型为淋溶褐土，海拔1250～1535m，坡向全，坡度5～25°。人工油松纯林，林龄为45年，郁闭度0.83，平均胸径14.8cm，平均树高7.0m，林分密度1293株/hm²，蓄积量72.5m³/hm²。林下更新油松、漆树、鹅耳枥幼苗225株/hm²。本次采伐作业的株数强度16.0%，蓄积量强度7.2%，作业后树种组成10油，郁闭度0.72，平均胸径15.3cm，树高7.3m，林分密度1087株/hm²，采伐后蓄积量67.3m³/hm²。如图2-88、图2-89所示。

图 2-88　油松人工林大径材近自然经营模式

图 2-89　油松人工林对照林分

（供稿人：梁守伦　山西省林业和草原科学研究院）

2.2.3.2 天然栓皮栎大径材兼用林目标树近自然经营模式

1. 模式名称

天然栓皮栎大径材兼用林目标树近自然经营模式。

2. 适用对象

适用于立地条件中等及以上的栓皮栎天然林。

3. 经营目标

以大径材生产主导兼顾生态服务。

4. 目标林分

栓皮栎林，目的树种栓皮栎，目标树密度80～120株/hm²，目标胸径≥45cm，目标蓄积量150～230m³/hm²。经单株木择伐作业经营，促进潜在目标树（阔叶树种）更新生长，形成栓皮栎异龄混交林。

5. 发育阶段

当前的发育阶段为竞争生长后期。

6. 全周期主要经营措施

（1）当前主要经营措施

①通过疏伐的抚育方式为目标树或保留木提供适宜的生长空间，主要促进林木的高生长。抚育强度15%～20%，抚育后郁闭度控制在0.6～0.65，抚育间隔期6～10年。

②选择树干通直、冠形丰满、生长势良好且无损伤和病虫害的实生栓皮松为目标树，以保证林分基本蓄积量和作为林分骨架形成优势主林层。目标树密度80～120株/hm²。选择栓皮栎以外的基本成林树种为特殊目标树，丰富天然更新种源，逐步改变栓皮栎的纯林结构，实现多树种混交增加林分的稳定性。

③目标树修枝，修枝高度一般为当前树高的1/3，不得超过1/2，修枝不能撕破树皮，以创口面积最小为原则。

④伐除干扰树并保证目标树和其他保留优势木不受损伤；干扰树伐除之外的均质疏伐：除了伐除干扰树之外，为了促进保留木中优质木（非目标树）的生长，增加全林生长量，也要伐除影响优质木生长的竞争木。

⑤控制林内植被，保证亚林层、灌草层有可供生长的光照，加强对阔叶树更新的抚育，对于影响林下更新幼树生长的灌木进行折灌处理，此外不进行全林割灌作业，保护林下灌草生长。

（2）更新层培育阶段

①在目标树胸径达到35cm左右时，为促进林分天然更新，进行一次强度抚育，除

干扰树外对部分胸径达到30cm的林木进行采伐，采伐强度25%～35%。

②采伐时对林下已有的栓皮栎等树种的幼树幼苗进行标记和保护，并进一步采取人工促进天然更新等方式，促进目的树种的天然更新；天然更新达不到中等以上时林冠下补植栓皮栎等阔叶树450～750株/hm²。

（3）收获阶段：主林层择伐期

①主林层达到培育目标后采取持续单株木择伐。

②择伐后对下层以天然更新为主，人工辅助促进栓皮栎等更新，实现栓皮栎与其他阔叶树混交林恒续覆盖。

③确定先期更新层目标树100～135株/hm²，对更新林木进行疏伐，密度650～850株/hm²。

7. 示范林

示范林位于中条林局中村林场冯村林班20小班，建设于2022年，面积500亩。地貌类型为山地，土壤类型为淋溶褐土，海拔1027～1321m，坡向东南，坡度16°。天然林，树种组成10栓，林龄为43年，郁闭度0.80，平均胸径12.2cm，平均树高7.7m，林分密度1610株/hm²，蓄积量70m³/hm²。林下更新栓皮栎等幼苗250株/hm²。本次采伐作业的株数强度15.5%，蓄积量强度7.2%，作业后树种组成10栓，郁闭度0.70，平均胸径12.4cm，树高7.9m，林分密度1356株/hm²，采伐后蓄积量64.7m³/hm²。如图2-90、图2-91所示。

图 2-90 栓皮栎天然大径材林经营模式

图 2-91 栓皮栎天然大径材对照林分

（供稿人：梁守伦　山西省林业和草原科学研究院）

2.2.3.3 天然油松辽东栎兼用林以目标树为架构的近自然经营模式

1. 模式名称

天然油松辽东栎兼用林以目标树为架构的近自然经营模式。

2. 适用对象

适用于立地条件中等及以上，中龄林阶段的松栎混交天然次生林。

3. 经营目标

以水源涵养为主导，兼顾木材生产。

4. 目标林分

目的树种包括油松、辽东栎等，混交比例6油4辽，目标胸径油松50cm、辽东栎40cm，目标树密度105～135株/hm^2，目标蓄积量180～250m^3/hm^2。经单株木择伐作业经营，促进潜在目标树更新生长，形成油松辽东栎复层异龄混交林。

5. 发育阶段

当前的发育阶段为质量选择前期。

6. 全周期主要经营措施

（1）当前的主要经营措施

①通过生长伐的抚育方式为目标树或保留木提供适宜的生长空间，主要促进林木的径向生长。抚育强度15%～20%，抚育后郁闭度控制在0.6～0.65，抚育间隔期8～12年。

②选择树干通直、冠形丰满、生长势良好且无损伤和病虫害的林木为目标树，进行标记，以保证林分基本蓄积量和作为林分骨架形成优势主林层。在选择目标树时，为增加树种多样性，除油松之外也选择实生、长势良好的辽东栎及其他高价值阔叶树种为目标树。目标树密度105～135株/hm^2。目标树选择尽量均匀，目标树之间的距离7～10m为宜。

③目标树修枝，修枝高度一般为当前树高的1/3，不得超过1/2，修枝不能撕破树皮，以创口面积最小为原则。

④干扰树确定与伐除。伐除影响目标树生长的干扰树，并控制树倒方向，保护目标树和其他保留木不受损害。优先选择目标树上坡位以及同林层的影响目标树冠幅发展的树木作为干扰树进行伐除，而对目标树冠幅生长没有威胁的林木则要保留。在伐除干扰树的同时，对其他区域进行密度调控，实施全林作业。

⑤保护珍贵阔叶树种，作为种源树进行培育，促进其天然更新。

（2）更新层培育阶段

①在油松目标树胸径达到40cm左右时，为促进林分天然更新，进行一次强度抚

育,除干扰树外对部分胸径达到35cm的林木进行采伐,采伐强度25%～35%。

②采伐时对林下已有的油松、辽东栎等目的树种的幼树幼苗进行标记和保护,并进一步采取人工促进天然更新等方式,促进目的树种的天然更新。

(3)收获阶段:主林层择伐期

①主林层达到培育目标胸径后采取持续单株木择伐。

②择伐后对下层以天然更新为主,人工辅助促进油松、辽东栎等目的树种更新,实现松栎混交恒续覆盖。

③确定先期更新层目标树120～150株/hm^2,对更新林木进行疏伐,密度650～850株/hm^2。

7. 示范林

示范林位于三道川中心林场8林班587、375、353、436小班,建设于2021年。面积400亩,天然次生松栎混交。经营组织形式为国有林场经营。现有蓄积量8.6m^3/亩,每亩平均株数64株,平均胸径21.3cm,平均树高11.6m,林分郁闭度0.8。优势树种为油松,次要树种为辽东栎。更新层有油松、辽东栎等乡土树种,但目前更新不良。当前发育阶段为质量选择前期。通过抚育,提高全林生长量,保护幼苗幼树,促进目的树种更新生长,培育油松辽东栎复层异龄混交林。如图2-92、图2-93所示。

图 2-92 目标树经营的松栎混交天然次生林　图 2-93 天然油松辽东栎混交林对照林分

(供稿人:梁守伦　山西省林业和草原科学研究院)

2.2.3.4 人工油松兼用林以目标树为构架的全林经营模式

1. 模式名称

人工油松兼用林以目标树为构架的全林经营模式。

2. 适用对象

适用于立地条件中等及以上，中幼龄林阶段的油松人工林。

3. 经营目标

以水土保持为主导，兼顾木材生产。

4. 目标林分

目的树种包括油松、辽东栎等，混交比例6油4辽，目标胸径油松50cm、辽东栎40cm，目标树密度105～135株/hm²，目标蓄积量180～230m³/hm²。经单株木择伐作业经营，促进潜在目标树更新生长，形成油松辽东栎复层异龄混交林。

5. 发育阶段

当前的发育阶段为竞争生长后期。

6. 全周期主要经营措施

（1）当前的主要经营措施

①通过疏伐的抚育方式为目标树或保留木提供适宜的生长空间，主要促进林木的高生长。抚育间隔期6～10年。

②选择树干通直、冠形丰满、生长势良好且无损伤和病虫害的林木为目标树，进行标记，以保证林分基本蓄积量和作为林分骨架形成优势主林层。目标树密度105～150株/hm²。目标树选择尽量均匀，目标树之间的距离6～10m为宜。

③目标树修枝，修枝高度一般为当前树高的1/3，不得超过1/2，修枝不能撕破树皮，以创口面积最小为原则。

④干扰树确定与伐除。伐除影响目标树生长的干扰树，并控制树倒方向，保护目标树和其他保留木不受损害。优先选择目标树上坡位以及同林层的影响目标树冠幅发展的树木作为干扰树进行伐除，而对目标树冠幅生长没有威胁的林木则要保留。

⑤保护珍贵阔叶树种，作为种源树进行培育，促进其天然更新。在选择目标树时，为增加树种多样性，除油松之外也选择实生、长势良好的桦树及林内少有的辽东栎、核桃楸、山榆树、五角枫等其他高价值阔叶树种为特殊目标树，也进行重点培育，释放生长空间，促其生长与结实。

⑥干扰树伐除之外的均质疏伐：除了伐除干扰树之外，为了促进保留木中优质木（非目标树）的生长，增加全林生长量，也要伐除影响优质木生长的竞争木。将林内所有的被压木、弱势木全部伐除，降低林分株数密度，所有的双株木或多株木都变为单株木。坡度较大的林地，林内采伐或修枝剩余物横向堆积，在一定程度上减缓地表径流，增加入渗，降低水土流失的风险。

（2）混交林的引导培育

①提高抚育强度，适当创造林中小空地，为补植辽东栎创造空间。

②抚育强度15%~20%，抚育后郁闭度控制在0.6左右。

③在抚育采伐的同时，利用现有的或采伐形成的林中小空地，团块状补植辽东栎，株行距1~1.5m×1.5~2m。

（3）更新层培育阶段

①在目标树胸径达到40cm左右时，为促进林分天然更新，进行一次强度抚育，除干扰树外对部分胸径达到35cm的林木进行采伐，采伐强度25%~35%。

②采伐时对林下已有的油松、辽东栎等目的树种的幼树幼苗进行标记和保护，并进一步采取人工促进天然更新等方式，促进目的树种的天然更新；天然更新达不到中等以上时林冠下补植辽东栎等阔叶树450~750株/hm^2。

（4）收获阶段：主林层择伐期

①主林层达到培育目标采取持续单株木择伐。

②择伐后对下层以天然更新为主，人工辅助促进油松、辽东栎等目的树种更新，实现松栎混交恒续覆盖。

③确定先期更新层目标树120~150株/hm^2，对更新林木进行疏伐，密度650~850株/hm^2。

7. 示范林

示范林位于交中林场后水头23林班2a小班，建设于2022年。面积4.33hm^2。林分起源为人工林，树种组成为9油1桦，林龄为38年，胸径15.2cm，树高7.3m，林分密度1095株/hm^2，郁闭度0.85，天然更新幼苗45~75株/hm^2。本次采伐作业株数强度9.6%，蓄积量强度8.7%，抚育后郁闭度0.78。通过抚育，提高全林生长量，保护幼苗幼树，促进目的树种更新生长，培育油松辽东栎复层异龄混交林。如图2-94、图2-95所示。

图 2-94 油松人工林以目标树为构架的全林经营

图 2-95 油松人工林对照林分

（供稿人：梁守伦 山西省林业和草原科学研究院）

2.2.3.5 人工油松防护林近自然经营模式

1. 模式名称

人工油松防护林近自然经营模式。

2. 适用对象

适用于山西省东南部，属暖温带大陆性气候区，海拔800～1100m，位于山地脊部和阳坡，坡度在10～20°，坡向无或南，立地条件中等及以上的高密度中龄防护林。

3. 经营目标

以水土保持为主，兼顾大径材生产功能。

4. 目标林分

人工油松防护林。目的树种主要为油松，部分小班内有片状侧柏混交。树密度156株/hm², 树龄100年以上，胸径在40cm以上，蓄积量110m³/hm²。经单林木择伐作业经营，促进潜在目标树更新生长，形成人工油松防护林。

5. 发育阶段

当前的发育阶段为竞争生长后期。

6. 全周期主要经营措施

（1）当前的主要经营措施

①选择树干通直、冠形丰满、生长势良好且无损伤和病虫害的林木为"目标树"，以红色胶带在树高1.3m位置缠绕一周进行标记，以保证林分基本蓄积量和作为林分骨架形成优势主林层。目标树密度为150株/hm²。

②目标树修枝，修枝高度一般为当前树高的1/3，不得超过1/2，修枝不能撕破树皮，以创口面积最小为原则。割除目的树种周边1m左右范围的灌木杂草。

③既要伐除目标树周边干扰树，解放目标树树冠，使其形成自由树冠，促进目标树径生长，也要伐除影响优质木生长的竞争木，促进保留木高、径生长。

④保护辅助树和林下幼苗幼树，必要时对幼树采用灌木遮盖、套网等措施进行保护。

⑤保护灌草层和枯落物不被破坏，提高水土保持能力。

（2）混交林的引导培育

①提高抚育强度，适当创造林中小空地，为补植栓皮栎创造空间。

②抚育强度15%～20%，抚育后郁闭度控制在0.6左右。

③在抚育采伐的同时，利用现有的或采伐形成的林中小空地，团块状补植栓皮栎，株行距1～1.5m×1.5～2m。

（3）更新层培育阶段

①在目标树胸径达到40cm左右时，为促进林分天然更新，进行一次强度抚育，除干扰树外对部分胸径达到35cm的林木进行采伐，采伐强度25%～35%。

②采伐时对林下已有的油松、侧柏、栓皮栎等目的树种的幼树幼苗进行标记和保护，并进一步采取人工促进天然更新等方式，促进目的树种的天然更新；天然更新达不到中等以上时林冠下补植栓皮栎等阔叶树450～750株/hm²。

（4）收获阶段：主林层择伐期

①主林层达到培育目标后采取持续单株木择伐。

②择伐后对下层以天然更新为主，人工辅助促进油松、栓皮栎等目的树种更新，

实现松栎混交恒续覆盖。

③确定先期更新层目标树120~150株/hm^2，对更新林木进行疏伐，密度650~850株/hm^2。

7. 示范林

示范林位于阳城县国营林场南上林班0868小班，作业面积14.67hm^2，油松人工水土保持纯林。树种组成为10油+华－侧，树龄51年，林分密度为1365株/hm^2，蓄积量135.8655m^3/hm^2，郁闭度0.86，平均胸径18.2cm，平均高7.1m，优势高8m，天然更新弱。本次采伐株数强度28.6%，蓄积量强度18.6%，抚育后郁闭度0.68。通过对中龄林实施生长伐，改善林分生长环境，提高林分生长量和森林质量。如图2-96、图2-97所示。

图2-96 人工油松防护林近自然经营模式

图2-97 人工油松林对照林分

（供稿人：杨栋梁　山西省阳城县国营林场）

2.3 西北地区

包括陕西省、甘肃省、新疆维吾尔自治区。

2.3.1 陕西省

2.3.1.1 人工油松林近自然多功能经营模式

1. 模式名称

人工油松林近自然多功能经营模式。

2. 适用对象

适用于大陆性暖温带半湿润气候区，海拔1000~1300m，土壤多为褐土和灰褐土的黄土高原生境较贫瘠的阳坡地带已进行抚育定株的中龄油松人工林和油松纯林向针阔混交林转化的经营类型。

3. 经营目标

以水土保持功能为主导，兼顾大径材及其他林产品生产的针阔混交林。

4. 目标林分

以油松为主的复层异龄针阔混交林，树种组成为7油3阔；林分中达到或接近目标直径个体的密度为100~150株/hm^2，油松和乡土阔叶树的目标直径分别为50cm以上和40cm以上，树高18m以上，蓄积量大于150m^3/hm^2，林下种植黄芩或连翘等药材；培育周期75年，共划分成5个培育阶段，每个发育阶段15年。

5. 发育阶段和全周期经营措施

如表2-16所示。

6. 示范林

（1）具体情况

位于瓦子街林场85林班10、12小班，面积400.5亩，国有水土保持林。

表2-16 油松人工林全周期经营措施

发育阶段	林分特征	树高范围（m）	主要经营措施
森林建群阶段	造林/幼林形成/林分建群	<2.5	造林/幼林形成阶段，初植密度4500株/hm²；对死亡个体要进行补植。造林3年后，进行定株抚育，每个坑穴保留1株生长旺盛的个体。坡度>25°的林地，需在油松幼树周围修集水圈；油松幼苗高度<1m的林地，抚育影响幼苗生长的大型灌草；避免人畜干扰和破坏
		2.5~6	树冠相互重叠区域可对劣质木间伐；也可进行割灌为主的侧方抚育；总体郁闭度保留在0.7左右。保护天然更新的辽东栎、漆树、茶条槭等生态目的树种的幼苗幼树；避免人畜干扰和破坏
竞争生长阶段	个体竞争，林木树高速生；幼龄林至杆材林的郁闭林分	6~13	通过抚育促进优势个体快速生长，目标树密度为250株/hm²；禁止对目标树进行采脂作业。树冠重叠处间伐干扰树，伐除病虫木；开创林间集材道。对目标树、阔叶生态目标树修枝，枝下高控制在3.0~3.5m；对伴生生态目的树种辽东栎、漆树、茶条槭等进行抚育作业，促进混交树种生长；保留优秀群体，以群状为抚育单位。
质量选择阶段	乔木林目标树直径速生	13~16	间伐干扰树，促进油松和辽东栎等优势个体生长，提高林木质量。再次选择目标树，目标树保留密度为150株/hm²左右；伐除干扰木、劣质木、病虫木；郁闭度控制在0.6；培育幼苗、幼树；完善集材道。林下栽植灌木药材连翘或黄芩，株行距0.8m×1.0m。目标树修枝，枝下高控制在6m，禁止对目标树进行采脂作业。
森林近自然阶段	乔木林目标树直径、林分蓄积速生	16~18	间伐目标树干扰木，促进优势个体生长；目标树的密度100株/hm²左右，提高林下幼树和混交树种的数量。伐除目标树干扰木、病虫木和劣质木，林分郁闭度控制在0.6~0.7。选择培育二代目标树。对二代目标树、生态目标树修枝，枝下高控制在9m。抚育林下药材，连翘每年采收蒴果；黄芩每3年采收一次。乔木层抚育间隔期10年左右
恒续林阶段	大径乔木林分蓄积速生，二代目标树培育	>18	择伐达到目标直径的油松或阔叶乔木，生产高品质大径材；伐除乔木层的劣质木；培育第二代目标树。二代目标树密度在100株/hm²左右。更新林下种植的黄芩或连翘，株行距0.8m×1.0m；黄芩每隔5年收获一次；连翘每年采收蒴果，15年更新一次。保护古树和优良个体；抚育间隔期10年

（2）林分现状

油松人工纯林，乔木层林木平均高度14m，平均直径20cm，林分郁闭度0.6～0.8，立木蓄积量78.5～85.0m³/hm²，林下种植黄芩、连翘；由于立地条件比较干旱，乔木层郁闭度不大，辽东栎、茶条槭幼树、幼苗较多，灌木、草本层生长旺盛。目前处于质量选择阶段。

（3）经营历史

1975年用3年生实生油松苗植苗造林，密度4500株/hm²。1985年定株抚育，每穴保留一株优势木，伐除影响幼树生长灌木；间伐影响油松生长的阔叶树和油松，强度15%左右。到2013年开始建设油松林林下种植药材示范林。

（4）目标林分

培育以油松为主，林下种植黄芩或连翘，兼顾大径材及药材生产的复层异龄针阔混交林。

（5）主要经营措施和效果

经营措施：对目标树再次进行检验淘汰，密度为150株/hm²左右；伐除干扰木、劣质木、病虫木，对目标树修枝，枝下高控制在6m，促进油松和辽东栎等优势个体生长，提高林木质量，禁止对目标树进行采伐作业。郁闭度控制在0.6，培育幼苗、幼树；完善集材道。林下栽植灌木药材连翘或黄芩，株行距0.8m×1.0m。连续2年抚育影响药材生长的灌木草本，连翘每年采收硕果，黄芩每3年采收一次。

经营效果：经过近自然经营抚育经营，培育目标树，间伐干扰树，强度控制在25%时，按70%的出材率、每立方米900元的油松木材平均市场价格、每立方米200元的抚育作业成本（包括林下种植黄芩和连翘的人工费用）和15%综合管理税费等主要经济指标计算，在扣除所有成本后，林下种植黄芩类型林分通过抚育性采伐获得的

图2-98　油松人工林间伐前林分状况

纯木材收益为584元/（年·hm²），林下种植连翘类型为1339元/（年·hm²），林下种植黄芩和连翘使得林下多年生草本或者灌木增多。林地土壤速效N、P分别提高26.1%～35.4%、16.1%～16.4%，林下种植药材（黄芩、连翘）年获商品药材产量202.5～300kg/hm²，按照收获间隔期3年计算，平均每年50.625～75kg/（年·hm²），价值450～1500元。如图2-98、图2-99所示。

图 2-99　油松人工林间伐＋补植药材后林分状况

（供稿人：吕　涛　陕西省延安市黄龙山国有林管理局）

2.3.1.2　油松人工林改培多功能松栎混交林经营模式

1. 模式名称

油松人工林改培多功能松栎混交林经营模式。

2. 适用对象

适用于大陆性暖温带半湿润气候区，海拔1000～1300m，土壤多属暖温带大陆性半湿润季风气候和森林草原条件下形成的褐土和灰褐土，pH7.0～8.3，在黄土高原立地土壤贫瘠，易发生水土流失地区上以油松为主的复层异龄针阔混交林和一般公益林中油松人工纯林导向松栎混交林的近自然化改造类型。

3. 经营目标

以水土保持、水源涵养等为主导功能，兼顾用材生产的混交林。

4. 目标林分

以油松为主的复层异龄针阔混交林，树种组成6油4栎，达到或接近目标直径个体密度100～120株/hm²，油松和栎的目标直径分别50cm以上和40cm以上，树高22m以上，恒续林阶段立木蓄积量大于150m³/hm²，培育周期100年，共划分成5个培育阶段，每个阶段20年。

5. 发育阶段和全周期经营措施

如表2-17所示。

表2-17 松栎混交林全周期经营措施

发育阶段	林分特征	树高范围（m）	主要经营措施
森林建群阶段	造林/幼林形成/林分建群	<2.5	造林/幼林形成阶段，初植密度4500株/hm²；对死亡个体进行补植。造林后3年，定株抚育，每个坑穴保留1株生长旺盛的个体，每个伐桩保留1株。坡度>25°的生境，需在油松林木周围修集水圈；油松幼苗高度<1m的林地要对影响幼苗生长的大草本、灌木抚育。避免人畜干扰和破坏
		2.5~6	标记目标树，密度为300株/hm²以上；每个目标树间伐1株干扰树；结构单一或者密度过大的情况下可对优势木进行间伐抚育，也可进行以割灌为主的侧方抚育；保护天然更新的辽东栎、漆树、茶条槭等生态目的树种的幼树、幼苗，保留足够比例的混交树种。抚育间伐间隔期根据林相确定，郁闭度在0.8以上可进行间伐
竞争生长阶段	个体竞争、快速高生长；幼龄林至杆材林的郁闭林分	6~15	通过抚育促进优势个体快速生长，目标树密度为250株/hm²；禁止对目标树进行采脂作业。间伐干扰树，每个目标树周围伐除1株干扰树；伐除病虫木和劣质木；开辟林间集材道。对目标树、阔叶生态目标树修枝，枝下高控制在3.0~3.5m；抚育生态伴生林木，促进混交树种生长。抚育间伐间隔期根据林相确定，郁闭度0.8以上可进行间伐
质量选择阶段	目标树直径生长	15~18	针对油松和顶极树种（耐阴栎类及阔叶树种）优势个体进行抚育，采伐干扰树，提高林木质量。再次选择目标树，目标树密度150株/hm²；伐除目标树周围1~2株干扰树，间伐劣质木、病虫木；开辟林道。对目标树修枝，枝下高控制在6m以下；禁止对目标树进行采脂作业。保护林下更新的生态目标树幼苗、幼树。抚育间伐间隔期8年或郁闭度在0.8以上可进行间伐
森林近自然阶段	乔木林（小、中径）目标树直径速生、林分蓄积速生	18~22	目标树的密度控制在100株/hm²左右，伐除目标树干扰木，保持下木和中间木层生长条件。选择第二代目标树，保护和促进林下更新幼苗、幼树的生长和数量。抚育间伐的间隔期10年或郁闭度在0.8以上可进行间伐
恒续林阶段	大径乔木林林分蓄积生长，二代目标树培育	>22	对达到目标直径的个体进行单株木择伐；培育第二代目标树，目标树保留密度控制在100株/hm²左右。维护和保持生态服务功能；保持林地更新能力。保护古树和优良个体；抚育间伐的间隔期10年

6. 示范林

位于瓦子街林场105林班，面积376.5亩，国有水土保持林。

林分现状：油松人工纯林，乔木层林木平均高度15.2m，平均直径22cm，林分郁闭度0.8，立木蓄积量186.3m^3/hm^2，林下植被主要有连翘、榛子、绣线菊、枸子等。目前处于质量选择阶段。

经营历史：1965年用3年生实生油松苗造林，密度为4500株/hm^2。造林后第一、二年进行了除草、扩穴幼林抚育措施，之后再无管理。1975年进行定株抚育，每穴保留一株优势木。1984年透光抚育，强度25%，保留郁闭度0.7。2005年采用近自然经营技术进行间伐，强度15%，保留郁闭度0.75。

目标林分：2015年初该林分林龄为54年，林木平均高度14m，平均直径20cm，林分郁闭度0.8，立木蓄积量143.5m^3/hm^2。培养目标为以油松为主的复层异龄针阔混交林。

主要经营措施和效果：针对油松和顶极树种（耐阴栎类及阔叶树种）优势个体进行抚育，采伐目标树干扰木；再次选择目标树，目标树密度150株/hm^2；对目标树修枝，枝下高控制在6m以下；保护林下更新的生态目的树种幼苗、幼树。经过近自然经营抚育经营，培育目标树，间伐干扰树，强度控制在20%（保留郁闭度0.65～0.70）时，林木高生长、直径生长分别提高13%～18%，单位面积立木蓄积量增长率提高了16.8%，1～3年生幼苗密度增加17%，乔木层、灌木层、草本层物种多样性增加了15%～20%，林地土壤速效N、P提高29.1%、11.0%。按照抚育间伐间隔期10年计算，投入574.5元/（年·hm^2）（包含抚育设计/间伐、集材、造材等），抚育间伐木材生产量18m^3/hm^2，木材收入900元/（年·hm^2），油松林纯收入4950元/（年·hm^2）。如图2-100、图2-101所示。

图2-100 抚育间伐前油松林林相

图2-101 抚育间伐后油松林林相

（供稿人：吕　涛　陕西省延安市黄龙山国有林管理局）

2.3.1.3 天然辽东栎阔叶混交林单株择伐经营模式

1. 模式名称

天然辽东栎阔叶混交林单株择伐经营模式。

2. 适用对象

适用于大陆性暖温带半湿润气候区,海拔1000~1300m,土壤多属暖温带大陆性半湿润季风气候和森林草原条件下形成的褐土和灰褐土,pH7.0~8.3,黄土高原南部较干旱贫瘠地区的天然辽东栎阔叶混交中龄林或近熟林,也适用于生态公益林中的辽东栎天然纯林。

3. 经营目标

以水土保持功能为主导,兼顾大直径木材及林产品生产的阔叶混交林。

4. 目标林分

以辽东栎为主,混生有漆树、核桃楸、茶条槭等的复层异龄混交林,树种组成为6栎4阔林分密度为500~700株/hm^2,其中达到或接近目标直径林木个体的密度为90株/hm^2,辽东栎目标直径为45cm以上,树高22m以上,其他阔叶树目标直径40cm以上,树高18m以上,林分蓄积量大于150m^3/hm^2;生产橡籽、橡碗;培育周期100~120年,每个阶段20年。

5. 发育阶段和全周期经营措施

表2-18 辽东栎阔叶混交林全周期经营措施

发展阶段	林分特征	树高范围（m）	主要经营措施
森林建群阶段	幼林形成/林分建群	<3	天然幼龄林形成阶段,重点是林地保护,避免人畜干扰和破坏。保护实生苗,重点个体周围修集水圈;抚育伐桩萌苗,每个伐桩保留1个萌苗,保护乡土乔木树种幼苗。对影响辽东栎实生苗生长的周边大型草本、灌木进行侧方割灌抚育
		3~6	漆树、核桃楸、茶条槭等乡土阔叶树种作为生态目标树保护,促进林分混交。对团块状丛生或者过密的优势木进行间伐抚育和以割灌为主的侧方抚育。根据林相确定抚育间伐间隔期,郁闭度0.8以上可进行间伐
竞争生长阶段	个体竞争、快速高生长	6~15	伐除部分林木,促进林木高生长;开辟林间集材道。目标树选择、保育,密度为250株/hm^{2}左右。目标树修枝,修枝高度控制在3~3.5m;生态伴生林木抚育,促进混交树种生长。以群状为抚育单元进行作业。根据林相确定抚育间伐间隔期,郁闭度0.8以上可进行间伐

(续表)

发展阶段	林分特征	树高范围（m）	主要经营措施
质量选择阶段	目标树直径生长	15~20	选择目标树，密度为150株/hm²，每个目标树间伐1~2株干扰树，促进目标树生长和林木质量提升，间伐劣质木、病虫木；完善集材道。对辽东栎和阔叶生态目标树修枝，高度6m，提高混交树种质量。选择、培育二代目标树，进行侧方抚育，促进其生长。抚育间隔期8~10年或郁闭度0.8以上可进行间伐
近自然阶段	中大径乔木林林木直径速生、蓄积速生	20~22	目标树的密度控制在80~100株/hm²，培育景观和生态文化功能。伐除1株目标树干扰木，保持下木和中间木生长条件，形成和保持较大的林木径级差异。采收橡籽、橡碗。抚育间伐间隔期10年
恒续林阶段	大径乔木林林分蓄积生长，二代目标树培育	>22	伐除中间木层和劣质木，培育二代目标树，密度为80~100株/hm²，维持生态文化功能。采伐达到目标直径、高度的目标树和生态目标树，生产高品质木材、橡籽、橡碗。保护优良辽东栎和乡土乔木，林间空地补植幼苗，重点幼苗、幼树要特殊保护。抚育间伐间隔期10年或郁闭度0.8以上可进行间伐

6. 示范林

位于蔡家川林场143林班，面积249亩，国有水土保持林。

林分现状：以辽东栎为主的阔叶混交林，郁闭度0.8，平均树高15m，胸径18cm，密度850株/hm²，立木蓄积量95.7m³/hm²。林内混生有漆树、核桃楸、茶条槭等乡土乔木，林下植被主要有榛子、胡颓子等。目前处于质量选择阶段。

经营历史：1995年进行过割灌及伐除劣质木、病虫木，强度25%，保留郁闭度0.7。2010年进行近自然经营，主要措施是保护实生苗。2015年采用近自然经营技术对影响目标树生长的干扰木进行间伐作业，间伐强度13.4%，保留郁闭度0.7。

目标林分：以辽东栎为主的天然复层异龄混交林。

主要经营措施和效果：确定目标树，密度为150株/hm²，每株目标树周围间伐1~2株干扰树，对目标树和阔叶辅助树修枝，枝下高控制在6m左右；选择二代目标树，并进行侧方抚育。经过近自然经营，培育目标树，间伐干扰树，强度控制在30%时，林木胸径、冠幅、高度、多样性指数等指标均增加明显，幼苗幼树更新数量达到7466株/hm²，林地土壤速效N、P分别提高12.2%、17%。按照抚育间伐间隔期10年计算，30%间伐强度为39.9m³/hm²。按70%出材率、每立方米900元的辽东栎木材平均市场价格、每立方米150元的抚育作业成本和15%综合管理税费等主要经济指标计算，在扣除所有成本后作业林分通过抚育性采伐获得的纯收益为6080元/（年·hm^2）。加上橡子1183.5kg/hm^2、橡碗8910kg/hm^2，每年可多收益1500元/hm^2以上。如图2-102、图2-103所示。

图2-102　天然辽东栎林抚育间伐前林分状况

图2-103　天然辽东栎林抚育间伐后林分状况

（供稿人：吕　涛　陕西省延安市黄龙山国有林管理局）

2.3.1.4 天然次生松栎混交林目标树经营模式

1. 模式名称

天然次生松栎混交林目标树经营模式。

2. 适用对象

适用于立地条件中等及以上，华山松占5成以上，栎类3成以上的天然次生松栎混交林。

3. 经营目标

以生态防护功能为主，兼顾培育珍贵大径材。

4. 目标林分

以华山松和锐齿栎为主的松栎混交复层异龄林，华山松和锐齿栎目标树密度100~150株/hm^2，目标直径60cm，树高17m，蓄积量200~300m^3/hm^2；培育年限50年左右。

5. 发育阶段和全周期经营措施

（1）竞争生长阶段

林分主要优势树种为华山松、锐齿栎，伴生桦木或其他阔叶树种。主林层林木年龄在50年左右，次林层林木年龄大小不一，林下目的树种更新中等以上。

① 进行林木分类，初选目标树150~200株/hm^2。

② 伐除目标树干扰木、丛生木、枯死木、病腐木，保留郁闭度不低于0.6。

③ 砍除影响目的树种华山松、锐齿栎实生幼苗、幼树及其他乡土树种幼苗、幼树生长的大型灌草，每2~3年作业一次。

④ 人为扰动地面枯落物，人工促进天然更新。

（2）质量选择阶段

优势木年龄60~80年，林木个体竞争关系逐渐加剧，出现显著分化，此阶段可以把优良的目标树明显地标记出来。

① 确定优良目标树，密度为100~150株/hm^2。

② 继续伐除目标树干扰木、枯病腐木，保留郁闭度不低于0.6。

③ 伐除影响目的树种华山松、锐齿栎实生幼苗、幼树及其他乡土树种幼苗、幼树生长的大型灌草。

（3）近自然森林阶段

优势木树龄81~100年，树高差异变化表现出停止趋势，部分乡土树种林木进入主林层。

① 确定第二代目标树，密度为150~200株/hm^2。

② 伐除第二代目标树周围的干扰木及枯死木、病腐木，保留郁闭度不低于0.6。

③ 清除影响华山松、锐齿栎实生幼树、幼苗及其他乡土树种幼树、幼苗生长的大

型灌草，每2~3年作业一次。

④ 扰动地面枯落物，人工促进天然更新。

（4）恒续林阶段

优势木树龄100年以上，满足成熟标准时（出现达到目标直径的林木）。

① 对主林层达到目标直径的个体采取持续单株木择伐。

② 确定优良二代目标树，密度为100~150株/hm^2。

③ 伐除二代目标树周围的干扰树及枯死木、病腐木，保留郁闭度不低于0.6。

④ 清除影响目的树种实生幼苗、幼树及其他乡土树种幼苗、幼树生长的大型灌草，每2~3年作业一次，保持松栎复层异龄恒续覆盖。

6. 示范林

示范林位于陕西省宝鸡市辛家山林业局，面积215亩，天然次生针阔混交林。如图2-104、图2-105所示。

图 2-104　作业前林相

图 2-105　作业后林相

（供稿人：石重福　陕西省宝鸡市辛家山林业局
　　　　　岳亚军　陕西省宝鸡市辛家山林业局
　　　　　刘　飞　陕西省宝鸡市辛家山林业局）

2.3.1.5 天然栓皮栎林近自然多功能经营模式

1. 模式名称

天然栓皮栎林近自然多功能经营模式。

2. 适用对象

适用于寒冷湿润和湿凉湿润气候区，海拔高度1086～2200m，立地条件中等及以上的天然栓皮栎林。

3. 经营目标

以培育珍贵树种大径材为主导功能，兼顾生态防护功能及林产品生产功能。

4. 目标林分

以栓皮栎为主的复层异龄林。栓皮栎目标树密度90～150株/hm^2，目标直径60cm，树高18m左右，蓄积量210～350m^3/hm^2。培育年限50年左右。

5. 发育阶段和全周期经营措施

（1）竞争生长阶段

林分中主要树种为栓皮栎，混生少量其他乡土树种。上层林木个体树龄在50年左右，下层林木树龄不一，林下更新良好。

① 进行林木分类，初选目标树密度为150～200株/hm^2。

② 伐除目标树干扰木、丛生木、枯死木、病腐木，保留郁闭度不低于0.6。

③ 砍除栓皮栎实生幼苗、幼树及其他乡土树种幼苗、幼树周围影响其生长的大型灌草，每2～3年作业一次。

④ 林下栽植淫羊藿。种植2年后采收，连续采割3～4年后，应轮息2～3年以恢复种群活力。

（2）质量选择阶段

林分中栓皮栎优势木树龄60～80年，林木个体竞争关系转化为相互排斥为主，林木出现显著分化，优良的目标树也可以明显地标记出来。

① 选择优良栓皮栎个体标记为目标树，密度为90～150株/hm^2。

② 伐除目标树干扰木、枯死木、病腐木，保留郁闭度不低于0.6。

③ 砍除栓皮栎实生幼苗、幼树及其他乡土树种幼苗、幼树周围影响其生长的大型灌草，每2～3年作业一次。

④ 人为扰动地面枯落物，促进天然更新。

（3）近自然森林阶段

林分中栓皮栎优势木树龄81～100年，树高差异变化表现出停止趋势，部分乡土树种林木进入主林层。

① 确定二代目标树，密度150~200株/hm²。

② 伐除二代目标树周围的干扰木及枯死木、病腐木，保留郁闭度不低于0.6。

③ 砍除栓皮栎实生幼苗、幼树及其他乡土树种幼苗、幼树周围影响其生长的大型灌草，每2~3年作业一次。

④ 人为扰动地面枯落物，促进天然更新。

（4）恒续林阶段

林分中栓皮栎优势木树龄100年以上，林层结构复杂，目标树达到目标直径。

① 对主林层达到培育目标直径的个体采取持续单株木择伐。

② 选择优良个体，确定为二代目标树，密度为90~150株/hm²。

③ 伐除二代目标树周围的干扰木及枯死木、病腐木，保留郁闭度不低于0.6。

④ 砍除栓皮栎实生幼苗、幼树及其他乡土树种幼苗、幼树周围影响其生长的大型灌草，每2~3年作业一次，实现栓皮栎复层异龄恒续覆盖。

6. 示范林

位于陕西省宝鸡市陇县八渡林场57林班1、6小班，面积210亩，栓皮栎天然林。

林分现状：林分中主要树种为栓皮栎，林分郁闭度0.8，平均胸径15.2cm，平均树高15.5m，林分密度630株/hm²，林分蓄积量58.4m³/hm²。

经营历史：20世纪80年代，进行过一次人工抚育，后一直为天然更新。栓皮栎多功能经营林措施为疏伐+割灌+人工促进天然更新。

经营措施和经营效果：通过森林经营试点实施，一是林分整体质量明显提高。二是生物多样性增强，生态功能明显提高。三是林地生态条件改善，林地生产力明显提高。四是森林病虫害、森林火灾发生概率降低，森林生态系统稳定性增强，森林防护效能明显提升。如图2-106、图2-107所示。

图 2-106 经营作业前林分

图 2-107　经营作业后林分

（供稿人：肖　飞　陕西省陇县国有八渡林场）

2.3.1.6　落叶松人工林近自然森林经营模式

1．模式名称

落叶松人工林近自然森林经营模式。

2．适用对象

适用于温带湿润气候，海拔1200～2000m，立地条件（中低和中高海拔）中等及以上，密度过大、更新较差的落叶松人工纯林中龄林。

3．经营目标

以涵养水源为主导，兼顾大径材生产。

4．目标林分

（1）中低海拔地带落叶松人工林发展类型：落叶松－栎类针阔混交林

复层异龄混交林，主林层以落叶松、锐齿栎等树种为主导，华北落叶松占40%～50%，栎类占40%～50%，伴生树种占10%～20%。次林层为漆树、青榨槭、野核桃、少脉椴、盐肤木，同时也分布有落叶松、锐齿栎等；下层为三桠乌药、灯台树、木姜子、白檀、蔷薇等小乔木和灌木。林下有大量的野核桃、锐齿栎、青榨槭、油松、华山松等更新。更新目标：华北落叶松占20%；栎类占50%～60%；华山松和油松占20%～30%；其他伴生树种占10%～20%。混交方法：落叶松、栎类均匀分布。

（2）中高海拔地带落叶松人工林发展类型：落叶松－红桦/青杄针阔混交林

复层异龄混交林，主林层以落叶松、红桦、青杆为主导；次林层为油松、华山松等，同时也分布有落叶松、红桦、青杆；下层林为青榨槭、野樱桃、花楸、山楂、灰栒子等小乔木和少量灌木。华北落叶松占40%～50%；红桦/青杆占40%～50%；伴生树种占10%～20%。林下及林窗有针叶及阔叶树种更新，主要包括华山松、冷杉、青杆、红桦、青榨槭、花楸、托叶樱桃等。更新目标：华北落叶松占10%；冷杉占10%～20%；红桦/青杆占30%～40%；华山松占20～30%；其他伴生树种占20%～30%。混交方法：落叶松、红桦均匀分布，青杆为群团状分布；其他伴生树种为单株-群团状分布。

5. 发育阶段和全周期经营措施

结合秦岭林区落叶松林分的具体垂直结构特征，针对林分建群到恒续林5个阶段制定了相应的经营技术要点。

（1）林分建群阶段

① 幼苗阶段，从幼苗到1～3龄前或植苗造林后1～3年属于幼苗阶段，树高小于2m。经营目标：使幼苗顺利成活并保存下来，提高幼苗成活率。经营措施：着重加强林地管理，主要应从土壤管理入手，通过松土、除草、施肥，改善土壤理化性质，排除杂草、灌木对幼苗的影响。

② 幼树阶段，指幼苗成活后至郁闭前的这一段时期，落叶松树高小于4m，胸径小于5cm。经营目标：改善幼树的生长环境，促进幼树生长，加速幼林郁闭，同时也为落叶松以外的其他阔叶树种提供发展空间，以改善整体的树种结构，形成稳定的森林群落。经营措施：个别结构单一、过密的情况下对优势木的干扰树进行间伐抚育，使落叶松株数密度保持在2000株/hm^2左右，间伐过程中应保留阔叶树种，对林地内稀少的阔叶树种可以标记为生态目标树，对其进行以割灌为主的侧方抚育，并加以保护。

（2）竞争生长阶段

此阶段落叶松树高4～10m，胸径5～9cm，为林分形成阶段。

经营目标：通过有效选择目标树及干扰树，最终形成目标树优势木格局。同时为存留下来的林木创造较为优越的环境条件，使之生长迅速、旺盛，为形成良好的干形打下基础，且使幼林健康、稳定地生长发育。

经营措施：林分质量越差越应该尽早开始抚育间伐，林分质量越好，垂直结构越不均衡，抚育间伐越应该晚些进行。

选择目标树密度可大一些，但最多不超过250株/hm^2，必要时可对目标树进行修枝，通过干扰树的伐除，为目标树开辟更广阔的生长空间。抚育生态目标树，除目标树之外，同时也要针对生态目标树伐除那些长势较差、生活力弱的劣质个体。保留优秀群体，要把那些自然形成易于辨认、长势和干形较好的落叶松群体视为抚育的基本单位,对部分群状生长在一起的落叶松进行部分或全部打枝并清理周边,以促进其生长。形成林间通道,根据作业需要首先设计用于集材和林间通行的道路体系,通过伐除部分树木而完成林间集材道的准备。

(3)质量选择阶段

此阶段落叶松树高10～18m,胸径9～20cm。

经营目标:使林分结构丰富和层次明显,有效提高林分质量。

经营措施:选择标记目标树,目标树密度在150株/hm²左右。以改善生长环境为目的,每株目标树至少选择并伐除1株干扰树,在高密度的纯林中可视竞争关系伐除2～3株干扰树。必要时对目标树进行修枝以保证其干材质量生长,但修枝的高度应控制在6m以下,以避免过度减少可进行光合作用的有效活枝而对林木生长产生过度干扰。上述措施也可以根据情况对林分内群状或块状的优质落叶松群体采用,将这些落叶松视作抚育单位,对其侧方进行抚育伐以促进优良落叶松个体的生长。从林分平均树高达到14m左右开始,要重点考虑通过林下天然更新,促进第二代林分的形成。通过对目标树及其群体选择,伐除干扰树,不断改善落叶松林下的生长环境。必要时,增加抚育疏伐的强度,使落叶松的天然更新幼树得到足够的光照空间,促进其生长到下木层和中间层。

(4)近自然森林阶段

此阶段落叶松树高18～24m,胸径20～40cm。

经营目标:使林分中的目标树形成良好而宽广的树冠,立木干径比大幅增加,主林层从郁闭到疏开状态,为下木层和中间木层的持续生长提供足够的光照条件。

经营措施:选择目标树的密度控制在50～100株/hm²。对落叶松目标树的抚育过程应该从强度疏伐逐渐降低到弱度疏伐,即每选择1株目标树,伐除1株干扰木,并逐渐延长抚育疏伐的间隔期,逐步达到10年以上。抚育还应该注意形成和保持较大的林木径级差异,提高森林抗风、抗雪折的结构稳定性。

(5)恒续林阶段

此阶段落叶松树高超过24m,胸径超过40cm。

经营目标:培养大径材目标树,为下木层及中间木层创造更广阔的生长空间。

经营措施:继续进行以目标树培育为核心的低强度抚育疏伐,目标树密度可在50株/hm²以下。在部分优势木达到目标直径时,可视林下更新情况,逐渐向主伐林木利用目标树的作业阶段过渡。采伐成熟期的落叶松主伐要以单株或群状形式进行,目标直径为50cm。作业中保护近熟的优良个体和为数极少的具有优良遗传品质的大径级优势木。在中下层林木中选择目标树并伐除其干扰树，以创造混交空间，保持多层次的混交结构。

6. 示范林

位于秦岭中段陕西宁东林业局旬阳坝林场响潭沟营林区和西北农林科技大学火地塘教学林场平和梁营林区，面积6.12hm²。

经营历史：20世纪80年代中期开始引进华北落叶松，90年代大面积栽植，经过多年生长，平均树高10m左右，胸径20cm左右，郁闭度0.5左右，风倒木、雪压木直接影响林分和生长量。

林分现状：响潭沟营林区，优势树种为华北落叶松，平均胸径10.1～15.5cm，平均树高13.5～17.5m，每公顷株数1255～2010株，活立木蓄积量143.81～269.12m³/hm²，更新差。平和梁营林区优势树种为华北落叶松，平均胸径17.7～20.4cm，平均树高16.9～19.6m，每公顷株数604～1067株，活立木蓄积量173.14～291.58m³/hm²。人工落叶松林，更新差。

目标林分：主林层是以落叶松、红桦、青杆为主导的复层异龄针阔混交林。

主要经营措施和效果：由于初期造林密度大，近年来采取了森林抚育中的疏伐以及有害生物防治等措施，降低了林分密度、提高了林内卫生，并在部分郁闭度小的林中补植云杉等树种。目前林分生长状况良好，林木生长健康稳定。对于维持森林生态系统稳定性、提高林分水源涵养能力和健康等级起到了极大作用。如图2-108所示。

图2-108 落叶松人工林（21年）近自然森林经营前后对比（左：经营前，右：经营后）

（供稿人：刘长荣　陕西省宁东林业局
　　　　　洪壮丽　陕西省宁东林业局
　　　　　马林峰　陕西省宁东林业局
　　　　　王得祥　西北农林科技大学）

2.3.1.7 高密度油松人工林近自然经营模式

1. 模式名称

高密度油松人工林近自然经营模式。

2. 适用对象

适用于暖温带半干旱区，海拔800~1200m，黄土丘陵沟壑，立地条件中等及以上，阴坡、半阴坡以及小部分半阳坡上未进行过抚育作业的高密度油松人工中龄林，密度为每亩180~210株，天然更新差的林分。

3. 经营目标

以培育珍贵大径材为主导功能，兼顾生态防护功能。

4. 目标林分

目标林分为油松－麻栎复层异龄针阔混交林，目标胸径35~50cm，目标蓄积量300m³/hm²，目标树密度100~150株/hm²，培育年限50年左右。

5. 发育阶段和全周期经营措施

（1）介入状态（油松林龄10~40年）

① 20世纪80年代营造油松人工纯林，初值密度为5000株/hm²。

② 造林后仅进行过未成林抚育管护，之后至树龄40年时未实施过任何经营措施，竞争生长，生长较慢，部分林木由于缺少阳光或雪压死亡，部分林木因风形成倒木。目前林分保存密度约为3000株/hm²。

（2）针阔异龄林构建阶段（油松林龄41~55年）

每5年作为1个经理期，进行3次疏伐抚育，疏伐强度30%。第1次疏伐后，油松林密度由3000株/hm²降低至1000株/hm²；在第5年对油松进行2次疏伐后，补植或点播阔叶乡土树种（麻栎、杜梨等），密度为600~750株/hm²；补植后前2年，对补植的阔叶树种进行除草抚育管理，补植后第4~5年进行修枝整形，随后对油松林进行第三次透光伐，为阔叶树种生长排除干扰。

（3）针阔异龄复层林形成阶段（油松林龄56~65年，阔叶树龄10~20年）

对油松目标树进行单株管理，油松目标数密度450株/hm²，蓄积量基本达到300m³/hm²。通过伐除目标树干扰木，促进目标树的生长；采取抚育措施为阔叶树提供开阔的生长环境。开始选择标记补植树种目标树，目的树种包含补植补种的珍贵树种和更新的油松，密度为90~120株/hm²，对目标树进行单株管理，适时伐除干扰树，同时促进和保护补植树种及油松的天然更新。

（4）油松林择伐收获阶段（油松林龄65～70年，阔叶树龄16～20年）

油松达到目标直径50cm以上，开始逐步择伐收获，此时阔叶树种第二代更新形成，油松次代更新形成。

（5）近自然经营阶段

达到目标直径的油松目标树逐步被采伐利用，林分逐渐形成以补植的阔叶树种为建群种和次代油松为主的异龄针阔混交林，此后继续对补植的阔叶树种目标树进行单株管理，伐除干扰树，并开始选择和标记第二代目标树。待补植珍贵树种达到目标直径，开始择伐利用。通过不断培养二代目标树，逐步引导林分成为多树种、多层次、结构稳定的高质量林分，实现森林可持续经营的目的。

6. 示范林

示范林位于英旺林场308林班1小班，小班面积468亩。

林分现状：树种组成9油1栎，郁闭度0.6，平均树龄40年（中龄林），平均胸径14.6cm，平均树高12m，密度990株/hm^2，蓄积量126m^3/hm^2，属针阔异龄林构建阶段。

经营历史：已进行过一次疏伐作业，林分密度已由最初成林密度2000～3000株/hm^2减至990株/hm^2。

图2-109 大密度人工油松中龄林疏伐前

图2-110 大密度人工油松中龄林疏伐后

经营措施和效果：疏伐修枝，进行第二次疏伐，并补植或点播阔叶乡土树种（麻栎、杜梨等），密度为600～750株/hm^2；分阶段适时对补植的阔叶树种进行除草抚育、修枝整形。疏伐后林分密度优化，补植珍贵阔叶树，为构建针阔异龄林打下基础。如图2-109、图2-110所示。

（供稿人：刘　博　陕西省宜川县林业局）

2.3.1.8 松类人工林改培松阔混交复层多功能林经营模式

1. 模式名称

松类人工林改培松阔混交复层多功能林经营模式。

2. 适用对象

适用于北亚热带湿润季风气候大区的秦岭气候亚区，海拔高度800~1500m，中山和低山丘陵上以马尾松、华山松和油松等为主的人工中、幼龄林。

3. 经营目标

培育以生态防护为主兼顾中大径材生产的多功能林。

4. 目标林分

目标林分为以"三松"为主的针阔混交异龄复层林。目的树种以华山松、油松、马尾松、栎类、桦木等为主，先期上层为华山松、油松、马尾松等树种，目标树密度675~1005株/hm^2，树龄35年以上，胸径为25cm以上，目标蓄积量277~413m^3/hm^2。针叶树、阔叶树（栎类、桦木等）进入主林层后，目标树株数525~675株/hm^2，平均树龄30年以上，胸径25cm以上，目标蓄积量173~222m^3/hm^2。经单株木择伐作业经营，促进潜在阔叶树种目标树更新生长，形成针阔叶复层异龄混交林。

5. 发育阶段和全周期经营措施

以油松、华山松、马尾松为主的人工中龄林。林下为以栎类、阔杂为主的天然更新幼树、幼苗，长势良好。按照油松、华山松、马尾松林生命周期，以高度作为标准，分5个阶段，提出各阶段经营措施原则，见表2-19。

表2-19 松阔混交复层多功能林全周期经营措施表

发展阶段	林分特征	树高范围（m）	主要抚育措施
森林建群阶段	造林/幼林形成/林分建群	<2.5	人工造林，造林密度为2500株/hm^2，对死亡个体进行补植。造林后3年，定株抚育，每个坑穴保留1株生长旺盛的个体，每个伐桩保留1株生长旺盛的个体。坡度>25°的生境，油松、华山松、马尾松幼苗高度<1m的林地需进行栽植后3年抚育；割除影响幼苗生长大草本、灌木。避免人畜干扰和破坏
		2.5~6	将生长良好的林木标记为目标树，密度为1350株/hm^{2}以上；每株目标树间伐1株干扰树；结构单一或者过密情况下可对优势木进行间伐抚育；保护天然栎类、漆树、桦木等生态目的树种，并保留足够数量。根据林相确定抚育间伐间隔期，郁闭度在0.85以上可进行间伐

（续表）

发展阶段	林分特征	树高范围（m）	主要抚育措施
竞争生长阶段	个体竞争、快速高生长，幼龄林至杆材林的郁闭林分	6～10	通过抚育促进优势个体快速生长，目标树密度250株/hm²；禁止对目标树进行采脂作业。间伐干扰树，每株目标树周围伐除1株干扰树；伐除病虫木和劣质木；开创林间集材道。对目标树、阔叶生态目标树修枝，高度控制在3.0～3.5m；抚育生态伴生林木，促进混交树种生长，保留优秀群体林，以群状为抚育单位。根据林相确定抚育间伐间隔期，郁闭度0.8以上可进行间伐
质量选择阶段	乔木林目标树直径生长	10～13	针对油松、华山松、马尾松和顶极树种（耐阴栎类及阔叶树种）优势个体进行干扰木间伐，促进目标树生长，提高林木质量。再次选择目标树，淘汰部分生长欠佳的林木，目标树密度为1275株/hm²；伐除目标树周围的1～2株干扰树，间伐劣质木、病虫木；开辟林道。对目标树修枝，高度控制在6m以下；禁止对目标树进行采脂作业。保护林下幼苗幼树，选择第二代目标树。抚育间伐间隔期8年，郁闭度在0.8以上可间伐
森林近自然阶段	乔木林（小径、中径）目标树直径速生、林分蓄积速生	13～15	目标是通过抚育使目标树的密度控制在1125株/hm²左右。每株目标树选择和伐除1株干扰木，促进优势个体生长，保持下木和中间木层生长条件，保持林木径级差异延长，增加高林下幼树和混交树种的数量。抚育间伐的间隔期10年，郁闭度在0.8以上可进行间伐
恒续林阶段	大径乔木林林分蓄积生长，二代目标树培育	>18	择伐达到目标直径的油松或阔叶乔木，生产高品质用材；除伐间木层和劣质木。培育第二代目标树，密度可在675株/hm²左右；维护和保持生态服务功能；幼龄个体数量大于老中龄个体数量，保持林地更新能力；林分活立木蓄积量大于150m³/hm²。保护古树和优良个体；抚育间伐的间隔期10年

6. 示范林

位于武乡林场大光山区域，人工油松林，面积600亩。经营组织形式为国有林场经营。

林分现状：优势树种为油松，林分郁闭度0.6，平均胸径16.3cm，平均树高11m，林分密度为1350株/hm²，现有蓄积量168m³/hm²。更新层为油松、桦木、青榨槭等乡土树种，以及人工补植的云杉等幼苗。

目标林分：以油松为主的针阔混交异龄复层林。

经营措施和经营效果：采用综合抚育（间伐、割灌、修枝等措施）、补植补造、（有针对性地补植阔叶林提高针阔混交比例）中幼龄林抚育等措施提高森林质量。对于有充足下种能力，植被覆盖度大、枯枝落叶层厚而影响种子触土或幼苗幼树生长发育的地段，采取块状、穴状砍灌除草或破土措施，实施人工促进天然更新，以丰富林分的物种多样性，增强森林的抗逆能力，同时开展人工和化学药剂相结合的方式，灭除有害生物。通过目标树经营和人工促进天然更新，林分、树种结构明显改善，林木生长量明显提高，林分质量整体提高，优质木比例增加了13%，幼苗幼树数量明显增加。同时，林地生态条件明显改善、生产力进一步提高，林木个体高度和胸径生长分别增加了28%和16%。灌木和草本层盖度分别增加16%和18%，群落物种多样性指数平均增长15%，土壤养分速效N含量提高16%。如图2-111、图2-112所示。

图2-111 常规经营的人工松林

图2-112 择伐后近自然经营的人工松林

（供稿人：邹林波　陕西省汉中市武乡林场
　　　　　田利军　陕西省汉中市武乡林场）

2.3.1.9 松栎人工混交林目标树单株综合抚育经营模式

1. 模式名称
松栎人工混交林目标树单株综合抚育经营模式。

2. 适用对象
适用于北亚热带大陆湿润性季风气候、海拔800m以下、地势平缓、中等坡位、立地条件中等及以上的松栎人工混交中幼龄林。

3. 经营目标
以生态防护为主导，兼顾用材生产。

4. 目标林分
培育异龄复层松栎混交林。目的树种包括栎类、马尾松、油松等。先期上层目的树种每亩63～105株，平均树龄22～31年，平均胸径7.2～14.5cm，每亩蓄积量1.3～5.7m³，郁闭度0.6～0.8。经单株择伐作业经营，再辅以修枝、割灌等手段，目标树每亩46～80株，平均树龄24～30年，平均胸径10.8～12.4cm，郁闭度0.48～0.76。对经营后的林中空地补植阔叶树种（栓皮栎），同时促进潜在目标树更新生长，形成异龄复层松栎混交林。

5. 示范林
示范林位于蒿坪镇王家河村，面积210亩，马尾松人工林。

林分现状：现有蓄积量7.5m³/亩，每亩平均株数87株，平均胸径12.2cm，平均树高10.3m，林分郁闭度0.74。优势树种为马尾松，混交栎类等乡土树种。

经营历史和规划：2022年5月进行作业区立地条件及森林现状调查；2022年11月—2023年2月，对郁闭度在0.8以上的中龄林进行疏伐，调整林分树种和空间结构，同期，林分内有幼苗、幼树分布，但被上层灌木严重压制而不能正常生长，采用割灌措施，为幼树健康生长创造条件；2023年2—3月，在林中空地、林窗选用栓皮栎幼苗进行补植；2023年3月—2025年12月底，做好补植苗木管护。

目标林分：异龄复层松栎混交林。

主要经营措施和效果：

疏伐：对郁闭度在0.8以上的幼龄林或中龄林，林分郁闭度在0.7以上、林木间对光和空间等开始产生激烈竞争的林分（尤其是同龄林），本着间密留匀，去劣留优，进一步调整林分树种和空间结构，为目的树种或保留木留出适量的营养空间。疏伐时先将彼此有密切联系的林木划分成若干植生组（树群），然后按有利于树冠形成梯度郁闭、主林层与次林层都能直接受光的要求，在每组内将林木分为目标树、辅助树、干扰树和其他树，伐除干扰树，保留目标树、辅助树。林分郁闭度保留在0.6以上，不能降低其生态效益。

割灌：在林下更新造林前，林分内有幼苗、幼树分布，但被上层灌木严重压制而不能正常生长，需采用割灌措施，为幼树健康生长创造条件。割灌采取机割、人割等不同方式，割除目的树种周边1m范围内的灌木，不影响树木生长的灌木、藤条、杂草不进行割除，避免全面割灌。割灌的同时进行培埂、扩穴，以促进幼苗幼树的正常生长。割灌后，灌根茬高度不得超过10cm。割灌时必须保护好林内的幼树、幼苗，为保留木、幼苗和幼树创造良好生长空间。对局部生态脆弱地段，如陡坡、岩石裸露地及滑坡地段的灌木予以保留。在进行割灌、割藤作业时，注重保护珍稀濒危树木以及有生长潜力的幼树、幼苗，以有利于调整林分密度和结构。

图 2-113 未经营的松栎混交林

补植造林：对林中空地、林窗以及采伐后形成的林中空地，选择能与现有树种互利生长或相容共生，并且幼树期具有耐阴能力的目的树种进行补植，以优化林分结构，形成针阔混交、乔灌混交林。补植树种为栓皮栎，苗木要求为Ⅰ级苗或特级苗，规格为地径大于1cm、苗高大于80cm。平

图 2-114 经过疏伐、割灌的松栎混交林

均补植密度为15~20株/亩，采用穴状整地，配置方式为自然式（补植）。

幼林抚育：补植后，必须及时进行幼林抚育管理，确保造林成效。如图2-113、图2-114所示。

（供稿人：汪成明　陕西省紫阳县林业局）

2.3.1.10 人工杨树纯林复层异龄混交化经营模式

1. 模式名称

人工杨树纯林复层异龄混交化经营模式。

2. 适用对象

适用于中温带半干旱气候区，海拔1000～1400m，鄂尔多斯高原东南部凹地和毛乌素沙地南缘，覆盖薄层沙的黄土梁峁区，固定沙丘断续分布区域的杨树成、过熟林，林木分布不均匀，林中空地呈镶嵌分布且幼苗幼树不足的杨树纯林。

3. 经营目标

以防风固沙等生态功能为主导功能的防护林，兼顾木材生产。

4. 目标林分

以杨树、油松等为主的复层异龄混交林。上层是以杨树为主的成、过熟林，林下灌木以沙棘、柠条为主，灌木盖度10%～20%。上层杨树目标胸径30cm以上，树龄30年以上，目标密度270～500株/hm^2，目标蓄积量60m^3/hm^{2}以上。下层林冠下补植油松，目标胸径30cm以上，树龄50年以上，目标密度240～300株/hm^2，目标蓄积量80m^3/hm^{2}以上。

5. 发育阶段和全周期经营措施

（1）介入状态：林下更新层形成期

①在冠下更新造林的前一年对杨树人工林进行综合抚育，进行林下清理并对部分林木修枝，上层保留木郁闭度保持在0.3～0.5，注意保留天然的幼树（苗）。

②林冠下补植针叶树，树种以油松为主，补植密度为240～300株/hm^2；补植5年内采用带状或穴状方式适度开展割灌除草3～5次，注重保留天然更新的阔叶目的树种。

割灌：补植前对影响目的幼树生长的灌木采取割除措施，割除补植整地坑周边2m范围内的灌木，不影响树木生长的灌木、藤条、杂草不进行割除，避免全面割灌。

配置规格：在杨树原有林间空地，采用三角形配置补植油松，补植株行距为6m×7m，初植密度为16株/亩。在坡面破碎的地段补植时应灵活掌握，应不拘于株行距的规定，但要保证单位面积上的补造苗木数量。

整地：采用鱼鳞坑整地，规格70cm×50cm×50cm。

种苗：油松苗高>70cm，冠幅≥30cm，保留轮层≥3层，带18cm×18cm营养钵。

造林：人工植苗造林，1株/穴。栽时分层覆土，保持根系舒展，造林季节为春季和秋季，以秋季造林为主。

③更新层达到10年生后，进行必要的修枝作业，确保抚育后阔叶树幼树上方及侧

方有1.5m以上的生长空间。

④当下层更新幼树生长受到抑制时，再次对上层林木进行必要的修枝作业，上层郁闭度不低于0.3。

（2）竞争生长阶段：结构调整期

下层更新林木树龄20年以上，进入快速生长阶段。当下层林木生长受到抑制时，对较密地块林木进行疏伐，逐步调整树种结构，阔叶树种比例不低于60%。

（3）质量选择阶段：上层木择伐期

①下层更新林木树龄30年以上，进入径向生长阶段，逐步进入主林层，形成阔叶树为主的复层异龄林。

②对部分胸径达到30cm的林木进行择伐，强度不超过前期目标树的25%，间隔期小于5年。

（4）收获阶段：主林层择伐期

①主林层达到培育目标后采取持续单株木择伐。

②择伐后对下层以天然更新为主，人工辅助促进油松等目的树种更新，实现油松-杨树针阔混交林持续覆盖。

6. 示范林

示范林位于府谷县松宏湾国有林场后2林班作业区6小班，面积237亩，树种为杨树。

林分现状：平均树龄35年，龄组为过熟林，小班现有蓄积量422.3m^3，每亩平均株数22株，平均胸径16.5cm，平均树高6m，林分郁闭度0.4。

经营历史：1958年府谷县成立松宏湾林场后，当地大力营造杨树防风林带，开展了改造沙漠的宏大工程。经过半个世纪的自然演替，小班内大部分杨树已经退化，生长发育迟滞，林木稀疏，林中空地较多，幼苗幼树生长不足，过熟林比重较大，以单层林为主，生物多样性相对较低，生态功能难以发挥。

目标林分：通过补植油松，形成多树种复层异龄混交林，使空间结构趋向合理，改善林分结构，提高林分质量。

主要经营措施和效果：在小班原有林间空地内，采用三角形配置补植油松。割除补植坑周边2m范围内的灌木，采用鱼鳞坑整地，规格70cm×50cm×50cm，补植株行距6m×7m，初植密度16株/亩。造林后3年内共抚育3次，抚育内容包括穴内松土、除草、施肥、扩穴、病虫鼠兔害防治等。设置对照样地和监测样地一对。经营后森林结构优化，林分整体质量明显提高，生物多样性增强，生态功能明显提高；林地生态条件改善，林地生产力明显提高；森林病虫害、森林火灾发生概率降低，森林生态系统稳定性增强，森林防护效能明显提升。如图2-115、图2-116所示。

图 2-115　示范点（作业前 1）　　图 2-116　示范点（作业前 2）

（供稿人：郝子忠　陕西省府谷县松宏湾林场）

2.3.1.11　人工刺槐同龄防护林改培针阔混交林经营模式

1. 模式名称

人工刺槐同龄防护林改培针阔混交林经营模式。

2. 适用对象

适用于暖温带半湿润类型，海拔800～1300m的黄土高原地区，立地条件较好、密度较大、天然更新一般的刺槐人工纯林。

3. 经营目标

以水土保持为主导功能的生态防护林。

4. 目标林分

针阔混交异龄复层林。针叶树种主要包含油松、白皮松、云杉、侧柏，阔叶树种主要为刺槐、五角枫。目的树种包括刺槐、君迁子等；目标树密度为200～300株/hm^2，树龄15年以上，胸径为12cm以上，目标蓄积量75m^3/hm^2。经单株木择伐作业经营，促进现有更新良好的君迁子潜在幼苗幼树更新生长。

5. 全周期主要经营措施

带状改造：在林相老化、结构简单、林分质量不高的刺槐人工近熟林中，按垂直等高线进行带状皆伐，带宽5m，皆伐后在带内补造针阔树种，并与原有林木形成针阔混交林。

疏伐：保留目标树和辅助树，伐除干扰木，清除影响林木和幼树幼苗生长的残次木、枯立木、断头木、风倒木、病腐木和草本、藤蔓和灌木。通过疏伐，降低过密林分的密度，为保留木创造适宜的营养空间，提高林木的生长量，增强林分的生态效能。

透光伐：在人工幼龄林中进行，伐除过密的和质量低劣、无培育前途的林木，清除有碍保留木生长的乔灌木、藤蔓和草本植物，保证目标树不受任何压抑，并促进其生长。

补植：适宜现有林木疏密不均、天窗和林中空地较好的林分。通过疏伐，降低林分密度，补植补造应尽量选择能够与林分原有树种和谐共生的不同树种，增加针阔混交比例并与原有林木形成混交林。同时，注意保护自然更新的幼苗幼树，形成结构合理、生态功能显著的防护林。

近期主要采取技术措施为疏伐和透光伐，郁闭度从0.8～0.7降到0.7～0.6，亩株数从85～126降到76～113；远期主要采取择伐补植，减低枯死木、濒死木及不良木，使其符合森林健康要求。

6. 示范林

位于英烈国有林场爷台山营林区，面积241.1亩，人工刺槐林。

林分现状：人工刺槐林，林分郁闭度0.75，平均胸径12.1cm，平均树高9.6m，每亩平均株数92株，现有蓄积量3.74m³/亩。更新层为君迁子、桑树等乡土树种，以及人工补植的云杉、血皮槭、白皮松、五角枫等幼苗。

经营历史：该小班是20世纪60—70年代造刺槐人工林，20世纪90年代进行皆伐后萌生的二代刺槐林，密度大，生态、生产效能较低，抵抗自然灾害能力差，2000年后进行抚育，依然存在上述问题。

目标林分：针阔混交异龄复层林。

主要经营措施：

带状改造：在林相老化、结构简单、林分质量不高的刺槐人工近熟林中，按垂直等高线进行带状皆伐，皆伐后在带内补造针阔树种，并与原有林木形成针阔混交林。

疏伐：保留目标树和辅助树，伐除干扰木，清除影响林木和幼树幼苗生长的残次木、枯立木、断头木、风倒木、病腐木和草本、藤蔓和灌木。通过疏伐，降低过密林分的密度，为保留木创造适宜的营养空间，提高林木的生长量，增强林分的生态效能。

透光伐：在人工幼龄林中进行，伐除过密的和质量低劣、无培育前途的林木，清除有碍保留木生长的乔灌木、藤蔓和草本植物，保证目标树不受任何压抑，并促进其生长。

补植：适宜现有林木疏密不均、天窗和林中空地较好的林分。通过疏伐，降低林分密度，补植补造应尽量选择能够与林分原有树种和谐共生的不同树种，增加针阔混交比例并与原有林木形成混交林。同时，注意保护自然更新的幼苗幼树，形成结构合理、生态功能显著的防护林。如图2-117、图2-118所示。

图 2-117　作业前林分

图 2-118　作业后林分

（供稿人：席路遥　陕西省咸阳市淳化县英烈国有生态林场）

2.3.1.12　栎类天然次生林多功能经营模式

1. 模式名称

栎类天然次生林多功能经营模式。

2. 适用对象

适用于属暖温带半湿润气候区，地貌以黄土高原丘陵占据主导地位，由于严重的水土流失和河流长期冲刷切割作用，形成了以塬、梁、峁组成的沟涧地和沟壑系统，土壤贫瘠的黄龙山、劳山以及桥山子午岭区域，立地条件中等及以上的栎类次生林。

3. 经营目标

通过调整林分结构，培育稳定、高效的复层混交林；在提高林地生产力的基础上，生产大直径高品质木材及橡碗、橡籽等副产品；丰富物种多样性；发挥水土保持等生态防护功能，实现多功能利用。

4. 目标林分

以栎类为主的复层异龄林。栎类占85%以上；林分更新良好，各龄阶株数比例保持幼龄＞中龄＞近熟龄＞成熟龄＞过熟龄；各龄级的目的树种林木分布均匀，林分各层次目的树种数量充足，林分更新能力强；林分的水土保持、水源涵养等生态防护功能充分发挥，木材和林产品持续生产，目标林分密度40～60株/亩，目标胸径≥40cm，目标蓄积量160m^3/hm^2。

5. 发育阶段和全周期经营措施

（1）经营措施

①修枝。将树干通直、生长良好的个体选定为用材（经济）目标树，将可增加物种多样性的油松和乡土阔叶树（椴树、漆树、四数槭、白蜡、五角枫等）作为生态目标树，对目标树进行修枝，剪除残枝断干和树冠底层衰老侧枝，培育无死结木材。

②间伐。伐除目标树周围的干扰树以及劣质木（双叉、主干弯曲）或损伤木、病虫木，促进目标树生长发育，林分保留郁闭度0.6。

③除萌。清除多次萌发的衰退伐桩；对萌苗过多的伐桩，每个伐桩上保留直径在2cm以上的优良萌条1～2株。

④扰动。秋季（10月）采用扰动灌草枝叶层、土壤表层的方式，促进栎类和乡土阔叶树种子入土萌芽、成苗，形成新的幼苗幼树，促进更新层发育。

⑤补植。对大型林窗（直径大于树高1.5倍）、林间空地（直径大于树高2.5倍），补植油松幼苗，株行距5m×6m。

⑥凡是处于梁峁或者坡度大于35°的坡面，严禁伐除林木，可进行适当修枝；坡度在25～35°的坡面林木尽可能保留；对于郁闭度低于0.7的只进行补植，无须进行间伐；保护油松、茶条槭、杜梨、白蜡等生态目标树，对于影响生态树种幼苗幼树的灌木、藤本进行清除。

⑦保护林地实生幼苗，对于影响目标幼苗幼树生长的灌木、大型草本进行抚育。对于高度1.5m以下的栎类幼树应该修集水圈进行保护。对于枯落物较厚的林区应该进行人为扰动，促进种子落入土壤，增加萌发概率。

⑧对近成熟林木进行修枝；注意保护结实母树，抚育树冠下层残枝断干，保持树势旺盛生长；霸王树应进行修枝，为幼苗幼树生长提供空间。个别达到成熟年龄的个体，在周边具有足够多的第二代目标树或者结实母树个体的情况下，可以伐除。修枝时创面应尽量保证与树干平行平滑，修枝后应该在创口涂油漆以保护修枝树木。

⑨在抚育间伐作业中，先标记，后作业；标记应该统一，目标树标记为"｜"，采伐树为"×"，需要修枝的树为"—"；施工技术人员需现场指导采伐操作人员，

监督采伐操作人员按规定操作。

（2）不同发育阶段的经营措施

①栎松混交比例向5∶5左右发展，避免在团块状栎类（油松）林木中伐除孤立的油松（栎类）林木，促进栎松均匀分布。

②在第一阶段（森林建群阶段）抚育重点是影响目的树种生长的灌草层，确保目的树种均匀分布。

③在第二阶段（竞争生长阶段）、第三阶段（质量选择阶段），幼林间伐强度控制在30%以内，在目标树下要保留足够的伴生木，促进干材质量的提高。

④第四阶段（近自然林阶段）的栎松混交林主要进行上层干扰树的间伐，促进林分天然更新。

⑤第五阶段（恒续林阶段）达到目标直径的林木进行择伐，要考虑到周围二代目标树已经形成，间伐不可造成林分结构大的变动。

6．示范林

位于延安市桥山国有林管理局双龙国有生态实验林场作业区，面积3000亩。

林分现状：天然次生林，树种组成10栎，林木平均年龄68年，树高11.5m，胸径16cm，郁闭度0.8~0.9，820株/hm^2，平均蓄积量为86m^3/hm^2。主杆弯曲、多分叉的劣质木和伐桩丛生木较普遍；有团块丛生现象；林下灌木稀少，草本贫乏。

经营历史：1995年抚育间伐，抚育灌木，间伐劣质木，保留郁闭度0.75。此后该林地一直处于封禁状态。

经营目标：在生态防护功能提升基础上，通过抚育，促进结构优化，促进林木生长和更新，生产更优质木材和林产品。

主要经营措施：

①林木分类，间伐干扰木、团块丛生木和病虫、劣质木；对相对孤立的霸王木、双叉木修枝；郁闭度保持在0.7。

②培育目标树，密度为10株/亩；保护油松、茶条槭、杜梨、白蜡等生态目标树和结实母树。

③高度1~2m幼树修集水圈；清除影响幼苗幼树的灌木、藤本，促进林木生长和林分更新。如图2-119、图2-120所示。

图 2-119 经营作业前林分

图 2-120 经营作业后林分

（供稿人：王建伟　陕西省延安市桥山国有林管理局）

2.3.2 甘肃省

2.3.2.1 日本落叶松人工林林木分布格局随机化经营模式

1. 模式名称

日本落叶松人工林林木分布格局随机化经营模式。

2. 适用对象

适用于秦岭西端，暖温带向北亚热带过渡的地带，海拔2000m以下，坡度≤40°、立地条件中等以上的中龄林阶段的日本落叶松人工林。

3. 经营目标

以水源涵养为主导功能，兼顾大径材生产功能。

4. 目标林分

复层异龄针阔混交林。林分由日本落叶松和其他阔叶树种如锐齿槲栎、白蜡、五角枫等树种组成。林分平均直径≥24cm；平均树高20m，每亩株数60株左右，目标胸径35cm以上，树高22m以上，林分蓄积量≥21m³/亩；林分拥挤度在0.9～1.1；树种多样性混交度≥0.8；林层数≥2；林木分布格局为随机分布。

5. 主要经营措施与经营规划

（1）主要经营措施

① 针对林分现状，首先伐除林分中的不健康林木（病腐、弯曲、多头分叉等）。

② 针对林内现存的所有健康的阔叶树种林木，按随机化经营模式，伐除影响其生长的邻体，确保调整后该阔叶树种林木为随机木。

③ 在林分内日本落叶松种群中，沿等高线方向每5～8m划成一个带，在该带中选出10%株数的中、大径木作为培育对象，在每株中、大径木的8株最近邻体中，留选4株能构成随机体的、相对较大且健康的邻体，伐除不健康邻体和影响随机结构体的其他邻体，确保调整后该中、大径木为随机木。

（2）经营规划

规划期30年，每5年经营1次。采用林木分布格局随机化经营技术，优先采伐不健康林木及被压木，维持或提高生物多样性，保留足够数量的优势木，并注意其均匀度，最终形成针阔混交复层异龄林，达到恒续林阶段。

6. 示范林

示范林位于小陇山林业保护中心观音林场，面积1620亩，经营组织形式为国有林场。

林分现状：2020年经营前林分树种组成9日落1阔，林龄24年，林分密度140株/亩，平均胸径14.2cm，平均树高14.3m，蓄积量14.31m³/亩，郁闭度0.9，林分角尺度为0.461，林木水平分布为均匀分布，单层林，林木拥挤度0.542，林木较为拥挤，混交度为0.061，林分多样性差。

经营历史：林分是1996年通过低质低效林改造更新的日本落叶松。2009年进行了第一次抚育间伐，本次为第二次抚育间伐。

目标林分：针阔混交异龄复层林。

主要经营措施和经营效果：首先伐除林分中的不健康林木（病腐、弯曲、多头分叉等），针对林内现存的所有健康的阔叶树种林木，按随机化经营模式，伐除影响其生长的邻体，确保调整后该阔叶树种林木为随机木。沿等高线方向每5～8m划成一个带，在该带中选出10%株数的日本落叶松中、大径木作为培育对象，在每株中、大径木的8株最近邻体中，留选4株能构成随机体的、相对较大且健康的邻体，伐除不健康邻体和影响随机结构体的其他邻体，确保调整后该中、大径木为随机木。

2020年经营后林分树种组成8日落2阔，林分密度90株/亩，平均胸径15.1cm，平均树高15.2m，蓄积量10.61m³/亩，郁闭度0.7，林分角尺度为0.496，林木水平分布格局更趋随机；林木拥挤度降低到0.963，混交度提高到0.102，林分结构得到了初步优化。2022年复测树种组成8日落2阔，林分平均胸径16.2cm，平均树高16.1m，林分密度90株/亩，与对照林分相比，生长率提高了72.5%，枯死木比例由9.35%降低到0%，蓄积量由10.61m³/亩增加到12.63m³/亩，增长率为2.02%。如图2-121、图2-122所示。

图 2-121　经营前林分

图 2-122　经营后林分

（供稿人：惠刚盈　中国林业科学研究院林业研究所
　　　　　赵中华　中国林业科学研究院林业研究所
　　　　　胡艳波　中国林业科学研究院林业研究所
　　　　　张弓乔　中国林业科学研究院林业研究所
　　　　　刘文桢　甘肃省小陇山林业科学研究所）

2.3.2.2 松栎混交林结构化森林经营模式

1. 模式名称

松栎混交林结构化森林经营模式。

2. 适用对象

适用于秦岭西端，暖温带向北亚热带过渡的地带，海拔2000m以下，坡度≤40°、立地条件中等的天然松栎混交林。

3. 经营目标

以生态防护主导功能兼顾多样性保育和用材生产。

4. 目标林分

复层异龄松栎混交林。树种组成：针叶树为油松、华山松，阔叶树为锐齿槲栎、辽东栎、漆树、红桦、五角枫等。林分蓄积量≥250m^3/hm^2；林分平均直径≥24cm；适中的林分密度（林分郁闭度0.8左右或中上层林木拥挤度1.0左右）；高的树种多样性（林分平均混交度≥0.8或5株树组成的结构单元中的平均树种数≥4.2）；良好的垂直结构（林层数≥2.5）；林木分布格局为随机分布（角尺度均值0.50左右）。

5. 主要经营措施与经营规划

（1）主要经营措施

① 针对需要经营的林分，首先伐去除稀有种、濒危种及古树外的所有病腐木、断梢木及特别弯曲的林木，砍除影响培育对象的藤本绞杀植物。

② 围绕培育对象油松、华山松、锐齿槲栎和辽东栎以及刺楸、武当玉兰、四照花、铁橡树、领春木等珍贵濒危树种的全部林木以及漆树、青榨槭、五角枫、红桦等主要伴生树种的中、大径木，采用结构化森林经营技术，综合考虑林木的分布格局、树种隔离程度、竞争关系和林分密度，即利用空间结构参数角尺度、混交度和大小比数以及密集度指导林分结构调整，调整中坚持"五优先"原则，即优先采伐与培育对象同种的林木，优先采伐分布在培育对象一侧的林木，优先采伐影响培育对象生长的林木，优先采伐遮盖和挤压培育对象的林木，优先采伐达到目标直径的林木。

（2）未来经营规划

经营15年后视林分状态与目标林分状态的差异，如果经营林分还没有达到目标林分的状态，则需要按15年为一个经营周期反复实施上述经营措施。反之，如果经营林分与目标林分接近，则要安排单株择伐利用，对达到目标直径（针叶树：华山松、油松50cm，阔叶树：锐齿栎、红桦、漆树≥45cm）的可视为潜在的采伐对象，在此注意，每公顷至少保留5株（作为母树）达到目标直径的林木，不能同时采伐相邻2株及以上达到目标直径的林木，2株择伐林木的间距应大于择伐木的树高。

6. 示范林

2012年，在甘肃小陇山百花林场大杆子沟对锐齿栎天然林进行结构化森林经营试验，试验示范面积2000亩。

林分现状：2012年经营前，林分平均胸径14.6cm，平均树高11.1m，林分蓄积量159m³/hm²，林层数2，林木分布格局为聚集分布，角尺度均值0.539。

经营历史：该林分曾于1977年应用次生林综合培育技术进行抚育间伐，形成阔叶树以锐齿槲栎、辽东栎为主，针叶树以油松、华山松为主的针阔混交林。

目标林分：健康稳定优质高效的松栎异龄复层针阔混交林。

主要经营措施和效果：2012年12月，根据样地调查结果，分析了林分状态，采用结构化森林经营技术，首先伐除了林分中的不健康林木，然后利用空间结构参数角尺度、混交度和大小比数以及密集度对油松、华山松、锐齿槲栎和辽东栎以及刺楸、武当玉兰、四照花、铁橡树、领春木等珍贵濒危树种的全部林木以及漆树、青榨槭、五角枫、红桦等主要伴生树种的中、大径木进行结构调整。2017年监测结果显示：林分平均直径16.5cm，林分平均高12.0m，林分蓄积量158m³/hm²，林层数2.5，林木分布格局为随机分布，角尺度均值0.491。2021年的监测结果为：林分平均直径17.6cm，林分平均高12.6m，林分蓄积量178m³/hm²，林层数2.5，林木分布格局为随机分布，角尺度均值0.488。如图2-123所示。

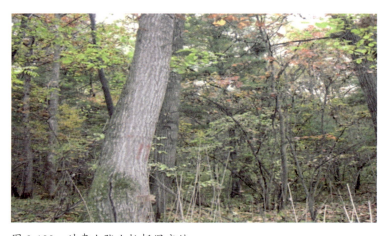

图2-123 甘肃小陇山松栎混交林

（供稿人：惠刚盈　中国林业科学研究院林业研究所
　　　　　赵中华　中国林业科学研究院林业研究所
　　　　　胡艳波　中国林业科学研究院林业研究所
　　　　　张弓乔　中国林业科学研究院林业研究所
　　　　　刘文桢　甘肃省小陇山林业科学研究所）

2.3.2.3 栎类阔叶混交林结构化森林经营模式

1. 模式名称

栎类阔叶混交林结构化森林经营模式。

2. 适用对象

适用于秦岭西端，暖温带向北亚热带过渡的地带，海拔2000m以下，坡度≤40°、立地条件中等的天然次生栎类阔叶林。

3. 经营目标

以生态防护为主导，兼顾多样性保育和用材生产。

4. 目标林分

锐齿槲栎复层异龄阔叶混交林。树种以锐齿槲栎为主，与铁木、漆树、红棕子、五角枫、刺楸、红桦等阔叶树种组成混交林。林分平均直径≥26cm，平均树高≥16m，每亩株数60株左右，林分蓄积≥20m³/亩，目标直径≥45.0cm，树高≥20.0m，林分郁闭度0.80左右或中上层林木拥挤度0.9～1.1，林分平均混交度≥0.8，林层数≥2层，林木分布格局为随机分布。

5. 主要经营措施与经营规划

（1）主要经营措施

① 针对林分现状，首先伐除稀有种、濒危种及古树外的所有病腐木、断梢木和特别弯曲的林木，并砍除影响培育对象的藤本绞杀植物。

② 围绕培育对象锐齿槲栎和五角枫、铁木等珍贵濒危树种的全部林木以及漆树、刺楸等主要伴生树种的中、大径木，采用结构化森林经营技术，综合考虑林木的分布格局、树种隔离程度、竞争关系和林分密度，即利用空间结构参数角尺度、混交度和大小比数以及密集度指导林分结构调整，调整中坚持"五优先"原则，即优先采伐与培育对象同种的林木，优先采伐分布在培育对象一侧的林木，优先采伐影响培育对象生长的林木，优先采伐遮盖和挤压培育对象的林木，优先采伐达到目标直径的林木。

（2）未来经营规划

规划期80年，分两个阶段。第一阶段，针对中幼林（优势木年龄≤30年），分2次作业，间隔10～15年，采用结构化森林经营技术，优先采伐不健康林木及被压木，维持或提高生物多样性，保留足够数量的优势木并注意其均匀度。第二阶段，针对中龄林以上的林分，分3次作业，间隔10～15年。以优势木为基础，持续优化林分结构，最终形成健康稳定优质的栎类阔叶混交林。

6. 示范林

位于小陇山林业保护中心党川林场，面积350亩，经营组织形式为国有林场。

林分现状：2016年经营前林分蓄积量14.16m³/亩，每亩株数82株，平均胸径17.9cm，平均树高15.5m，林分郁闭度0.85；树种以锐齿槲栎为主，与铁木、漆树、红棕子、五角枫、刺楸、红桦等阔叶树种组成混交林。

经营历史：林分于1971年进行强度间伐，林下补植油松，1994年进行了第二次抚育间伐。

目标林分：健康稳定优质高效的异龄复层阔叶混交林。

主要经营措施和效果：2016年，根据样地调查结果，分析了林分状态，采用结构化森林经营技术，首先伐除了林分中的不健康林木，然后利用空间结构参数角尺度、混交度和大小比数以及密集度对锐齿槲栎和铁木、漆树、红棕子、五角枫、刺楸、红桦等主要伴生树种的中、大径木进行结构调整。2016年经营后林分蓄积量12.39m³/亩，每公顷株数65株，平均胸径18.7cm，平均树高16.2m，林分郁闭度0.7。2020年复测林分

图 2-124 经营前林分

图 2-125 经营后林分

蓄积量13.02m³/亩，每公顷株数62株，平均胸径20.0cm，平均树高16.4m，林分郁闭度0.75；优势树种为锐齿槲栎，更新层树种为锐齿槲栎、铁木、五角枫、华山松等乡土树种。如图2-124、图2-125所示。

（供稿人：惠刚盈　中国林业科学研究院林业研究所
　　　　　赵中华　中国林业科学研究院林业研究所
　　　　　胡艳波　中国林业科学研究院林业研究所
　　　　　张弓乔　中国林业科学研究院林业研究所
　　　　　刘文桢　甘肃省小陇山林业科学研究所）

2.3.2.4 天然阔叶次生林林药复合经营模式

1. 模式名称

天然阔叶次生林林药复合经营模式。

2. 适用对象

适用于立地条件中等以上，坡度30°以下，土层在30cm以上的阔叶次生林。

3. 经营目标

以水源涵养、水土保持为主导功能，兼顾经济效益。

4. 目标林分

林地高效利用的多功能阔叶混交异龄林。树种组成中阔叶树为锐齿栎、栓皮栎、白桦等。林分平均直径≥24cm，平均树高15m以上，每亩株数60左右；目标胸径45cm以上，树高20m以上，林分蓄积量≥20m³/亩，树种多样性混交度≥0.8，林层数≥2。

5. 主要经营措施与经营规划

（1）主要经营措施

① 针对林分中的锐齿栎等乡土阔叶树种采用结构化森林经营技术进行经营，首先伐除林分中的不健康林木，提高林分整体健康水平；同时将以锐齿栎为参照树的相邻木作为潜在采伐对象，调整林木的分布格局，伐除影响（挤压、遮盖）培育对象生长的林木，降低林木拥挤程度，调整林木之间的竞争，逐步伐除林分中的非目的树种，提高锐齿栎的优势度，兼顾考虑林分分布格局选择伐除对象。郁闭度不低于0.6，抚育强度小于30%。逐步将现有林分培育成健康稳定优质高效的锐齿栎阔叶混交复层异龄林。

② 选择半阳半背坡向林分，土壤以选择富含腐殖质的沙黏土为宜；选地后顺坡挖窝，窝的规格一般为宽50cm、深20cm，长度依地形而定。菌材选择栎类等不含油脂的树种，准备好猪苓菌核和蜜环菌种。在窝底铺一层2～3cm厚的树叶，将蜜环菌掰成小块均匀地撒在树叶上，把菌材摆好在树叶上，菌材间距3～5cm为宜，再用混合物将间距填满。将猪苓菌核掰成小块，均匀地摆在菌柴的两侧上，再覆盖一层树叶，树叶上覆一层10cm厚的腐殖质土，再用树叶覆盖。管理较为简单，不用施肥，不用除草，使其保持自然生长即可。

（2）经营规划

① 规划期60年，分两个阶段。第一阶段30年，分2次作业，间隔10～15年，采用结构化森林经营技术，优先采伐不健康林木及被压木，维持或提高生物多样性，保留足够数量的优势木并注意其均匀度。第二阶段30年，分2次作业，间隔10～15年。以优

势木为基础,开始目标树经营,持续优化林分结构。着重培育锐齿栎等乡土树种。最终形成阔叶混交复层异龄林,达到恒续林阶段。

② 林药4~5年为一个种植周期,采挖后进行轮作。

6. 示范林

示范林位于小陇山林业保护中心左家林场,面积3079亩。

林分现状:2021年经营前,树种组成5硬阔2软阔2栎1华,为中龄林,林分密度72株/亩,平均胸径17.8cm,平均树高10.9m,蓄积量8.79m³/亩,郁闭度0.8,林分角尺度0.539,垂直结构为复层林,林木拥挤度0.764,混交度为0.863,林木水平分布为轻微聚集分布。坡度小于30°的林地面积1000亩,土层平均厚度50cm,适宜仿野生种植猪苓。

经营历史:林分于1981年进行大强度抚育间伐,属过伐林,通过天保工程加强森林管护,林分情况得以恢复。本次为第二次抚育间伐。

目标林分:林下种植猪苓的锐齿栎阔叶混交复层异龄林。

主要经营措施和效果:首先采用结构化森林经营技术对锐齿槲栎等乡土阔叶树种进行结构调整,然后选择半阳半背坡向林分,顺坡开挖宽50cm、深20cm的窝,种植猪苓。2022年经营后林分密度62株/亩,平均胸径18.4cm,平均树高11.0m,树种组成5硬阔2栎2软阔1华,蓄积量8.07m³/亩,郁闭度0.7,林分角尺度0.495,林木拥挤度0.943,混交度0.852。2021—2023年,林下仿野生种植猪苓1000亩。2022年复测林分密度达到64株/亩,林分平均胸径18.9cm,平均树高11.1m,与对照相比,生长率由2.84%提高到4.36%,枯死木比例由19.08%降低到0,经营林分蓄积量由8.07m³/亩增加到8.67m³/亩,每亩净增0.60m³。如图2-126、图2-127所示。

图 2-126 经营作业前林分

图 2-127　种植猪苓后林分（红色标记杆为猪苓种植穴）

（供稿人：惠刚盈　中国林业科学研究院林业研究所
　　　　　赵中华　中国林业科学研究院林业研究所
　　　　　胡艳波　中国林业科学研究院林业研究所
　　　　　张弓乔　中国林业科学研究院林业研究所
　　　　　刘文桢　甘肃省小陇山林业科学研究所）

2.3.2.5　华北落叶松人工林目标树全林经营模式

1. 模式名称

华北落叶松人工林目标树全林经营模式。

2. 适用对象

适用于暖温带半湿润区、海拔1600～2500m、阳坡及半阳坡、立地条件中等及以上的幼、中龄林阶段的华北落叶松人工林。

3. 经营目标

以中、大径材生产为主导功能兼顾生态防护。

4. 目标林分

华北落叶松、油松针叶混交林。目的树种华北落叶松树龄40年以上，目标胸径40cm以上，目标树密度为120～150株/hm^2，目标蓄积量150m^3/hm^{2}以上。经过目标树全林经营，促进目标树、辅助树、其他树木生长，形成中、大径级华北落叶松人工林。

5. 全周期主要经营措施

华北落叶松人工林目标树全林经营模式全周期经营过程主要包括目标树的确立及管理、干扰树的确立和伐除、目标树终伐前的建群更新、目标树采伐利用等阶段，各阶段采取的主要经营措施有：

（1）目标树的选择

幼龄林、中龄林阶段，选择树干通直、树冠丰满、健康无损伤、活力旺盛的Ⅰ、Ⅱ级木为目标树。目标树的密度120~150株/hm^2，预留确定目标树具体生长空间，目标树经营期内生长空间=（目标树侧枝年生长占据空间长度+周边树木侧枝年生长占据空间长度）×经营间隔期，目标树胸径40cm，终伐年龄60年。

（2）干扰树的确立和伐除

在目标树的同冠层（或上冠层）或上坡位，选择对目标树生长发育造成干扰的干扰树，分批次适时伐除。目标树下冠层特别是下坡位对目标树生长不具有干扰作用而具有支撑和辅助作用的树木，作为辅助木予以保留。

（3）目标树的修枝

在前期抚育的基础上，对目标树进行修枝。修枝高度不超过当前树高的1/2，采用斜切法修枝，避免撕破树皮，损伤树木韧皮部。

（4）目标树终伐前的建群更新

在目标树终伐前20年左右进行二次建群。如果此时目标树或目的树种的自我更新已经出现，就要对已有更新层进行抚育管理；如果目标树的自我更新没有出现，就要采取人工割灌、破土等措施促进目标树的天然更新，引进栽植适宜树种形成二代混交林。对更新层幼苗按照新植林抚育措施及时割灌、折灌，促进更新幼苗生长，直到更新完成了二次建群。

（5）全林经营

在充分发挥目标树森林骨架作用的同时，实施全林经营，对全地块进行透光伐、卫生伐和"破双株"等正常抚育，对林内过密和质量低劣没有培育前途的林木按照"间密留匀，去劣留优、砍小留大"的原则进行伐除，进行全林经营控制林分密度，每公顷1395~1695株。林隙、天窗，在天然更新不能满足需要的前提下，选择云杉、华山松等进行补植、补播。

6. 示范林

位于平凉市国有玄峰山林场18林班567小班，面积600亩，林龄19年。

林分现状：间伐前蓄积量92.6m^3/hm^2，每公顷株数1980株，平均胸径11.2cm，平均树高9.6m，林分郁闭度0.9。

经营历史：2004年造林，树种组成为100%落叶松林，2007年定株抚育，2011年首次透光伐，间伐株数强度17%。

目标林分：华北落叶松、云杉、华山松针叶混交林。

主要经营措施和效果：2016年目标树全林经营前蓄积量92.6m^3/公顷，每公顷株数1980株，平均胸径11.2cm，平均树高9.6m，林分郁闭度0.9，天然更新不良。现有蓄积量131.8m³/hm²，每公顷株数1395株，平均胸径15.2cm，平均树高11.6m，林分郁闭度0.7。如图2-128、图2-129所示。

图2-128 华北落叶松大径级人工林经营前　　图2-129 华北落叶松大径级人工林经营后

（供稿人：崔小宁　甘肃省天水市张家川县马鹿林场）

2.3.2.6　云杉、冷杉天然林采育择伐经营模式

1. 模式名称

云杉、冷杉天然林采育择伐经营模式。

2. 适用对象

适用于白龙江、洮河流域亚热带、高寒湿润区，海拔高度集中在2400～2800m，坡度集中在15～30°，土壤以山地棕褐土为主，地块土层较薄，土层厚度集中在15～40cm，土壤pH6.5～7.0，立地条件中等及以上，郁闭度大于0.8的云杉、冷杉天然林。

3. 经营目标

以生态防护功能为主，兼顾多种效益。

4. 目标林分

异龄复层天然云杉、冷杉林。目标林分蓄积量≥400m³/hm²；林分平均胸径≥20cm；平均林龄≥100年；平均树高19m；蓄积年均生长量6.2m³；天然更新良好，幼树5000株/hm²，幼苗30000株/hm²。

5. 全周期主要经营措施

（1）间伐方式

针对需要采育择伐的林分，首先伐除所有病腐木、断梢木及特别弯曲的林木，稀有种、濒危种及古树除外，砍除影响培育对象的藤本植物。在采育中坚持"六项原则"，达到"三条要求"。"六项原则"是采老留壮，采劣留优，间密留稀，控制强度，保护母幼树，节约林木；"三条要求"：一要按照伐区调查设计，实行挂号采伐；二要伐后郁闭度保持0.4以上，每公顷保留蓄积量80～100m³，中小径木500～1200株/hm²，幼树4000～5000株/hm²，幼苗10000～30000株/hm²；三要人工更新和天然更新相结合，封育管护，促进成林。

（2）采伐周期

云杉、冷杉的择伐周期以25年为宜，各地可根据具体林分的实际情况，在±5年范围内调整，择伐径级28～30cm。

（3）采伐强度

缓坡（20°以下）择伐蓄积量强度控制在35%以内，斜坡（20～30°）择伐蓄积量强度25%，陡坡（30°以上）择伐蓄积量强度20%。

（4）更新方式

伐后以天然更新为主，伐后幼树不足时，可适当进行"空位"补植，在达不到天然更新标准时，每公顷应补植目的树种1000株。

（5）森林抚育

通过扶正苗木、扩穴松土、割灌除草、培土、摘芽和病虫害防治，减少林中空地，促进幼苗幼树生长，改善树种组成、年龄和空间结构，提高林地生产力和林木生长量，促进森林、林木的生长发育，丰富生物多样性，维护森林健康，发挥森林多功能，协调生态、社会、经济效益，培育健康稳定优质高效的生态系统。

6. 示范林

示范林位于洮河生态建设管护中心冶力关林场，建设规模5000亩。

林分现状：以云杉、冷杉中幼龄林为主，郁闭度0.55左右，平均株数1397株/hm²，平均胸径19.2cm，平均树高14.5m，平均蓄积量236m³/hm²，林下灌草盖度在10%～30%，主要有桦木、箭竹、蔷薇、忍冬、悬钩子、花楸、蕨类、禾草等。

经营历史：1966年择伐，强度43%，伐前蓄积量157.4m³/hm²，伐后保留90m³/hm²；1988年抚育择伐，强度35%，伐前蓄积量246m³/hm²，伐后保留172m³/hm²；1998年停止天然林采伐后再未采伐。

经营措施和经营效果：经营时，首先伐除林分中所有病腐木、断梢木及特别弯曲的林木，保留稀少种、濒危种及古树，砍除影响培育对象的藤本植物。其次伐除林分中达到目标直径的林木，并控制强度，保护母幼树；保护天然更新的云杉、冷杉幼苗，在更新幼苗不足的情况下，补植幼苗，并进行抚育，促进成林。2023年监测结果为：林分平均胸径18.5cm，平均树高17m，林分蓄积量380m³/hm²。林下灌草盖度在10%～30%，主要有蔷薇、忍冬、悬钩子、花楸、蕨类、禾草等。如图2-130、图2-131所示。

图 2-130　洮河林区云冷杉混交林　　　图 2-131　洮河林区冷杉林

（供稿人：王　飞　甘肃省白龙江林业保护中心林业科学研究所）

2.3.3　新疆维吾尔自治区

2.3.3.1　天山云杉人工纯林水源涵养林经营模式

1. 模式名称

天山云杉人工纯林水源涵养林经营模式。

2. 适用对象

适用于新疆天山云杉森林分布区域，立地条件中等及以上，采伐迹地、火烧迹地人工植苗更新的天山云杉纯林。

3. 经营目标

主导功能为水源涵养、水土保持、森林景观游憩及森林碳汇等，兼顾云杉大径材培育。

4. 目标林分

相对同龄纯林，优势树种为天山云杉，零星混生天山桦、欧洲山杨、天山花楸等，其中天山云杉占90%以上，天山云杉目标直径≥50cm，小径木（17.5～32.5cm）、中径木（32.5～52.5cm）、大径木（55cm以上）蓄积量比例接近1∶3∶6；目标树密度200株/hm^{2}以上，目标树龄160年以上，目标林分蓄积量≥250m^3/hm^2；人工更新造林达到中等及以上水平。

5. 全周期主要经营措施

全周期森林经营措施或主要森林经营措施如表2-20所示。

表2-20 天山云杉人工纯林水源涵养林全周期森林经营措施

发育阶段	龄级范围（年）	主要经营措施
幼龄林阶段	1~60	天山云杉采用人工植苗更新造林，苗木规格选8年生Ⅰ、Ⅱ级天山云杉大苗，株行距1.5m×1.8m，造林密度为3700株/hm²以上，造林后2~3年进行幼林抚育，清除云杉苗木周围杂灌草。树龄＞20年、林分郁闭度0.8以上时进行第1次幼林抚育间伐，树龄＞40年、林分郁闭度0.8以上时进行第2次幼林抚育间伐，采用透光伐，去劣留优，去弱留强，间密留匀，伐除不良木、被压木、枯死木、濒死木、枯梢木、受害木等，促进林木高生长。人工修枝高度不超过树高的1/2，清除林地内抚育间伐剩余物，对修枝后的灌木、枝条等剩余物沿等高线带状堆积，不允许堆放在树的根部和幼树旁，将有病虫害的作业剩余物清理运出林区
中龄林阶段	61~100	树龄＞60年，林木生长竞争激烈，进行第一次生长伐，选择和标记天山云杉目标树，采伐干扰树，保留Ⅰ、Ⅱ级木，采伐Ⅴ、Ⅳ级木，为目标树或保留木提供适宜的生长空间，促进林木径向生长，生长伐后保留株数800株/hm²以上，伐后郁闭度不低于0.6。当郁闭度达到0.8以上时，再次进行生长伐，进一步选择和标记天山云杉目标树，采伐干扰树，促进林木径生长，伐后保留株数600株/hm²以上，郁闭度不低于0.6，适当修枝
近熟林阶段	101~120	树龄＞100年，进行1次生长伐，伐除枯倒木、枯死木、濒死木、枯梢木、不良木、受害木等，确定天山云杉目标树，采伐干扰树，促进林木径生长，伐后保留株数450株/hm²以上，郁闭度不低于0.6，适当修枝，促进和保护林下更新优秀个体数量和质量
成熟林阶段	121~160	树龄＞120年，进行卫生伐，采伐一些倒木、枯死木、濒死木、枯梢木、不良木、受害木等，伐后保留株数300株/hm²以上，郁闭度保持在0.6以上，形成和保持林木径级差异呈正态分布。注意适当保护枯立木和生境树，维持林分生物多样性以及林下灌草生物多样性格局。林窗内适当补植天山桦和欧洲山杨，株行距3m×4m，适当增加阔叶树种，提高天山云杉生态系统稳定性
过熟林阶段	＞160	树龄＞160年，进行公益林更新采伐，实施目标树单株择伐，每次择伐强度控制在50%以下，择伐后保留天山云杉目标树250株/hm²以上，对下层天然更新的幼树幼苗进行保护与可持续经营，调整天山云杉径级结构呈正态分布，加强培育第二代目标树，实现新疆天山云杉人工林水源涵养林资源可持续经营

6. 示范林

位于新疆维吾尔自治区天山西部林业局昭苏分局夏塔营林区7林班1小班，面积408亩，人工云杉纯林，林地、林木权属全部为国有，经营组织形式为国有林场经营。目前林分年龄为40年，平均胸径14.1cm，平均树高10m，每亩平均株数135株，林分郁闭度0.8。2023年抚育间伐采用三行伐一行、四行伐一行、五行伐一行，平均蓄积量间伐强度4%，伐后平均胸径15cm，平均郁闭度0.6以上。如图2-132、图2-133所示。

图 2-132　抚育间伐前天山云杉人工林

图 2-133　抚育间伐后天山云杉人工林

（供稿人：刘　萍　华南农业大学
　　　　　张金海　新疆维吾尔自治区林业和草原局
　　　　　杨智年　新疆维吾尔自治区天山西部国有林管理局
　　　　　库旺德克·巴哈提别克　新疆维吾尔自治区天山西部国有林管理局
　　　　　杨云昊　新疆天山西部林业勘察设计院有限责任公司
　　　　　宗恩山　新疆维吾尔自治区天山西部国有林管理局巩留分局
　　　　　孙文江　新疆维吾尔自治区天山西部国有林管理局昭苏分局）

2.3.3.2　天然落叶松、云（冷）杉混交水源涵养林经营模式

1. 模式名称

天然落叶松、云（冷）杉混交水源涵养林经营模式。

2. 适用对象

适用于新疆阿勒泰山森林分布区域，立地条件中等及以上，采伐迹地、火烧迹地天然更新的落叶松纯林或者落叶松与云（冷）杉混交林。

3. 经营目标

主导功能为水源涵养、水土保持、森林景观游憩以及森林碳汇等，兼顾落叶松、云杉和冷杉大径材培育。

4. 目标林分

复层异龄混交林，西伯利亚落叶松占70%～80%，西伯利亚云杉或西伯利亚冷杉占10%～20%，其他伴生树种主要有西伯利亚红松、疣枝桦、欧洲山杨、西伯利亚花楸等占10%～20%。落叶松目标直径≥50cm，云（冷）杉、红松目标直径≥40cm，小径木（17.5～32.5cm）、中径木（32.5～52.5cm）、大径木（55cm以上）蓄积量比例接近1∶3∶6；目标树密度为120～150株/hm²，目标树龄140年以上，目标林分蓄积量≥200m³/hm²；天然更新或者人工促进天然更新达到中等及以上水平。

5. 全周期主要经营措施

全周期森林经营措施或主要森林经营措施如表2-21所示。

表2-21 天然落叶松云冷杉混交水源涵养林全周期森林经营措施

发育阶段	树高范围（m）	主要经营措施
建群阶段	1～10	树龄1～20年，对西伯利亚落叶松纯林，或者以西伯利亚落叶松为主，伴生西伯利亚云冷杉、红松、疣枝桦、欧洲山杨等的混交林，在高山陡峭区域不适宜天然更新只进行卫生伐，在亚高山低缓区域实行强度择伐利于天然更新，保留疏密度0.3～0.4。伐后可以将林地枯落物堆集进行火烧清除，烧后有条件的可将烧堆处土壤翻动以利落种更新，天然更新不良可以辅以人工植苗或者直播更新，更新苗木密度达5000株/hm²以上。天然更新5年左右进行幼林抚育，主要技术措施为清除影响苗木生长的灌草和凋落物，天然更新20年后再次进行幼林抚育，主要技术措施为对天然更新的针阔叶幼树进行定株，视每丛株数选择1～2株优秀个体为保留木，避免雪压倒伏，定株后控制落叶松个体株数占总株数70%以上，云（冷）杉和红松个体株数占总株数20%以上，少量伴生疣枝桦、欧洲山杨、西伯利亚花楸等阔叶树
竞争生长阶段	11～15	树龄21～60年，树龄30年左右，林分郁闭后进行第1次幼龄林抚育间伐，采用透光伐，伐除上层或侧方遮阴的劣质林木、霸王树、萌芽条、大灌木、蔓藤等，间密留匀，去劣留优，促进林木高生长，伐后郁闭度不低于0.6，进行必要的修枝作业。树龄50年左右，当林分再次郁闭后进行第2次幼龄林抚育间伐，采用疏伐，去劣留优，去弱留壮，间密留匀，伐后郁闭度不低于0.6，疏伐以被压木、不良木、受害木为主，疏伐后保留株数2500株/hm²以上，上层喜阳树种落叶松个体株数占总株数70%以上，下层耐阴树种云（冷）杉、红松等个体株数占总株数20%以上，少量伴生疣枝桦、欧洲山杨、西伯利亚花楸等阔叶树

(续表)

发育阶段	树高范围（m）	主要经营措施
质量选择阶段	16～20	树龄61～100年，树龄80年左右，进行生长伐，选择和标记落叶松、云杉、冷杉等目标树，采伐干扰树，保留Ⅰ、Ⅱ级木，采伐Ⅴ、Ⅳ级木，为目标树或保留木保留适宜的生长空间，促进林木径向生长，生长伐后保留株数1200株/hm²以上，伐后郁闭度不低于0.6，落叶松个体株数占总株数70%～80%，云（冷）杉、红松等个体株数占总株数10%～20%，少量伴生疣枝桦、欧洲山杨、西伯利亚花楸等阔叶树。注意保护幼苗幼树，如林窗、林隙光线强处天然更新的西伯利亚落叶松、疣枝桦和光线弱处天然更新的云（冷）杉、红松等
近自然林阶段	21～25	树龄101～140年，树龄>120年，进行卫生伐，采伐一些倒木、枯死木、濒死木、枯梢木、不良木等，保留健康目标树，伐后保留株数700株/hm²以上，主林层保留落叶松株数500株/hm²以上，次林层保留云（冷）杉株数200株/hm²以上，促进目标树生长，形成和保持较大的林木径级差异。促进和保护林下更新优良个体的数量和质量；注意适当保护枯立木和生境树，维持林分生物多样性以及林下灌草生物多样性格局
恒续林阶段	>25	树龄>140年，持续采取经营措施，使主林层达到培育目标，可以进行多次公益林更新采伐，采用目标树单株择伐，每次择伐强度控制在50%以下，主林层保留落叶松株数250株/hm²以上，次林层保留云（冷）杉株数50株/hm²以上，择伐后对下层天然更新的落叶松、云（冷）杉、红松等幼树幼苗进行保护与可持续经营，调整树种、龄级、径级结构至分布合理，加强培育第二代目标树，实现天然落叶松、云（冷）杉复层异龄混交林可持续经营

6. 示范林

位于新疆维吾尔自治区阿尔泰山国有林管理局阿勒泰分局卡拉依里克营林区，面积150亩，天然起源的落叶松、云杉混交林，林地、林木权属全部为国有，经营组织形式为国有林场经营。目前林分年龄在93～98年，平均年龄为95年，平均胸径12cm，平均树高18m，处于质量选择阶段。2023年经营措施主要是卫生伐和疏伐，卫生伐对象为枯立木、枯梢木、枯倒木，疏伐对象为濒死木（Ⅴ级木）和劣势木（Ⅳ级木）等，间伐强度4.1%，伐后平均胸径14.0cm，郁闭度0.65，天然更新树种为落叶松、云杉。如图2-134、图2-135所示。

图 2-134 天然落叶松、云杉混交水源涵养林间伐前林分

图 2-135 天然落叶松、云杉混交水源涵养林间伐后林分

(供稿人：刘　萍　华南农业大学
　　　　张金海　新疆维吾尔自治区林业和草原局
　　　　卢　琪　新疆维吾尔自治区阿尔泰山国有林管理局
　　　　叶勒波拉提·托流汉　新疆维吾尔自治区阿尔泰山国有林管理局
　　　　特列克·依巴提　新疆维吾尔自治区阿尔泰山国有林管理局
　　　　周振全　新疆维吾尔自治区阿尔泰山国有林管理局
　　　　周明波　新疆维吾尔自治区阿尔泰山国有林管理局阿勒泰分局
　　　　提列克·阿波西　新疆维吾尔自治区阿尔泰山国有林管理局阿勒泰分局)

2.4 华东地区

包括上海市、浙江省、安徽省、福建省和江西省。

2.4.1 上海市

2.4.1.1 香樟景观林提质增效择伐经营模式

1. 模式名称

香樟景观林提质增效择伐经营模式。

2. 适用对象

适用于可及度高、坡度较平缓地带的香樟阔叶纯林或混交林。

3. 经营目标

主导功能为景观游憩，兼顾水源涵养等多种生态服务功能。

4. 目标林分

香樟-其他色彩丰富的阔叶树风景林，目的树种为香樟、朴树、乌桕、梧桐、麻栎、女贞、榆树、枫香等，目标树密度为130~170株/hm²，树龄60年以上，胸径为50cm以上，目标蓄积量170~200m³/hm²，最终林分中常绿乔木树种占70%，落叶乔木树种占20%，小乔木或灌木树种占10%，森林生态服务功能得到持续稳定提升。

5. 主要经营措施

（1）介入状态：林下更新层形成期

① 目标树确定：即对优势树种香樟以及混生乌桕、梧桐、白栎、朴树、女贞、油桐、榆树等彩色叶、珍贵树种采用目标树经营的方式，伐除干扰树。

② 景观疏伐：通过无规则的点状、小块状有目的地伐除不符合培育目的的林木，以及虽然符合培育目的，但是干形、冠形较差或者生长势较弱的林木个体，清除与更新层幼树竞争的各种植物。采伐株数强度5%~10%。

③ 人工促进天然更新和补植改造：有目的地保留现有的、长势较好的、符合经营目的的幼苗幼树，采取松土、清杂、除草等促进其生长，彻底清理采伐剩余物、枯死木、病腐木、风折木等。地带性森林植被的植物群落建群种和优势种为骨干树种，选择具有明显层次、叶色、花色和果色等景观效果的树种作为基调树种，包括乌桕、枫香、厚皮香、红果冬青、红花油茶、海州常山、佘山胡颓子、白鹃梅、乌饭树等。

④ 配置和造林方式：近自然配置，单一相连树种不超过3株。冬季、春季或雨季植苗造林，造林当年采取保水措施并正苗、压实。试点区域土层较为瘠薄，平均厚在15cm以下，影响栽植苗木的成活率，需客土回填。

（2）竞争生长阶段：结构调整期

① 幼林抚育：对新补植树种一般采取连续抚育3年，每年抚育两次的措施。每年第一次抚育安排在4—5月进行，采用全垦穴铲的方法，要求全面铲除杂灌、扩穴松土、培蔸。第二次抚育安排在8—9月进行，采用块状深翻，要求全面斩除杂灌，深达10~20cm，头年稍浅，以后逐年加深。抚育时，要做到"三不伤、二净、一培土"，同时结合去除萌蘖、防治病虫。三不伤：不伤梢、不伤皮、不伤根；二净：杂草锄净，蔸下面石块拣净；一培土：把锄松的土培到植株根部，把锄下的杂草覆盖到种植点上。

② 结构调整：更新层林木生长阶段，郁闭度控制在0.6~0.7，补植灌木和地被植物，使得林分的乔木层、下木层和地被物层逐步成型，林木生长稳定前，采取施肥、除草和防治病虫害措施。

（3）成型阶段：群落完整结构形成期

群落完整结构形成后，实现香樟-其他阔叶树恒续覆盖，最终常绿乔木树种占50%，落叶乔木树种占40%，小乔木或灌木树种占10%，生态服务功能得到持续稳定的发挥。

6. 示范林

位于松江林场东佘山，面积54.34亩，人工香樟林。现有平均胸径38cm，郁闭度0.75，对林分下层枯枝和地面杂草进行清理，对非目的树种进行景观疏伐，使得林分整体视觉上更为通透，林分平均胸径增加，郁闭度从0.9降至0.75，给下层木和地被植物提供更好的生长空间；林分作业前树木基本同龄且树种组成单一，补植乌桕、冬青、黄连木等彩色树种，使得林分的色彩变更为丰富，林分垂直结构更合理，提高了风景林的视觉敏感度和景观美度，合理的植物配置也使得林分的生态系统更为稳定，生物多样性提升，生态服务功能得到进一步提升。如图2-136、图2-137所示。

图 2-136 示范林作业前林相

图 2-137 示范林作业后林相

(供稿人：沈　磊　上海市松江林场
　　　　　吴晓忠　上海市松江林场
　　　　　张叶英　上海市松江林场
　　　　　夏文妹　上海市松江林场
　　　　　赵　芮　浙江华东林业工程咨询设计有限公司)

2.4.1.2 毛竹景观林"控竹增阔"择伐经营模式

1. 模式名称

毛竹景观林"控竹增阔"择伐经营模式。

2. 适用对象

适用于景观单一、物种多样性较低的毛竹风景林。

3. 经营目标

以景观游憩为主导，兼顾水源涵养等多种生态防护功能。

4. 目标林分

竹阔混交风景林。以5年为培育周期，将毛竹林的立竹密度控制在160~200株/亩，毛竹纯林中伴生树种数量比例维持在20%~40%，即8竹2阔、7竹3阔或6竹4阔，补植阔叶树种中常绿乔木树种占50%，落叶乔木树种占50%。

5. 主要经营措施

（1）改造类型

根据不同竹林特征，采取以下改造措施：

① 点状改造：择伐竹株，使郁闭度达到0.4~0.7，种植珍贵乡土阔叶树种或彩色乡土阔叶树种。

② 带状改造：水平带皆伐竹株，保留毛竹林皆伐带内原有阔叶树种，种植珍贵乡土阔叶树种或彩色乡土阔叶树种。

③ 块状改造：片状皆伐竹株，保留毛竹林皆伐区内原有阔叶树种，聚集式种植3~7株珍贵乡土阔叶树种或彩色乡土阔叶树种。

④ 更新改造：对于独立于阔叶林中小面积的毛竹林，皆伐竹株，保留乡土乔木树种，栽植珍贵乡土阔叶树种或彩色乡土阔叶树种。

（2）整地挖穴

① 整地：采用穴状、带状和块状方式整地。整地严格按照GB/T 15776执行。

② 挖穴：穴深大于40cm，穴径大于50cm。

（3）树种配置

① 配置原则：根据树种特性如树种大小高低、根系深浅、生长快慢、耐阴程度、生态功能及景观效果等，适地适树配置树种。

② 配置方式

点状配置：采伐竹株成3m×3m~5m×5m的林窗，单株种植珍贵乡土阔叶树种或彩色乡土阔叶树种。

带状配置：带宽4~6m，每带种植1行珍贵乡土阔叶树种或彩色乡土阔叶树种。

块状配置：片状采伐竹株成8m×8m~12m×12m林窗，均匀种植珍贵乡土阔叶树种或彩色乡土阔叶树种。

（4）抚育管理

① 松土除草：种植阔叶树种的地块，应连续松土除草3年。4—5月、8—9月各松土除草1次。松土范围为种植穴1m²或种植带2m宽，松土深度3~5cm。

② 施肥：种植后前3年每株施复合肥30~50g，结合松土除草施肥。

③ 补植：栽植成活率低于85%时，应进行补植。补植应在造林后第一个宜林季进行。

④ 新竹清理：改造后8～10年，每年5—6月一次性清理新竹，确保种植的树种周围2m内无新竹。

6. 示范林

位于松江林场东佘山，面积104.55亩。块状改造，保留毛竹林原有阔叶树种，补植栾树、厚皮香、樟叶槭、冬青、黄连木、乌桕等常绿和落叶乔木，营造季相变化明显的阔叶混交林，同时配置桂花等小乔木或灌木，丰富景观垂直结构以及生物多样性，营造良好的阔叶林景观，总体形成竹阔混交的林分类型，让游客看到的景观层次更为丰富。如图2-138、图2-139所示。

图 2-138 示范林作业前林相

图 2-139 示范林作业后林相

（供稿人： 沈　磊　上海市松江林场
　　　　　　吴晓忠　上海市松江林场
　　　　　　张叶英　上海市松江林场
　　　　　　夏文妹　上海市松江林场
　　　　　　赵　芮　浙江华东林业工程咨询设计有限公司）

2.4.2 浙江省

2.4.2.1 浙江森林固碳增汇经营模式

1. 模式名称

浙江森林固碳增汇经营模式。

2. 适用对象

适宜亚热带季风气候区，海拔400～1200m，以杉木或松木为主的针叶林，森林类别为商品林，林种为一般用材林，林分树种组成单一、林分结构简单、病虫害严重、林分质量较低、综合效益不高。

3. 经营目标

以优化林分结构为核心，通过合理采伐，调控空间、增强林分抗逆性、提升固碳增汇能力。营建碳汇能力相对较强的林分，初步构建林业碳汇计量监测体系，探索建立木材生产和碳汇功能的协同提升。

4. 目标林分

培育目标林分是异龄复层混交林。目的树种以杉木或松木为主且包括木荷、青冈、枫香、楠木等主要碳汇树种，主林层的目标树密度为15～25株/亩，树龄为50年以上，平均胸径为40cm以上，平均树高为20m以上，目标蓄积量为15～25m³/亩，目标碳汇量达2.45吨/亩。

5. 全周期主要经营措施

（1）建群阶段

依据林分条件分别设置20%～60%的抚育间伐强度，优先伐除病死木、病害木，其次伐除生长势劣、干形差的针叶树，伐除影响中下层目的树种生长的灌木树种和干扰树种。立地条件差的保留密度大一些，立地条件好的保留密度小一些。伐后林分郁闭度不低于0.5，林木分布均匀，无林窗和林中空地。各类病虫害垂死木、枯死木、病腐木按照森林病虫害防治、森林防火、环境保护等要求，枝干和枝丫拖运下山到指定的地点，集中处理，防止病虫害蔓延及火灾的发生。

补植木荷、青冈、枫香、楠木等浙江省主推的碳汇树种30～60株/亩，要求2年生以上的容器苗。

（2）竞争生长阶段

割除影响更新层目的树种生长的灌木藤本。对尚未郁闭、目的树种幼苗幼树生长受杂灌杂草、藤本植物等影响的林分，上方、侧方受到严重遮阴影响的幼林，郁闭后目的树种幼树高度低于周边杂灌杂草、藤本植物等且生长受到明显影响的林分，进行割灌除草除藤。灌木藤本割除后按照首次补植木荷、青冈、枫香、楠木等碳汇树种30~60株/亩的标准，再次补植2年生以上的碳汇树种容器苗，3年内开展块状适度割灌除草3~5次。

（3）质量选择阶段

林分郁闭度再次达到0.8以上后，可以进行一次生长伐。伐除生长势弱的和影响中下层目的树种生长的灌木树种和干扰树种。保留目标树25~60株/亩。林分郁闭度不低于0.6，林木分布均匀，无林窗和林中空地。注意采伐木的倒向，不要压着目的树种。伐后确保目的树种侧方有2m以上的生长空间。

补植的碳汇树种逐渐成为次林层，其和上层乔木树种的密度保持在60株/亩以上。

（4）近自然森林阶段

补植的树苗逐步进入主林层，初步形成复层异龄混交林。选择目标树10~15株/亩，对影响目标树生长的干扰树予以采伐。采伐时注意倒向，不要压到更新层的阔叶树。对天然更新实生的幼树予以保护和抚育，天然更新的实生和萌生的杉木逐渐成为伴生树，如果影响到目的树种生长则予以采伐。

（5）天然恒续林阶段

形成主林层为杉木或松木的异龄复层林。主林层的树种密度为15~25株/亩，平均胸径为40cm以上，平均树高为20m以上，蓄积量为15m³/亩。此时林分结构相对稳定，补植的碳汇树种逐渐成为次林层，其和上层乔木树密度在60株/亩以上，林下自然更新的杉木、阔叶树幼树数量充足，进入自然演替过程。

结合高固碳树种与对照树种间的固碳能力差异进行成效监测；同时对于疏伐木的去向、产品等进行碳足迹的跟踪。

6. 示范林

位于庆元林场白岭头林区849号小班，面积106亩，人工杉木纯林。经营组织形式为国有林场经营。现有蓄积量14.7m³/亩，每亩平均株数50株，平均胸径22.4cm，平均树高15.3m，林分郁闭度0.6。更新层树种为人工补植的木荷等幼苗。如图2-140~图2-143所示。

培育目标林分是杉木异龄复层林。目的树种以杉木为主且包括木荷等主要碳汇树种，主林层的目标树密度为15株/亩，树龄为50年以上，平均胸径为40cm以上，平均树高为25m以上，目标蓄积量为15m³/亩。经单株木作业经营，促进目的树种更新生长，形成复层异龄混交林，实现固碳增汇。

图 2-140　碳汇林（杉大径材＋闽楠）　　　图 2-141　碳汇林（杉大径材＋木荷、树参）

图 2-142　碳汇林（杉大径材＋木荷）

图 2-143　碳汇林（杉大径材＋浙江楠）

（供稿人：张茂付　浙江省庆元林场
　　　　胡兆贵　浙江省庆元林场）

2.4.2.2 浙江优质杉木大径级人工林经营模式

1. 模式名称

浙江优质杉木大径级人工林经营模式。

2. 适用对象

适用于土层深厚、水分条件好的立地上培育杉木大径材和多代经营的杉木纯林近自然改造，也适用于一般生态公益林保护经营区的杉木纯林向珍贵硬阔叶林近自然转化。

3. 经营目标

以培育杉木和珍贵硬阔大径材为主要目标，兼顾生物多样性保护等生态功能。

4. 目标林分

杉木-阔叶异龄复层混交林。目的树种包括杉木、楠木和红豆树等，前期上层杉木目标树密度200~300株/hm^2，树龄40年以上，胸径35cm以上，目标蓄积量150~250m^3/hm^2。阔叶树（楠木等）进入主林层后，目标树密度100~150株/hm^2，平均树龄60年以上，胸径45cm以上，目标蓄积量250~350m^3/hm^2。

5. 全周期主要经营措施

表2-22 全周期森林经营措施

发育阶段	林分特征	主要经营措施
林下更新层形成阶段	上层杉木有明确的目标树，下层更新层形成，林分为复层异龄林	在林冠下更新造林的前一年对杉木人工林进行生长伐，选择目标树300~450株/hm^2，伐除干扰木、非目的树种及霸王木等，上层保留木郁闭度保持在0.5~0.6
		林冠下补植楠木等珍贵阔叶树600~900株/hm^2，栽后5年内采用块状适度开展割灌除草和施肥3~5次
林下更新层竞争生长阶段	下层更新形成竞争，高生长明显，逐渐进入主林层	下层林木高生长竞争激烈时，进行一定的疏伐，保留株数400~600株/hm^2
		当下层林木生长受到明显抑制时，对上层进行透光伐，改善光照条件，增加下层木的营养和生长空间，伐后上层郁闭度不低于0.5
次林层质量选择阶段	上层杉木目标树大部分达到收获目标，下层更新层成为主要林分	对达到收获目标的杉木进行择伐
		对更新林木进行再次疏伐，确定目标树150~225株/hm^3

（续表）

发育阶段	林分特征	主要经营措施
近自然林阶段	林分为珍贵硬阔混交林	对珍贵硬阔树种目标树实施单株管理，适时伐除干扰树（包括已达目标直径的杉），促进补植树种的二代更新的生长
恒续林阶段	具有稳定的森林群落，主林层树种结构相对合理，森林具有自我天然更新能力	主林层达到培育目标后采取持续单株木择伐。择伐后对下层以天然更新为主，人工辅助促进楠木等目的树种更新，实现阔叶树恒续覆盖

6. 示范林

位于建德林场管理处林区7林班00722小班，小地名碧溪坞，林分现状为杉阔混交复层异龄林，上层为杉木，树龄25年、林分密度525株/hm³、郁闭度0.7、平均胸径18.1cm、平均高14.7m；下层为块状混交的浙江楠、紫楠和红豆树，树龄8年、林分密度600株/hm³、平均胸径4cm、平均高4.1m。当前处于建群阶段。2016年10月，对杉木进行生长伐，选择目标树500株/hm²左右，伐除干扰木、非目的树种及霸王木等。2017年3月，采用块状混交的方式在林冠下补植浙江楠、紫楠和红豆树，密度为900株/hm²。如图2-144～图2-147所示。

图2-144　目标树选择

图2-145　干扰树采伐

图 2-146 下层红豆树现状

图 2-147 下层楠木现状

（供稿人：吕惠飞 浙江省建德林业总场
唐 旭 浙江省建德林业总场）

2.4.2.3 浙江杉木人工纯林阔叶化改造经营模式

1. 模式名称

浙江杉木人工纯林阔叶化改造经营模式。

2. 适用对象

适用于杉木人工纯林和以杉木为主的杉松、杉柏人工混交林的阔叶化改造。

3. 经营目标

以阔叶树（珍贵树种）大径材生产为主导，兼顾水土保持、水源涵养等生态防护功能。

4. 目标林分

以珍贵阔叶林资源培育为主要目标，将立地条件好、交通便利的杉木纯林通过抚育伐或卫生伐，补植楠木类、木荷和米槠等栎栲类树种，改造成杉木与珍贵阔叶树种为主的复层异龄针阔混交林。目标林分是珍贵阔叶树、杉木大径级用材储备林。林分结构为杉木、阔叶树异龄混交林，阔叶树目标树、杉木大径级立木密度10～15株/亩，阔叶树目标直径45cm以上，树高20m以上，林分蓄积量30m³/亩以上，从幼、中龄林开始开展全周期培育。

5. 全周期主要经营措施

表2-23　浙江杉木人工纯林阔叶化改造经营模式主要经营措施

阶段编号	林分特征	主要经营措施
1	林下更新层形成阶段	选择近熟林、成熟林杉木林分作为改造对象。疏伐杉木，为阔叶树开辟生长空间，均匀保留杉木优势树20～30株/亩。保留天然更新的阔叶树幼树。林下补植阔叶树，30～50株/亩，容器苗补植。均匀保留杉木萌芽株40～50株/亩，与阔叶树伴生，保持林地连续覆盖。补植后第1～3年开展除萌、割灌、除草。杉木萌芽株对阔叶树种幼树生长有影响时，伐除影响阔叶树生长的部分萌芽株
2	结构调整阶段	林分郁闭度达到0.8以上时，可以进行一次透光伐（或生长伐）。在林分内踏查选择目标树20～30株/亩，并做上标记。针对目标树阔叶树选择杉木干扰树，采伐干扰树和生长差的林木，注意采伐木的倒向，不要压着阔叶树。抚育后阔叶树上方及侧方有1.5米以上的生长空间。伐后上层郁闭度不低于0.4
3	主林层择伐阶段	当年补植的阔叶树苗和天然更新的阔叶树逐步进入次林层，初步形成杉木、阔叶树异龄混交林。对达到目标直径的杉木进行择伐。选择阔叶目标树8～10株/亩，对影响阔叶目标树生长的干扰树予以采伐。采伐时注意倒向，不要压到第二代目标树和更新层林木
4	杉木、阔叶树异龄混交林阶段	第二代杉木逐步进入主林层，形成杉木-阔叶混交林。选择阔叶目标树5～6株/亩，选择杉木目标树6～8株/亩，对影响阔叶目标树生长的干扰树予以采伐。注意采伐木的倒向。实现复层杉木、阔叶树连续覆盖

6. 示范林

浙江开化县林场花山林区1林班38、39、58、59小班，面积56亩，林龄25年，杉木纯林，伐前郁闭度0.9，每亩株数102株，平均胸径18cm，平均树高16m，每亩蓄积量22m³，伐后每亩保留优势木10株，平均胸径24cm，平均树高17m，每亩保留蓄积量3.8m³。2018年采伐，每亩保留10株左右杉木；2019年春种植浙江楠容器苗，地径≥0.7cm，苗高≥70cm，种植密度120株/亩。块状垦复1m×1m，挖穴

40cm×40cm×30cm。造林当年抚育3次，第2～4年每年抚育2次，抚育措施为穴铲培土加劈草，结合抚育劈除杉木萌芽条。拟培育形成杉木、阔叶珍贵树种异龄混交林。2023年浙江楠优势木高3.5m，胸径4.5cm；杉木胸径24.5cm，高18m。如图2-148～图2-150所示。

图2-148 林分抚育间伐后林相

图2-149 间伐后补植林相

图2-150 杉木人工纯林阔叶化改造鸟瞰图

（供稿人：沈　汉　浙江省开化县林场
　　　　　郑文华　浙江省开化县林场）

2.4.3 安徽省

2.4.3.1 杉阔混交大径材复层林择伐经营模式

1. 模式名称

杉阔混交大径材复层林择伐经营模式。

2. 适用对象

适用于立地条件中等及以上，中龄阶段的杉木人工商品林。

3. 经营目标

以木材生产为主，兼顾生态防护功能。

4. 目标林分

针阔混交林，目的树种包括杉木、枫香、檫木等，先期上层杉木目标树密度15～20株/亩，树龄40年以上，胸径为30cm以上，目标蓄积量10～17m³/亩。阔叶树（檫木等）进入主林层后，目标树密度7～10株/亩，平均树龄60年以上，胸径40cm以上，目标蓄积量17～24m³/亩。形成针叶阔叶混交林，一是树种结构更加合理，林分结构明显优化，森林生态系统更加健康稳定；二是森林蓄积量、森林覆盖率及森林植被碳储量及森林生态系统服务价值大幅度提升；三是森林布局更加合理，树种结构进一步优化，森林保持水土、涵养水源等生态功能明显增强；四是森林景观或防护效益明显提升。

5. 全周期主要经营措施

按照《森林抚育规程》（GB/T 15781—2015）和《造林技术规程》（GB/T 15776—2016）的规定执行。主要采取集约人工林栽培、现有林改培等方式，按照"树种珍贵化和乡土化，材种大径级化和高价值化，结构复层异龄化和生态化"的"六化"要求，高标准开展项目建设。

（1）介入状态：林下更新层形成期

① 在中龄阶段的杉木人工商品林中实施抚育采伐，按照林木分级法或林木分类法选择间伐木，伐后林分郁闭度不低于0.5。

② 林冠下补植补造阔叶树（枫香、檫木等）80～100株/亩，栽植后3年内采用块状培土及割灌除草每年2次，注重保留天然更新的阔叶目的树种。对象是林分内生长不良、感染病虫害或过密的林木，抑制目标树生长的其他有害林木和植物。采伐强度及蓄积量按照作业设计执行，伐后郁闭度应保留在0.6～0.7。补植补造：采用穴状、带状

整地方式，挖穴规格一般为40cm×40cm×35cm，采用一年生壮苗造林。

③ 造林更新树种达到10年生后，进行第一次透光伐（或生长伐），郁闭度控制在0.5~0.6（生长伐强度控制在伐前林木蓄积量的25%以内，伐后确定上层木目标树14~20株/亩），并进行必要的修枝作业，抚育后阔叶树幼树上方及侧方有1.5m以上的生长空间。当下层更新幼树生长再受到抑制时，再次对上层林木进行透光伐（或生长伐），伐后上层郁闭度不低于0.5。

（2）竞争生长阶段：结构调整期

① 下层造林更新林木树龄20年以上，进入快速生长阶段。当下层林木生长受到抑制时，对上层进行透光伐2~3次，改善光照条件，增加营养空间，伐后上层郁闭度不低于0.5。

② 对造林更新层林木进行疏伐，逐步调整树种结构，阔叶树种不低于60%。

（3）质量选择阶段：上层木择伐期

① 下层造林更新林木树龄30年以上，进入径向生长阶段，逐步进入主林层，形成阔叶树为主的复层异龄林。

② 对部分胸径达到30cm的林木进行择伐，强度不超过前期目标树的35%，间隔期小于5年。

③ 确定先期造林更新层目标树7~10株/亩，对更新林木进行疏伐，密度30~44株/亩。

（4）收获阶段：主林层择伐期

① 主林层达到培育目标后采取持续单株木择伐。

② 择伐后对下层以天然更新为主，人工辅助促进枫香、檫木等目的树种更新，实现杉木-阔叶树恒续覆盖。

6. 示范林

项目位于景星国有林场铭坑工区、白马坑工区，面积共计1933亩，共计24个小班，其中公益林面积1373亩，商品林面积560亩。经营组织形式为国有林场经营，现有蓄积量159m^3/hm^2，每亩平均株数60株，平均胸径12.8cm，平均树高10.5m，林分郁闭度0.7。优势树种为杉、松。更新层树种为枫香、檫木等乡土树种。如图2-151、图2-152所示。

图 2-151 中龄林抚育前林分

图 2-152 中龄林抚育后林分

(供稿人:郑国强 安徽省泾县林业局
曹文武 安徽省泾县林业局)

2.4.3.2 马褂木人工林近自然多功能经营模式

1. 模式名称

马褂木人工林近自然多功能经营模式。

2. 适用对象

适用于立地条件中等及以上的马褂木人工林。

3. 经营目标

主导功能为水源涵养,兼顾珍贵大径材生产和森林游憩功能。

4. 目标林分

落叶与常绿阔叶混交复层异龄林,目的树种包括马褂木、浙江楠、红豆杉等。目标胸径50cm以上,树高18m以上,蓄积量240m³/hm²。

5. 全周期主要经营措施

如表2-24所示。

6. 示范林

示范林位于安徽省青阳县南阳林场场部管护站，面积398亩，人工马褂木林，经营组织形式为国有林场经营。现有林分蓄积量7.83m³/亩，每亩平均株数70株，平均胸径15.8cm，平均树高13.3m，林分郁闭度0.7。优势树种为马褂木。补植树种为浙江楠、红豆杉等耐阴珍稀树种。如图2-153、图2-154所示。

表2-24 马褂木人工林全周期经营措施表

编号	阶段	林分特征	主要措施
1	同龄纯林阶段	林分生长均匀，个体分化不明显，林龄0～17年	造林后连续抚育3年，每年2次，第12年左右进行第一次生长伐，保留密度每亩70株左右
2	异龄林构建阶段	异龄复层结构逐步形成，林龄17～30年	第17年左右进行第二次生长伐，生长伐前选择并标记目标树马褂木，每亩15株左右，保留辅助树马褂木每亩35株左右。第18年春补植浙江楠和红豆杉，补植密度每亩10株左右。18～20年对补植苗木进行定株抚育并施肥，适时对补植树种进行抚育修枝
3	复层林构建阶段	下层林木树龄达20年以上，开始进入快速生长阶段，林龄30～50年	当下层林木生长受到抑制时，对上层林木进行透光伐2～3次，改善光照条件，增加营养空间
4	可持续利用阶段	下层林木树龄达30年以上，进入主林层，林龄50年以上	主林层达到培育目标，持续对单株木进行择伐。择伐后以天然更新为主，辅助人工更新，实现可持续利用

图2-153 经营前林相

图 2-154　经营后林相

（供稿人：黄庆丰　安徽农业大学
　　　　　臧毅明　青阳县林业局）

2.4.3.3　人工阔叶林大径材抚育间伐经营模式

1. 模式名称

人工阔叶林大径材抚育间伐经营模式。

2. 适用对象

适用于立地条件中等及以上，中幼林阶段的枫香、檫木、光皮桦等人工阔叶商品林及公益林。

3. 经营目标

珍贵用材生产兼顾生态防护功能。

4. 目标林分

阔叶混交林（或纯林），目的树种包括枫香、檫木、光皮桦、木荷、华东楠等，保留木密度30～40株/亩，树龄40年以上，胸径为30cm以上，目标蓄积量17～23m^3/亩。

5. 全周期主要经营措施

按照"树种珍贵化和乡土化，材种大径级化和高价值化，结构复层异龄化和生态化"的"六化"要求，高标准开展项目建设。

（1）建群阶段

① 在杉木采伐迹地更新造林的枫香、檫木、光皮桦、木荷等人工阔叶林中幼林中，进行综合抚育，通过割灌除草、清兜除萌、修枝等技术措施保留干形好的萌条，伐桩均不高于5cm。进行林下清场及部分林木修枝，保留天然的阔叶树幼树。

② 人工阔叶林达到8～10年，进行第一次透光伐，伐除生长不良的杉木萌条，形成以珍贵阔叶树为主的阔叶林，郁闭度控制在0.7左右，进行必要的修枝作业。幼龄林阶段修枝高度不超过树高的1/3，中龄林阶段修枝高度不超过树高的1/2。

③ 天然更新不足时，在林中空地补植高价值乡土阔叶树种。

（2）竞争生长阶段

① 更新林木树龄软阔类15年，硬阔类20年以上，进入快速生长阶段，需要进行生长伐，以改善林内光照条件，增加营养空间，伐后郁闭度不低于0.6。

② 对林下天然更新的幼苗1.5m范围内的灌木进行折灌处理。标记生长良好的林木为目标树，每亩30株以上，还需标记干扰树。

（3）质量选择阶段

① 造林树种树龄软阔类20年，硬阔类30年以上，进行第二次生长伐，伐后郁闭度不低于0.6，每亩保留40~60株。

② 林冠下补植阔叶树40~60株/亩，栽后5年内采用带状或穴状适度开展割灌除草4次，注重保留天然更新的阔叶目的树种，逐步形成异龄复层混交林。

（4）收获阶段：主林层择伐期

① 主林层达到培育目标后采取持续单株木择伐，为天然更新创造条件，同时伐除劣质木和病腐木。

② 择伐后对下层以天然更新为主，人工辅助促进枫香、檫木等目的树种更新，实现恒续覆盖。

6. 示范林

位于庙首国有林场德山里工区、马家溪工区，面积共计924亩，共计11个小班，其中公益林面积223亩，商品林面积701亩，以枫香、檫木、光皮桦为主要目的树种。经营

图2-155 抚育间伐前人工枫香林

图2-156 抚育间伐后人工枫香林

组织形式为国有林场经营，现有每亩平均株数103株，蓄积量平均9.6m³/亩，平均胸径13.4cm，平均树高8.5m，林分郁闭度0.9。优势树种为枫香、檫木、光皮桦等乡土树种。更新层树种为枫香、檫木、红豆杉等乡土树种。如图2-155、图2-156所示。

（供稿人：吴承英　安徽省旌德县林业局

冯晓华　安徽省旌德县林业局）

2.4.3.4 常绿、落叶阔叶林多功能经营模式

1. 模式名称

常绿、落叶阔叶林多功能经营模式。

2. 适用对象

适用于立地条件中等及以下,幼、中龄林阶段的常绿、落叶阔叶次生林。

3. 经营目标

珍稀树种培育兼顾景观游憩、生态防护等多功能。

4. 目标林分

青冈栎、鹅耳枥、石楠、华东楠、豹皮樟、银缕梅常绿、落叶阔叶异龄混交林。目的树种包括青冈栎、鹅耳枥、华东楠、银缕梅等,先期上层目的树种华东楠密度80~150株/hm²,树龄40年以上,胸径为32cm以上,中层目的树种青冈栎、鹅耳枥、豹皮樟密度为950~1500株/hm²,树龄40年以上,胸径为18cm以上,下层目的树种银缕梅、石楠密度300~550株/hm²,树龄40年以上,胸径为15cm以上。经2次抚育作业经营,后期达到上层目的树种华东楠密度80~120株/hm²,树龄40年以上,胸径为35cm以上,中层目的树种青冈栎、鹅耳枥、豹皮樟密度900~1350株/hm²,树龄40年以上,胸径为20cm以上,下层目的树种银缕梅、石楠密度270~450株/hm²,树龄40年以上,胸径为16cm以上,形成林相结构完整、景观效果佳、生态效能高的常绿、落叶阔叶异龄混交林。

5. 全周期主要经营措施

(1) 林分内卫生环境清理期

① 适当开展透光伐,按照留优去劣的原则伐除非目的树种、干形不良木及霸王木等,减少中间竞争,改善目的树种营养空间,保留木林分郁闭度保持在0.5~0.6。

② 进行林下清理,清除林分内腐朽、病虫危害较重的林木和影响林分卫生状况的较大的枯枝、采伐剩余物;割除目的树种幼树幼苗周围杂灌,注意保留天然的目的树种幼树(苗)。

③ 对部分珍贵树种林木进行修枝,培养良好的冠形。

(2) 林分目的树种培育期

① 初次人工干预1年后,对影响目的树种生长的杂灌继续进行清除,连续进行5~10年,确保目的树种幼树幼苗健康生长。

② 对林种空地和部分密度较小的林冠下补植银缕梅、香果树、豹皮樟等珍稀树种幼树,每公顷补植目的树种450~600株,增加目的树种密度。

③ 对立地条件较差的林分目的树种进行施肥,根据树木大小,每株施复合肥0.25~

1.5kg，3年1次，连续3次。

④ 对部分枯枝较多、枝下高较低的目的树种进行修枝，同时进行病虫害防治，改善林木生长状况。

（3）林分结构调整期

① 目标林分经培育20~30年后，进入快速生长阶段。当中下层林木生长受到抑制时，对中上层林木进行透光伐2~3次，改善光照条件，增加营养空间。抚育后上层林分郁闭度应保持在0.1以上，中层林分郁闭度保持在0.2以上，下层林分郁闭度保持在0.3以上，各目的树种分布较均匀。

② 对非目的树种林木进行疏伐，逐步调整树种结构，使目的树种比例不低于85%。

（4）恒续林形成期

① 目标林分基本达到经营培育目标后，持续采取单株木择伐。

② 择伐后，确定上层目的树种华东楠密度保持在80~120株/hm²，中层目的树种青冈栎、鹅耳枥、豹皮樟密度保持在900~1350株/hm²，下层目的树种银缕梅、石楠密度保持在270~450株/hm²，形成林相结构完整、景观效果佳、生态效能高。森林生态系统稳定的常绿、落叶阔叶异龄混交林。

图2-157 自然生长的常绿、落叶阔叶林

6. 示范林

位于万佛山国有林场干河冲阳山和阴山小班，面积1000亩，天然次生常绿、落叶阔叶林。经营组

图2-158 多功能经营模式经营的常绿、落叶阔叶林

织形式为国有林场经营。现状林地每公顷约有植株2340棵，每公顷蓄积量32.2m³，平均树龄22年左右，平均胸径6.5cm，平均树高4m，林分郁闭度0.7。优势树种为华东楠、南京椴、豹皮樟、石楠、枫香、银缕梅、华东楠等常绿、落叶阔叶混交林。如图2-157、图2-158所示。

（供稿人：丁　俊　安徽省舒城县林业局

吴　邑　安徽省舒城县林业局）

2.4.4 福建省

2.4.4.1 人工杉木珍贵阔叶混交林择伐经营模式

1. 模式名称

人工杉木珍贵阔叶混交林择伐经营模式。

2. 适用对象

适用于地位级Ⅰ、Ⅱ级林地，交通便利或较便利开阔林地，海拔在600m以下，坡度宜不超过25°，疏松、湿润、排水良好的红壤、黄红壤，土层厚度≥80cm，腐殖质厚度中等及以上。

3. 经营目标

以珍贵大径材生产为主，兼顾景观游憩和生物多样性维持。

4. 目标林分

多树种、多层次、长树龄、高价值和健康稳定的人工林生态系统；提高林分保持水土能力，丰富林分生物多样性，美化森林生态景观，增强森林御灾能力，促进森林生态系统稳定；为后期大径材培育奠定基础。

杉木一般干材目标胸径25～40cm，主伐年龄为30～40年；杉木优质大径材目标胸径40～60cm，主伐年龄为50～70年；阔叶树干材目标胸径45～60cm，主伐年龄为70～120年。树种比例：杉木40%～60%（杉木大径材占杉木总量的50%以上）；木荷、枫香、闽楠20%～30%；伴生树种10%～20%。群落长期演替后将发展成为异龄林，且为丛状或小面积混交结构。

5. 全周期主要经营措施

（1）林地准备

林地准备采用保留目的阔叶树不炼山耙带整地方式进行，主要技术措施如下：

① 造林地上保留阔叶树目的树种，将无利用价值的所有灌木、杂竹、藤条、杂草等地被物全部贴地劈除，留存高度低于5cm。

② 林地上所有管茅、恶性杂草全部挖净，并翻转晒死。有条件的山场可在伐前对恶性草如五节芒、杂竹等先行清理，降低林地清理难度和节省用工量，降低造林成本。

③ 林地清理自上而下进行，按照所设计的株行距进行耙带，将杂草、灌木以及采伐剩余物等沿等高线进行归带，堆杂带宽严格控制在1.5m内，清理出宽度约2～3m的种植带（一般设计"品"字形挖穴种植2排，提高林地利用率）。种植带上的杂草、灌木以及采伐剩余物需全部铲除并清理干净，堆积带上的五节芒、葛藤、杂竹等必须全

面清理干净。

④ 对局部难以清除的杂草、伐根及剩余物可以考虑适当、少量地堆烧。堆烧时堆垛不宜过大且应尽量靠近伐根，避开保留阔叶树，同时应避免在火灾危险期和有风天气进行，防止发生森林火灾。

⑤ 整地方式：选择块状整地，挖明穴，回表土。穴规格：穴面50cm×50cm，深40cm，穴底30cm×30cm；沿等高线作业，种植点呈"品"字形排列。回表土，清除表土内的杂物，施基肥（有机肥）2.5kg/穴，基肥与表土充分搅拌均匀，培土呈锥状，穴面应保持里低外高，利于蓄水。整地应在造林前一年的12月底前结束。

（2）造林密度

初植密度200株/亩左右。

（3）栽植

① 栽植时间：一般在冬末春初（时间以1月中下旬至3月上旬）为宜。选择雨前或雨后、最高气温低于20℃的天气栽植。

② 栽植技术：苗木应随起随栽，修剪一些过于发达的苗木根系，同时完成打浆。栽植时要求苗木挺直，根系舒展，适当深栽，覆土打实，不反山，做到"三埋二踩一提苗"。即栽植时把苗根放入穴中，苗茎扶正，覆土到穴的1/3时，用手往上稍提苗，踩实后再覆土踩实，最后覆上虚土培土呈锥状，高度稍高于地面。技术关键一是保持苗木根系舒展不窝根；二是覆土分层砸实，使根系与土壤紧密接触，促进根系生长；三是覆土略高于地面，防止雨季积水烂根。

（4）补植

造林成活率未达90%以上的林地需补植。补植时间以造林当年冬末或次年初春为宜，也可用容器苗在"小阳春"提前补植。在造林第二年和第三年适当对堆杂带位置进行补植，尽可能地提高林地利用率。

（5）幼林抚育

新造幼林应坚持抚育到郁闭。主要技术措施包括锄草、松土、培土、除蘖、除萌、施肥等。1~3年适时开展幼林抚育，一般连续抚育3年，分别于每年5—6月和8—9月进行锄草松土，并在造林当年4—5月扩穴培土1次，同时施复合肥0.025~0.05kg/株。有条件的林地在第3年的8—9月结合锄草松土施复合肥0.10~0.15kg/株。抚育时注意保护地被植物生物多样性和防止水土流失。

（6）抚育间伐

① 间伐时间：针对林分密度大，林木出现营养空间竞争、开始分化、生长受到影响、胸径连年生长量明显下降时进行。

② 间伐原则：采用下层间伐法，遵循"三砍三留"原则，即砍劣留优、砍小留大、砍密留疏的原则，以淘汰劣质林木、保留优势木。

③ 间伐作业：在7~8年对林木进行第一次抚育间伐（透光伐），伐后保留优势木140株/亩左右。对拟开展间伐作业的小班开展劈杂作业；对将采伐的劣质林木进行标号设计，审批林木采伐证后采伐标记木；对保留的优势树木进行修枝作业；在保留优势木坡上方30~50cm处开设沟槽（长40cm×宽20cm×深25cm以上）施复合肥0.15~0.20kg/株并覆土。

在10~12年对林木进行第二次抚育间伐（疏伐），标记保留优势树100株/亩左右。对拟开展间伐作业的小班开展劈杂作业；对保留的优势木进行标号，伐除未做标记的林木；对保留的优势树木进行修枝作业；在保留优势木上方50~70cm处开设沟槽（长40cm×宽20cm×深25cm以上）施复合肥0.25kg/株并覆土。

在14~16年对林木进行第三次抚育间伐（生长伐），标记保留目标树60株/亩左右。对拟开展间伐作业的小班开展劈杂作业；对保留的目标树进行标号，伐除未做目标树标记的林木；对保留的目标树进行修枝作业；在保留目标树上方60~80cm处开设沟槽（长40cm×宽25cm×深25cm以上）施复合肥0.25kg/株并覆土。

在20年左右对林木进行第四次抚育间伐（生长伐），最终保留30株/亩左右，郁闭度0.35以上，并保护天然更新的苗木存活。在目标树上方80~100cm处开设环形沟槽（长50cm×宽25cm×深25cm以上）施复合肥0.50kg/株并覆土。

在25~30年，选择并标记目标树、干扰树、特殊目标树，对目标树实施必要的抚育，当目标树出现枯死枝和濒死枝时进行修枝。其间可进行2~3次抚育间伐，针对大径材杉木的目标密度控制在20株/亩，适当伐除影响目标树生长及生长不良的林木。

在35~45年，其间可进行2~3次间伐，针对大径材杉木的目标密度控制在15株/亩，伐除干扰木、不良木及受损木。

在50~70年，其间可进行2~3次间伐，针对大径材杉木的目标密度控制在5株/亩，伐除干扰木、不良木及受损木。

林龄70年以上时林分处于稳定阶段，减少人为干预。对于达到目标直径40~60cm的大径材杉木进行合理择伐利用，同时要注重保护地表枯落物层、腐殖质层和土壤，抚育剩余物尽量粉碎还林。

6. 示范林

位于顺昌县国有林场岚下乡71和76林班，面积284亩，立地类型为Ⅱ类地。该山场1985年2月造林，2017年采伐（主伐-皆伐）后，实施"采伐时保留阔叶树+不炼山耙带整地造林"模式造林，迹地造林密度220株/亩，树种组成4闽楠4杉木2其他阔叶树；2018年开展带状锄草、带状劈草各2次；2019年开展带状锄草、带状劈草3次、闽楠修枝1次；2020—2022年各开展全面锄草1次。目前该示范林保留林木214株/亩，其中：杉木106株/亩，闽楠81株/亩，其他阔叶树28株/亩。同时，胸径大于5cm的新增木林木130株/亩，平均胸径7.9cm，平均树高5.8m，亩蓄积量3.11m^3。如图2-159、图2-160所示。

图2-159　2017年采伐时保留阔叶树＋不炼山耙带整地造林

图2-160　造林2年（2019年）后林分状况

（供稿人：林仁忠　福建省顺昌县国有林场）

2.4.4.2 人工杉木大径材商品林择伐经营模式

1. 模式名称

人工杉木大径材商品林择伐经营模式。

2. 适用对象

适用于南方集体林区人工杉木商品林；位置要求：地势开阔、交通便利或较便利，海拔在600m以下，坡度宜不超过25°，立地条件较好的Ⅰ、Ⅱ类林地。

3. 经营目标

采用近自然方法培育长周期杉木大径材，有利于速生树种向地带型顶极群落树种转化，通过提高径级和活立木蓄积量改善森林生态系统的稳定性、多样性和多功能性。以森林生命周期为设计单元的目标树经营，更加强调生态抚育、择伐、天然更新，有利于优化林分组成，促进基于林分持续覆盖的森林多种效益的发挥。

4. 目标林分

为复层林，主导树种为杉木，混交部分为优势木的木荷、枫香、闽楠等阔叶树种。杉木一般干材目标胸径25～40cm，主伐年龄为30～40年；杉木优质大径材目标胸径40～60cm，主伐年龄为50～70年；阔叶树干材目标胸径45～60cm，主伐年龄为70～120年。树种比例：杉木40%～60%（杉木大径材占杉木总量的50%以上）；木荷、枫香、闽楠20%～30%；伴生树种10%～20%。群落长期演替后将发展成为异龄林，且为丛状或小面积混交结构。

5. 全周期主要经营措施

根据林分生长发育阶段实施以下经营措施：

（1）幼树阶段（2～4年）

杉木连续抚育4年，造林后前2年每年2次，分别于5—6月和8—9月进行锄草松培土，第3年5—6月锄草松培土1次，8—9月全劈一次，第4年5—6月全劈一次；同时在抚育时要注意合理保护天然幼苗幼树；密度控制在2500株/hm^2。

（2）速生阶段（5～15年）

第8—9年进行第一次抚育间伐，强度控制在30%左右，林分内杉木个体株数保留在1800株/hm^2，伐后每株施用200～400g的复合肥；林分年龄达14～15年时，进行第二次抚育间伐，间伐强度控制在35%左右，林分内杉木个体株数最终保留在1200～1500株/hm^2。同时，还应对树木进行适当施肥和修枝，对每株树木施用100～200g的复合肥，中龄林阶段修枝后保留冠长不低于树高的1/2，枝桩尽量修平，剪口不能伤害树干的韧皮部和木质部。

(3) 干材阶段（16～20年）

伐除上层或侧方遮阴的劣质林木、霸王树、萌芽条、蔓藤等，清除林分中的病死株，调整林分树种组成和空间结构，作业后林分郁闭度不低于0.6并对每株树木施用100～200g的复合肥；在中龄林、近熟林阶段，当林分胸径连年生长量明显下降，目标树或保留木生长受到明显影响时进行抚育采伐，林分密度控制在1000～1200株/hm²；在郁闭度低的林分，林隙、林窗、林中空地等，以及在缺少目的树种的林分中，在林冠下或林窗等处补植杉木，同时也可补植材质好、经济价值高、生长周期长的珍贵树种或乡土树种。

(4) 成熟阶段（25～30年）

选择并标记目标树、干扰树、特殊目标树、对目标树实施必要的抚育，当目标树出现枯死枝和濒死枝时进行修枝。其间可进行2～3次抚育间伐，整体林分密度控制在800～1000株/hm²，针对大径材杉木的目标密度控制在300～400株/hm²，适当伐除影响目标树生长及生长不良的林木，促进林下天然更新。

(5) 近自然改造阶段（35～45年）

其间可进行2～3次间伐，整体林分密度控制在675～900株/hm²，针对大径材杉木的目标密度控制在150～200株/hm²，伐除干扰木、不良木及受损木，人工补植木荷、楠木，并促进天然更新。

(6) 近自然过渡阶段（50～70年）

其间可进行2～3次间伐，整体林分密度控制在600～750株/hm²，针对大径材杉木的目标密度控制在40～60株/hm²，伐除干扰木、不良木及受损木，伐除影响次林层阔叶树种生长的非目标树，促进次林层林木进入主林层。

(7) 近自然稳定阶段（70年以上）

林分处于稳定阶段，减少人为干预。对于达到目标直径40～60cm的大径材杉木进行合理择伐利用，对主林层和次林层阔叶树进行目标树和潜在目标树选择，采伐干扰树，促进阔叶树目标树生长，同时要注重保护地表枯落物层、腐殖质层和土壤，抚育剩余物尽量粉碎还林。

6. 示范林

位于顺昌县国有林场高阳乡009林班05大班070小班，面积184亩，立地质量等级Ⅱ（较肥沃级），海拔高220～450m，坡向东北，坡度25度。该小班为2014年采取不炼山等高线耙带整地造林方式营造的杉木林。2022年6—10月间伐抚育，伐后每株施肥250g；通过采伐作业后，杉木保留密度为1750株/hm²，平均胸径10.19cm，平均树高10.1m，改善林分透光和通风条件，促进保留优势木健康生长。如图2-161、图2-162所示。

图 2-161　2022 年采伐前林相　　　　　　　图 2-162　2023 年采伐后林相

（供稿人：林仁忠　福建省顺昌县国有林场）

2.4.4.3　人工杉木–阔叶树复层异龄混交商品林择伐套种经营模式

1．模式名称

人工杉木–阔叶树复层异龄混交商品林择伐套种经营模式。

2．适用对象

适用于南方集体林区现有近熟杉木纯林。立地质量较好的Ⅰ、Ⅱ类林地，林分总体生长状况良好，林分质量和生长量通过改培能够进一步提高，具备培育杉木大径材的基本条件，林木年龄20年左右的林分。

3．经营目标

大径材生产为主导兼顾生态防护功能。

4．目标林分

培育杉木大径材和乡土阔叶树复层异龄混交林，提升森林质量，增加林地产出。杉木胸径生长量1.2cm/年，树高0.7m/年；闽楠胸径生长量0.6cm/年，树高0.5m/年；林分蓄积生长量1.5m^3/（亩·年）。杉木培育年龄36年，主伐亩蓄积量31m^3。

5．全周期主要经营措施

（1）采伐作业

通过对非目标树进行强度间伐，保留林分郁闭度约在0.35；采伐作业过程中注意保护目标树的侧枝不受破坏。

（2）套种树种

选择具备耐阴、较为耐阴或林木生长前期耐阴、较为耐阴特性的乡土阔叶树种为套种树种。一般选择2～3个树种混交套种，以2年生以上的轻基质袋苗为佳。树种有闽楠、南方红豆杉、木荷、赤皮青冈、红豆树、米锥等。

（3）林地准备

采用不炼山块状整地方式，全面挖除管茅、杂竹，在目标树的相对中心位置挖明穴50cm×40cm×30cm，密度50株/亩左右。

（4）栽植

在冬末春初（1月中下旬至3月上旬）开展栽植作业。若基质袋（如塑料制品等）不容易降解，要求栽植前剥离并收集带出林地集中处理。

（5）抚育

套种树种开展块状抚育，全面挖除管茅、杂竹等，保护良性草，一般连续抚育3年。后期视情况开展劈草作业。

（6）施肥

对目标树开展施肥作业，目标树上方100～120cm处开设沟槽（长50cm×宽25cm×深25cm以上）施复合肥0.50kg/株并覆土。对套种树种，一般第1年和第3年结合第一次抚育作业进行施肥作业，施复合肥0.10～0.15kg/株。

（7）后期管理

套种5～10年可对目标树和套种树种再开展一次施肥作业，施肥量类同。同时在套种树种产生竞争的情况下及时进行抚育间伐作业，若条件允许可移除部分作为绿化苗木进行销售。

6．示范林

位于顺昌县国有林场岚下乡069林班05大班和070林班09大班，立地指数Ⅰ级。1996年营造杉木纯林面积374亩（218株/亩），造林方式为沿等高线不炼山耙带整地，挖明穴40cm×30cm×30cm，施有机底肥2.5kg/穴；2013年间伐后，亩均保留杉木32株；2014年林下套种3年生和1年生闽楠苗80株/亩；2017年套种杜鹃200株/亩。2014—2016年每年进行两次扩穴培土、块锄全劈；2017—2020年块状劈草；2021—2022年各全面除草一次。目前该示范林杉木平均树高18.3m，平均胸径31.6cm（杉木最大单株树高22.3m，胸径43.9cm），保留密度32株/亩，蓄积量20.9m³/亩（年均单位面积蓄积生长量1.42m³/亩）；闽楠平均树高448cm，平均地径5.33cm，超过国家速生丰产林的标准。如图2-163～图2-167所示。

图 2-163　2013 年间伐前林相　　　　图 2-164　2014 年强度间伐后林下套种珍贵树种

图 2-165　套种 4 年后（2018 年）林分状况

图 2-166　套种 7 年后（2021 年）林分状况　　图 2-167　套种 9 年后（2023 年）林分状况

（供稿人：林仁忠　福建省顺昌县国有林场）

2.4.4.4 人工杉木大径材复层异龄林近自然经营模式

1. 模式名称

人工杉木大径材复层异龄林近自然经营模式。

2. 适用对象

适用于地处亚热带湿润季风气候区，海拔800m以下，立地质量等级为肥沃级（Ⅰ类地）、较肥沃级（Ⅱ类地）的人工杉木商品用材林。

3. 经营目标

主导功能为生产杉木大径材，兼顾生态防护。

4. 目标林分

以杉木为优势树种的人工复层异龄针阔混交林。目的树种为杉木，杉木最终保留株数约600株/hm²，重点培育杉木目标树90~105株/hm²，目标树胸径达50cm以上、树高达25m以上，天然更新及补植的乡土阔叶树1200株/hm²，林分蓄积量450m³/hm²以上。培育期限50年以上。

5. 全周期主要经营措施

表2-25 全周期经营措施

编号	林分阶段特征		林龄（年）	主要抚育措施
1	建群阶段	造林及林分郁闭阶段	1~3	造林及幼林抚育：树种组成为10杉，2505株/hm²；每年劈除杂灌、杂草+扩穴培土1~2次，同时采取防护措施避免人畜破坏
2	竞争生长阶段	林分密度不断增大，林木开始进入竞争生长状态，但林木个体间差异不明显	4~8	割灌除草：主要劈除杉木幼树上方或侧方的杂灌、杂草以及林分所有藤条，保留不影响杉木生长的天然更新的阔叶树幼苗幼树
			9~12	疏伐：伐除密度过大、生长不良的林木，间密留匀、去劣留优，伐后保留株数约1800株/hm²
3	质量选择阶段	林木生长竞争激烈，个体间差异明显，林分优势木和被压木显现	13~20	第一次生长伐：选择目标树90~105株/hm²，采伐干扰树及被压木、分叉木等劣质木，伐后保留株数约1200株/hm²，尽量保留林下天然更新的阔叶树幼苗幼树

(续表)

编号	林分阶段特征		林龄（年）	主要抚育措施
4	近自然森林阶段	目标树径生长阶段，林木生长竞争激烈；林下天然更新幼苗幼树出现	21~30	①第二次生长伐：围绕目标树，采伐干扰树及被压木、分叉木等劣质木，进一步调整和改善目标树及其他保留木生长环境；每公顷保留杉木约600株。②保留天然更新阔叶树或补植阔叶树：采伐时应采取防护措施尽量保留林下天然更新的阔叶树幼苗幼树；有条件的林分可在林下补植红锥、木荷、枫香等生长较快、适宜林下生长的乡土阔叶树约900株/hm^2，补植宜选用2年生以上容器苗
		红锥等阔叶树逐渐进入次林层；林下天然更新幼苗幼树增多	31~40	①割灌除草、追肥：对补植的红锥、木荷、枫香等阔叶树实施割灌除草、追肥等抚育措施，促进阔叶树幼苗幼树快速生长。不宜采用全劈，在不妨碍红锥等幼苗幼树生长的前提下尽量保留其他阔叶树幼苗幼树，维护生物多样性，逐渐形成以杉木为主的复层异龄针阔混交林。②选择第二代目标树：每公顷选择约150株红锥等第二代目标树（动态目标树）进行重点保护
5	恒续林阶段	林分蓄积生长阶段，红锥等阔叶树逐渐进入主林层，杉木目标树达到目标直径	41~50	①主伐－择伐：达到目标直径时以择伐作业法主伐利用杉木。②培育第二代目标树：择伐作业时应尽量避免对红锥等阔叶树目标树的损伤，并在动态目标树中选择60~75株目标树进行重点培育，逐渐培育形成以红锥为主的复层异龄阔叶混交林

6．示范林

（1）基本情况

人工杉木商品林，坐落于永安市燕南街道桂口村，面积123亩，立地质量等级为较肥沃级，海拔高547m，坡向为西北坡，坡位为谷部，坡度28°。林木所有权属永安市虎山合作林场。

（2）林分现状

林分年龄20年，树种组成为10杉+阔，林分密度1200株/hm^2，平均胸径18.8cm，平均树高13.6m，郁闭度0.6，蓄积量229.35m^3/hm^2。其中：目标树105株/hm^2，平均胸径26.2cm，平均树高17.3m，最大胸径33.1cm，最高树高19.6m，单株立木蓄积量0.81m^3。林下天然更新阔叶树种主要为木荷、紫珠等。

（3）当前发育阶段

林分处于质量选择阶段，目前长势良好，但存在树种比较单一、林下天然更新阔叶树较少等问题。

（4）经营历史

2004年营造杉木纯林，初植密度为2505株/hm²。2004—2006年每年抚育2次；2015年9月实施疏伐，伐后保留株数1800株/hm²；2023年8月实施第一次生长伐，选择保留杉木目标树105株/hm²，采伐干扰树和劣质木，伐后林分密度1200株/hm²，树种组成为10杉+阔。如图2-168、图2-169所示。

（5）目标林分

林分平均密度1200株/hm²，平均胸径26cm以上，平均树高20m以上，林分蓄积量450m³/hm²以上，其中：杉木目标树105株/hm²，目标胸径50cm以上、树高25m以上，目标树蓄积量227m³/hm²，以杉木为主的复层异龄针阔混交林。

（6）经营措施和效果

2028年左右实施第二次生长伐，伐后林分平均密度600株/hm²，其中：目标树105株/hm²，采伐时尽量保留天然更新的乡土阔叶树幼苗幼树；2029年2—3月林下补植红锥、木荷等阔叶树，补植密度600株/hm²；2030—2032年每年对补植的阔叶树实施幼林抚育1~2次，2030年幼林抚育后追肥；2053年左右目标树达到目标胸径时以择伐作业法主伐利用杉木，主伐前每公顷保留150株左右红锥等第二代目标树，主伐的同时采伐干扰树及被压木、分叉木等劣质木。择伐作业时应尽量避免对红锥等阔叶树目标树的损伤。

图 2-168 抚育采伐前的 20 年生杉木人工林

图 2-169 抚育采伐后的 20 年生杉木人工林

（供稿人：黄如楚　福建省永安市林业局
　　　　　唐雅娟　福建省永安市林业局）

2.4.4.5 人工杉木-阔混交林商品林经营模式

1. 模式名称

人工杉木-阔混交林商品林经营模式。

2. 适用对象

适用于武夷山脉和戴云山脉中间过渡带，亚热带季风气候，夏长冬短，气候温暖湿润，年均气温19.3℃，极端低温-7.8℃，极端高温41.9℃，夏季雨水充沛，相对湿度80%，海拔470~560m，坡向西北、坡度25°，土壤为红壤，pH4.5~5.5，土层深厚肥沃，有机质含量较高，立地质量等级以Ⅱ类为主的人工杉木林。

3. 经营目标

以培育优质杉木无节大径材为主导，兼顾生物多样性保护。在通过择伐、修枝、定株抚育等措施营造杉木大径材的同时，促进林中木荷与天然更新的檫树生长，逐步形成杉木-阔叶树混交林。

4. 目标林分

营造杉木大径材与檫木、木荷多树种混交复层林，初期密度220株/亩，现有林分树种组成为6杉3檫1荷，营林抚育时保留天然更新檫树，年龄14年。计划培育26年，根据林分密度、林相长势情况规划再间伐2~3次，将密度控制在30~40株/亩，培育目标树平均胸径达40cm以上，蓄积量300~375m³/hm²，与普通杉木林分相比生长量提高20%以上。通过集约经营培育优质杉木大径无节良材，形成杉、檫、荷多树种混交复层林。

5. 发育阶段与经营规划

（1）森林建群阶段

指人工杉木林造林到郁闭阶段，主要措施是：经炼山、清杂，沿等高线按株距1.6m、行距1.9m，穴规格为50cm×30cm×30cm挖明穴回表土。栽植当年抚育第一次进行扩穴连带培土，对局部存活率低的地块进行补植，第二次全劈带锄除萌，抚育期间保留天然更新檫树；第二年全劈带锄两次；第三年全面劈草二次；第四年全面劈草一次，促使林分达到郁闭。

（2）竞争生长阶段

此阶段为林木个体在互利互助的竞争关系下开始快速高生长而导致主林层高度快速增长阶段。本阶段第8年进行一次透光伐，保留株数173株/亩。本阶段主要解决密度过大造成过分竞争问题，提高林内杉木、檫树等树种的生长速度。

（3）质量选择阶段

本阶段林木个体竞争关系转化为相互排斥为主，林木出现显著分化，树木高度差异显著。根据林分内竞争状况选择在第14年进行一次生长伐，保留株数104株/亩，生产部分间伐用材，合理控制林分密度，调整树种组成，使保留树蓄积量得以快速提高。

（4）近自然阶段

本阶段优势木占据林冠的主林层并进入直径快速生长阶段。根据优势树分布情况选择在18～20年进行一次抚育间伐，生产部分间伐用材和高品质用材，调整主林层的树种结构，使树种多样性达到最高水平，尽可能把森林保持在较高的稳定性和生产力。

（5）恒续林阶段

本阶段主林层树种结构相对稳定，优势树的直径达到40cm以上，蓄积量达到300～375m^3/hm^2，林下天然更新大量出现。满足市场对大径材的需求，缓解供需矛盾，提高经济效益。

6. 全周期主要经营措施

（1）第一次抚育间伐

在造林的第8年对杉木人工林进行第一次透光伐，按照留优去劣的原则伐除非目的树种、干形不良木及霸王木等，进行林下清场及部分林木修枝，上层保留木郁闭度保持在0.6以上，注意保留天然的幼树（苗），本阶段树种组成为8杉2阔。采伐强度控制在伐前林木蓄积量的20%以下，伐后保留目标树170株/亩。

（2）第二次生长伐结构调整期

第14年，进入快速生长阶段。对其进行第二次抚育间伐、修枝及定株施肥作业，逐步调整树种结构，本阶段树种组成调整为6杉4阔设计保留株数104株/亩，平均胸径14.4cm，平均树高12m，每亩林分蓄积量13.1m^3。

（3）第三次间伐

计划第18～20年进行第三次生长伐，保留株数70～80株/亩，树种组成为6杉4阔。

（4）收获阶段

通过对森林实施可持续经营试点作业，经估算，抚育间伐生产成本530元/亩，其中采伐工资440元/亩，劈草修枝90元/亩。间伐总出材量共467m^3。

通过试点的实施，打造一批森林可持续经营试点样板林，通过营造针阔混交林，调整改善树种结构、丰富生物多样性、提高碳汇能力、增强生态效益。按照杉木大径材培育目标进行定株经营管理，培育大径级杉木林，提高经济效益，对林区周边起到示范、辐射、宣传带动作用，提高林农对森林资源培育的积极性。同时，项目的实施增加了附近林农就业岗位，对改善场村关系、助力乡村振兴起到积极作用。

7. 示范林

位于永安国有林场永浆工区071林班46大班020（1）小班，为人工杉木商品林，面积316亩。树种组成6杉4阔（木荷、檫树），现有蓄积量196.5m³/hm²，每亩平均株数104株。平均胸径14.4cm，平均树高12m。优势树种为杉木。如图2-170、图2-171所示。

图2-170 采伐作业之前的杉木林　　　图2-171 采伐作业之后的杉木林

（供稿人：张志杰　福建省永安国有林场）

2.4.4.6　人工杉木纯林大径材皆伐经营模式

1. 模式名称

人工杉木纯林大径材皆伐经营模式。

2. 适用对象

适用于亚热带季风性气候，低山丘陵地带，立地条件中等及以上，幼、中龄林阶段的杉木人工商品林。

3. 经营目标

以木材生产为主导，兼顾水源涵养。

4. 目标林分

树种组成为10杉，林分最终密度保留在30～40株/亩，培育集约杉木大径材，目标蓄积量30～40m³/亩，胸径35cm以上，树高30m以上，经营周期31年。

5. 发育阶段和主要经营措施

新造林阶段1～3年每年抚育2次，幼龄林阶段9～11年进行一次抚育间伐，中龄林阶段15～17年进行二次抚育间伐，近熟林阶段22～25年择机进行第三次抚育间伐，成、过熟林阶段当林木胸径、树高逐步达到经营目标后，对所有林木进行皆伐。如表2-26所示。

表2-26 人工杉木纯林大径材经营模式主要经营措施

编号	林分特征	林龄范围（年）	优势高范围（m）	主要经营措施
1	新造林	1～3	<5	造林后1～3年每年抚育两次
2	幼龄林	3～11	5～10	在林分年龄9～11年开展第一次抚育间伐，根据林分密度和培育目标合理确定间伐强度，间伐后郁闭度不低于0.6，保留株数在100～130株/亩。在间伐后当年或第二年在林木上坡方向，开沟施肥
3	中龄林	11～20	10～20	在林分年龄15～17年开展第二次抚育间伐，保留密度在60～80株/亩，选择目标树、施肥、修枝，根据林木个体生长差异、分布特点和培育目标合理确定目标树，实行定株管理，同时保留乡土阔叶小树、幼树，劈除杂灌、草，对目标树进行修枝整形和施肥
4	近熟林	20～26	20～30	在林分年龄22～25年开展第三次抚育间伐，实行定株管理，伐除影响目标树生长的林木，保留能与目标树共生的阔叶小树、幼树，劈除杂灌、草，并结合施肥。拟经过3次抚育间伐最终林分密度保留在30～40株/亩
5	成、过熟林	26～30	>35	胸径、树高达到经营目标后，对林木进行皆伐

6. 示范林

位于南际管站117林班52大班010、040小班，面积222亩，人工杉木林。经营目标为集约杉木大径材。现林分年龄13年、树种组成为10杉、208株/亩、平均胸径14cm、平均树高11.5cm、平均蓄积量18.6m³/亩，2023年列入森林可持续经营试点项目，目前已完成抚育间伐。如图2-172～图2-174所示。

图 2-172 密度调控前林分

图 2-173　密度调控后林分

图 2-174　远期目标林分

（供稿人：邹嘉勇　福建省邵武卫闽国有林场
　　　　　林鑫源　福建省邵武卫闽国有林场）

2.4.4.7　人工杉木中小径材商品林经营模式

1. 模式名称

人工杉木中小径材商品林经营模式。

2. 适用对象

适用于立地条件中等及以上，中幼林阶段的杉木人工商品林。抚育的林分主要包括：①优势树种与立地相适应，郁闭度大于0.8的幼龄林和中龄林；②造林成林郁闭后目的树种受压制的林分；③造林成林后第一个龄级，郁闭度0.7以上，林木间对光、空间等开始产生比较激烈竞争的林分；④出现地力衰退的二代林分。

3. 经营目标

主要培育杉木中小径材，兼顾生态、防护与景观等效益。

4. 目标林分

以培育优质的杉木中小径材速生丰产用材林为目标。目的树种为杉木，同时结合速生丰产林建设和珍贵树种培育，采伐更新营造包括木荷、枫香等优质乡土阔叶树种为主的防火林带。该模式最终培育的理想林分特征为在经过多次抚育结合施肥后杉木保留密度达到600～1000株/hm^2，26年达主伐年龄时，林分平均胸径能达到24cm以上，平均树高能达到15.5m以上，目标蓄积量250～300m^3/hm^2。形成生态与防护等效益兼顾的优质林分。

5. 全周期主要经营措施

（1）林地准备、造林阶段

实行不炼山造林，及时清杂并尽可能地保留原有阔叶树。然后进行人工块状整地，沿等高线挖平行穴，穴规格60cm×40cm×40cm，初植密度为200株/亩，采用1年生一级实生苗造林，栽植在3月底前完成，造林主要树种为杉木，防火林带栽植木荷。

（2）幼林抚育阶段

在造林前三年的幼林阶段，对幼林进行抚育，每年各抚育两次，第一次在5—6月，第二次在9—10月中旬进行。第一年上半年扩穴培土，清除以幼树为中心1m半径范围内的杂草、灌木，挖除茅草兜，扶正苗木，适当培土。下半年铲除林地内影响目的树种生长的杂灌、杂草，保留有培育价值的阔叶树乔木，第二年上半年进行块翻除草，第二年下半年及第三年上、下半年均进行割灌除草，劈除杂草、竹类、藤条及多余的杉木萌芽条。

（3）抚育间伐及施肥阶段

间伐方法一律采用下层抚育法。当林分郁闭后，对幼龄林采取透光伐，伐除抑制目的树种生长发育的非目的树种以及灌木、藤木和高大的草本植物，改善目的树种和优良植株的生存空间，以促进其生长。中龄林早期采取疏伐去除过密林分中树干细弱、生长滞后、干形不良的个体；林木个体明显分化后，实施生长伐，伐除Ⅳ、Ⅴ级木和干扰树，促进Ⅰ、Ⅱ级木和目标树生长，调节林分结构，促进保留木的生长。通过土壤测试，在每次间伐后进行配方施肥，肥料为复合肥，在树上部或侧方，树冠边缘，离树≥45cm，挖施肥小沟（长60cm×宽20cm×深15cm），将复合肥均匀撒入沟内，覆土至沟满，每株施肥0.5kg左右，能够有效地增加土壤肥力，改善林木生长环境，加快林木生长，提高林分生长量，缩短成材年限。

林分一般在9年生时，进行第一次间伐，伐后保留140株/亩，树种组成为8杉2木荷，间伐后施复合肥；12年生时进行第二次间伐，伐后保留100株/亩；林分15年生时第三次抚育间伐，伐后保留70株/亩，20年生时择优选择部分林分，进行第四次间伐，最终伐后保留40株/亩，林下进行套种，发展林下经济。

（4）采伐与更新

一般在林分26年达成熟林后进行主伐皆伐，采伐用材林虽以木材生产为主，但在木材生产中尽可能兼顾对生态环境的保护，要按树龄、地形、地势，安排好伐区位置，使伐区适当分布，并限制一定的皆伐面积，单块伐区采伐不超过300亩，且伐区之间根据地形来确定保留带，保留带宽一般不少于30米；采伐结束后，清理好采伐迹地，需按照《造林技术规程》，根据造林立地条件、培育目标，确定造林初值密度和混交比例，以针阔混交的配置方式，比例6∶4，优选乡土阔叶树种（枫香、南酸枣、木荷、闽楠、火力楠等）与杉木混交进行造林更新。

6. 示范林

示范林位于福建省武平县南坊国有林场黄金寨管护站605林班03大班080、120、150、160和180小班，04大班010、040、050、070、090、110、120和130小班，06大班020和070小班，12大班040、080、090、100、120、130和140小班，13大班020、030、040、050、060、070、110和120小班，17大班010、050和060小班，人工杉木林。经营组织形式为国有林场经营。该示范片区以培育优质的杉木中径材速生丰产用材林为目标，早期林地准备、造林、幼林抚育（1～3年）阶段同人工杉木林中小径材经营模式抚育措施，由于大多为二代林，有地力衰退迹象，前期经过土样测试后，对林分配方施肥，并采取透光伐、生长伐、卫生伐等措施。第一次间伐前林分密度为200株/亩，平均胸径为8.5cm，树高5.5m，伐后林分密度140株/亩，平均胸径9.6cm，树高6.1m。第二次间伐前林分密度140株/亩，平均胸径14.3cm，树高9.8m，间伐后林分密度100株/亩，平均胸径15.7cm，树高10.5m。通过两次抚育间伐及施肥，改善了林分环境，提升了土壤肥力，提高了林木生长质量。

现有林分密度100株/亩，平均年龄为14年，郁闭度为0.8，平均胸径16.8cm，平均树高11.3m，平均蓄积量12.8m^3/亩，蓄积年均生长量能达到1.1m^3/亩以上，最大单株胸径31.7cm，树高17m，单株材积0.656m^3。超过同一时期杉木速生丰产林（胸径11.4cm，树高9.26m）指标。通过上述经营模式及措施，对中幼林实施透光伐、生长伐、割灌除草、综合抚育、施肥，提高了土壤肥力，林木生长环境明显改善，优化了林分结构，提升了林分质量，林木的胸径、高生长快速增加，提高了单位面积蓄积量，从而能够进一步实现森林的可持续经营。如图2-175、图2-176所示。

图 2-175 南坊林场黄金寨示范片全景

图 2-176 未进行森林抚育经营的二代杉木人工林分

（供稿人：赖宝富　福建省武平南坊国有林场）

2.4.4.8 人工杉木-珍贵阔叶复层混交异龄大径材商品林择伐经营模式

1. 模式名称

人工杉木-珍贵阔叶复层混交异龄大径材商品林择伐经营模式。

2. 适用对象

适用于水湿条件良好、温暖、湿润的气候环境，土层深厚、质地疏松、肥沃、排水良好、立地质量等级Ⅰ~Ⅱ级的酸性土壤，海拔1000m以下，阳坡或半阳坡中下部的造林地。

3. 经营目标

以优质大径材生产为主，兼顾生态防护功能。

4. 目标林分

杉木–珍贵阔叶复层混交异龄林。目标林分位于福建省上杭白砂国有林场九岗管护站，海拔600~800m，土壤疏松肥沃湿润，立地质量等级Ⅰ~Ⅱ级，适合杉木生长的林地。目的树种包括杉木、红豆杉、米老排、闽楠等，前期上层杉木目标树密度300~450株/hm^2，树龄40年以上，胸径32cm以上，树高20m以上，目标蓄积量240~340m^3/hm^2。阔叶树（闽楠等）进入主层林后，形成7杉3阔复层混交异龄林，目标树密度150~300株/hm^2，平均树龄100年以上，胸径60cm以上，树高25m以上，目标蓄积量450~900m^3/hm^2。经单株木择伐作业经营，促进潜在目标树（阔叶树种）更新生长，形成杉木–珍贵阔叶复层混交异龄林。

5. 全周期主要经营措施

（1）建群阶段

选择土层深厚、立地条件最好（立地质量等级Ⅰ~Ⅱ级）和最适合杉木生长的林地，严格按照造林技术规程进行清山、整地，采取"挖大穴（60cm×40cm×40cm）、回表土、施基肥（株施有机肥1kg）"的方法，选择良种壮苗（Ⅰ级苗）上山造林，按"三埋二踩一提苗""不反山"的原则实施，初植密度3000株/hm^2。抚育措施：当年进行扩穴施肥（复合肥0.1kg/株）、割灌除草；第二年进行块翻施肥（复合肥0.15kg/株）、割灌除草、除萌；第三年进行割灌除草、除萌。

（2）竞争生长阶段

造林后4~6年林木生长较快，开始郁闭，随着林龄的增加，各林木要求的营养空间也不断增大，相互挤压，引起强烈的分化。根据林木生长情况，当被压木和自然整枝达树高1/3~1/2，郁闭度达0.8~0.9时，一般在8~10年进行第一次透光伐，保留郁闭度0.6~0.7，改善林内通风透光条件，增强其抗病虫害等能力，提高林分产量。

（3）质量选择阶段

根据林木生长情况间隔5~8年间伐1次，严格按照"砍小留大、砍密留疏、砍弱留强"的原则，经过4次间伐，伐除枯死木、病虫害木、被压木、双杈木，林间密度过大时需要伐除一些生长正常的杉木，选择干形通直、树冠发育良好、长势旺盛的林木作优势木进行重点培养，林分密度从每公顷3000株逐步间伐到每公顷600株。通过人工整枝增强林内透光通风条件，促进林木生长。

（4）近自然森林阶段

杉木择伐后，林下套种阔叶树（红豆杉、米老排、闽楠等）450～600株/hm²，栽后5年内适度开展割灌除草3～5次，注重保留天然更新的阔叶目的树种。

更新层达到10年生后，进行第一次透光伐，郁闭度控制在0.5～0.6，改善林内通风条件（透光伐强度控制在伐前林木蓄积量的25%以内，伐后确定上层目标树密度200～300株/hm²）。

更新层达到20年生以上，进入快速生长阶段。当下层林木生长受到抑制时，对上层进行透光伐2～3次，改善光照条件，增加营养空间，伐后上层郁闭度不低于0.5。

更新层达到30年生以上，进入径向生长阶段。阔叶树比例增加，更新层逐步进入主林层，形成以阔叶树为主的复层异龄林。

（5）天然恒续林阶段

第50年后，杉木目标树逐步被采伐利用，林分逐渐形成以补植的珍贵阔叶树种为建群种的异龄林，此后继续对补植的阔叶树目标树进行单株管理，伐除干扰树，并开始选择和标记第二代目标树。65～75年后，补植珍贵树种达到目标直径，开始择伐利用，通过不断培养第二代目标树，逐步引导林分形成多树种、多层次、结构稳定的恒续林。

综上所述，杉木大径材主要通过遗传控制、立地控制、密度控制、施肥控制、植被控制等"五个控制"措施培育林木。可通俗地用"开通一条路，砍掉干扰树，调整郁闭度，留下目的树，套种珍稀树，封山加管护"这一句话总结。白砂林场现有保存完好、集中连片的杉木大径材170hm²，据福建农林大学林学院杉木研究课题组对该片杉木大径材人工林数据进行统计，该片杉木林是课题组目前所见到的国内最大的集中连片杉木大径材林分。

6. 示范林

位于上杭白砂国有林场九岗管护站，杉木大径材林，107、108和109林班共29个小班，面积163.87hm²。杉木大径材林分平均密度47株/亩，其中，杉木平均密度30株/亩。杉木平均胸径30.8cm，杉木平均树高20.8m，杉木林总蓄积量57265.4m³，远高于福建省杉木速生丰产林大径材标准（DB35/T 518—2003），平均蓄积量23.3m³/亩，平均单株材积0.75m³，杉木最大单株的胸径63cm，树高27m，蓄积量3.61m³，林分郁闭度0.7。优势树种为杉木。更新层树种为人工补植的米老排、红豆杉、闽楠等幼苗。如图2-177～图2-179所示。

图 2-177　杉木大径材林相

图 2-178　营造复层林前林相

图 2-179　营造复层林后林相

（供稿人：严松文　福建省上杭白砂国有林场）

2.4.5 江西省

2.4.5.1 人工杉木林大径材择伐经营模式

1. 模式名称

人工杉木林大径材择伐经营模式。

2. 适用对象

适用于立地条件中等及以上、阔叶树天然更新良好的杉木人工商品林。

3. 经营目标

以大径材生产主导，兼顾生态防护和碳汇等功能。

4. 目标林分

第一代目标林分为杉木阔叶混交林，杉木占60%以上，目标蓄积量300m^3/hm^2；第二代目标林分为珍贵阔叶混交林，闽楠、米槠等常绿阔叶目的树种占70%以上，目标树密度150～300株/hm^2，目标蓄积量400～500m^3/hm^2。杉木的目标直径为35cm，闽楠、米槠等常绿阔叶目的树种的目标直径为50cm。

5. 全周期主要经营措施

①抚育间伐。按照"砍密留稀、砍劣留优、砍弯留直、照顾均匀"的原则，对上层杉木实施间伐。采伐时，注意保护天然更新的阔叶幼苗幼树。

②人工促进天然更新。标记天然更新的珍贵和演替后期树种幼树，伐除与幼树竞争的杂草藤灌，防止藤条缠树，注意不要全林割灌。

③透光伐。伐除影响楮栲、樟科等幼树高生长的上层杉木，促进更新层和次林层的生长发育。

④上层杉木目标直径达到35cm时，采伐利用。

⑤标记目标树，采伐干扰树。阔叶树进入主林层并出现分化时，选择和标记目标树，密度100～150株/hm^2。对影响目标树生长的干扰树进行采伐，目标树进行修枝。注重保护天然更新的幼苗幼树。

⑥萌生杉木定株。对采伐利用后萌生的杉木进行定株，保留生活力强、干形好的个体。

⑦视林下更新层形成情况确定是否需采取人工补植等措施。当阔叶树达到目标林胸径后采取持续单株木择伐，择伐后以林下自然更新为主，持续保持异龄复层阔叶混交的林分结构。

6. 示范林

位于信丰县金盆山林场金盆山分场上陂工区2林班95小班，造林面积316亩。该小班株数采伐强度40%，蓄积量采伐强度20.9%，保留株数53株/亩，平均胸径22.9cm，平均树高17.9m，蓄积量13.46m^3/亩，郁闭度0.7；株数采伐强度30%，蓄积量采伐强度18%，保留株数63株/亩，平均胸径22.8cm，平均树高17.1m，蓄积量16.08m^3/亩，郁闭度0.7。设立林分对照样地，实行跟踪调查监测。未实施作业的对照林分平均株数87株/亩，平均胸径21.2cm，平均树高16.3m，平均蓄积量18.14m^3/亩。如图2-180、图2-181所示。

图 2-180　经营前人工杉木林大径材

图 2-181　经营后人工杉木林大径材

（供稿人：雷相东　中国林业科学研究院资源信息研究所
　　　　　欧阳君祥　国家林业和草原局林草调查规划院）

2.4.5.2 人工杉木林中大径材皆伐经营模式

1. 模式名称

人工杉木林中大径材皆伐经营模式。

2. 适用对象

适用于地势开阔、交通便利或较便利、土层厚度40cm以上、立地条件中等以上的杉木人工商品林。

3. 经营目标

杉木中大径材。

4. 目标林分

杉木纯林。目的树种为杉木,培育中径材株数密度900~1200株/hm^2,培育周期30年,目标蓄积量200~250m^3/hm^2;培育大径材株数密度450~700株/hm^2,培育周期40年以上,目标蓄积量250~450m^3/hm^2。

5. 全周期主要经营措施

如表2-27所示。

表2-27 人工杉木林中大径材全周期经营措施

发育阶段	林龄范围（年）	主要经营措施
建群阶段（造林后至郁闭成林前）	1~3	初始造林密度2550~3300株/hm^2,造林后连续割草灌、扩穴3年5次,未达到最低保留株数密度的进行补植。注意保留天然萌生的枫香、栎类等阔叶幼树幼苗
郁闭后至干材形成期	3~6	割除影响杉木幼苗生长的非目的树种和灌木、藤本,去除枯死枝。疏伐1~2次,间隔期3~4年,伐后保留林分密度1650~2350株/hm^2,促进林木快速生长形成优良干材
郁闭后至干材形成期	6~10	种间生长竞争激烈,林分出现分化。开展透光伐1次,去除枯死木（枯死枝）,伐后修枝。进行疏伐1~2次,间隔期3~4年,伐后保留林分密度1200~1500株/hm^2
林分蓄积生长阶段	11~20	实施生长伐1~2次,保留林分密度750~1200株/hm^2,对保留木进行修枝（8m以上）
林分蓄积生长阶段	21~30	生长伐1次,促进林分蓄积生长,保留木林分密度450~670株/hm^2。为确保下层阔叶树种正常生长,实施割灌（草）、除藤等抚育措施
林分蓄积生长阶段	31~40	延长轮伐期,继续实施生长伐1~2次

（续表）

发育阶段	林龄范围（年）	主要经营措施
收获阶段	≥31	对以培育中径材为目标的杉木人工林，实施皆伐。注意保留天然更新的阔叶树，伐后及时进行林下更新、补植目的树种
	≥41	对以培育大径材为目标的杉木人工林，实施皆伐，注意保留天然更新的阔叶树，伐后及时进行林下更新、补植目的树种

6. 示范林

位于信丰县古陂镇大屋村，2014年冬采伐清理毛竹和杂灌后于2015年3月营造人工杉木纯林，初植密度约240株/亩，造林后前3年按"2—2—2"频次进行扩穴、培蔸、除草等幼林抚育。现有林间伐前株数245株/亩，平均胸径13.2cm，平均树高9.8m，平均蓄积量15.3m³/亩（图2-182），设计株数采伐强度29.4%，蓄积量采伐强度17.7%（图2-183）。间伐作业由金盆山林场负责本底调查，提供技术指导；林农负责施工作业和日常管护。

图2-182 人工杉木中大径材林经营前

图2-183 人工杉木中大径材林经营后

（供稿人：雷相东 中国林业科学研究院资源信息研究所）

2.4.5.3 人工杉楠混交复层林择伐经营模式

1. 模式名称

人工杉楠混交复层林择伐经营模式。

2. 适用对象

适用于立地指数16以上、海拔400m以下的杉木人工纯林。

3. 经营目标

珍贵大径材生产，兼顾生态防护。

4. 目标林分

杉木－闽楠异龄复层混交林。目的树种包括杉木、闽楠等，先期上层杉木目标树密度200～300株/hm²，树龄40年以上，胸径为35cm以上，目标蓄积量150～250m³/hm²。闽楠进入主林层后，闽楠目标树密度100～150株/hm²，平均树龄60年以上，胸径45cm以上，目标蓄积量250～350m³/hm²。

5. 全周期主要经营措施

如表2-28所示。

表2-28 人工杉楠混交复层林全周期经营措施

发育阶段	林龄范围（年）	主要经营措施
介入阶段：杉木间伐和闽楠补植期	20～30	在杉木下更新造林的前一年对杉木人工林进行抚育间伐，按照留优去劣的原则伐除非目的树种、干形不良木及霸王木等，进行林下清理及部分林木修枝，保留750～1050株/hm²，上层保留木郁闭度保持在0.5左右，注意保留天然更新的幼树（苗）。林冠下补植闽楠约1500株/hm²，使用Ⅰ级苗木，穴垦整地。连续5年进行培蔸抚育，前两年每年抚育3次，后3年抚育2次。注重保留天然更新的阔叶目的树种
竞争生长阶段：结构调整期	11～15（楠木）	对楠木进行修枝。对下层天然更新的珍贵阔叶树进行人工促进天然更新
	16～20（楠木）	进入快速生长阶段。当下层林木生长受到抑制时，对上层进行透光伐2～3次，改善光照条件，增加营养空间，伐后上层郁闭度不低于0.5。对更新层林木进行疏伐，逐步调整树种结构，阔叶树种占比不低于60%

（续表）

发育阶段	林龄范围（年）	主要经营措施
质量选择阶段：上层木择伐期	20～60（楠木）	楠木进入径向生长阶段，逐步进入主林层，形成楠木等阔叶为主的复层异龄林。对部分胸径达到35cm的杉木进行择伐，强度不超过35%，间隔期小于5年。选择和标记楠木等珍贵阔叶目标树100～150株/hm^2，定期采伐干扰树，间隔期为3～5年
收获阶段：主林层择伐期	≥60（楠木）	主林层楠木达到培育目标后采取持续单株木择伐。择伐后对下层以天然更新为主，人工辅助促进闽楠等目的树种更新，实现杉木–阔叶树恒续覆盖

6. 示范林

位于信丰县金盆山林场金盆山分场大公桥工区3林班51-1小班，面积236亩。该林分主林层为1997年营造的杉木纯林，杉木种源为信丰县林木良种场良种，初植密度167株/亩，属第二茬人工林。采取人工整地，穴规格40cm×40cm×30cm，呈"品"字形布局排列。造林当年实施全铲抚育+扩穴培土培蔸抚育1次，第二年、第三年割灌抚育各2次，第四年割灌抚育1次。2007年第一次抚育间伐，2014年第二次抚育间伐，保留株数75株/亩，平均胸径18.6cm，平均树高16.5m，平均蓄积量11.25m^3/亩（伐前平均密度107株/亩，平均胸径17.3cm，平均树高15.9m，平均蓄积量13.904m^3/亩）。2015年3月在杉木主林层下套种楠木60株/亩，楠木苗来源于信丰县保障性苗圃。如图2-184、图2-185所示。

图2-184 经营前人工杉楠混交复层林

图 2-185　经营后人工杉楠混交复层林

（供稿人：雷相东　中国林业科学研究院资源信息研究所
　　　　　欧阳君祥　国家林业和草原局林草调查规划院）

2.4.5.4　天然次生阔叶林多功能择伐经营模式

1. 模式名称

天然次生阔叶林多功能择伐经营模式。

2. 适用对象

各种立地条件下亚热带地区过伐后形成的阔叶次生林。

3. 经营目标

水源涵养、生物多样性保护兼顾用材生产。

4. 目标林分

槠栲类为主的异龄复层阔叶混交林，目的树种包括槠栲、栎类等壳斗科木本植物以及樟科、木兰科植物，目标树密度为150～300株/hm^2，平均树龄60年以上，胸径40m以上，目标蓄积量400～500m^3/hm^2。

5. 全周期主要经营措施

（1）选择和标记目标树，采伐干扰树

在质量选择阶段，选择槠栲、樟科树种中干形优、长势旺盛的林木作为目标树，密度为100～150株/hm^2。对影响目标树生长的干扰树进行采伐。注重保护天然更新的幼苗幼树。

（2）透光伐

伐除影响槠栲、樟科等幼树高生长的上层非目的树种，促进更新层的生长。

（3）人工促进天然更新

标记天然更新的珍贵树种和演替后期树种幼树，伐除与幼树竞争的杂草藤灌，防止藤条缠树，注意不要全林割灌。

（4）保护生境树

保留一定比例的胸径15cm以上的枯立木，对鸟巢树、动物巢穴树等生境树进行标记和保护。

（5）结构调整

更新层进入次林层后，对主林层部分胸径达到40cm的林木进行择伐，同时对次林层进行疏伐，调整树种及密度结构，采伐后郁闭度控制在0.5~0.6，视林下更新层形成情况确定是否需再次采取人工补植等措施。当达到目标林分后采取持续单株木择伐，择伐后以林下自然更新为主，持续保持异龄复层阔叶混交的林分结构。

6. 示范林

该经营点位于信丰县金盆山林场金盆山分场大公桥工区3林班41、43和46小班，面积661亩。

图2-186 经营前天然次生阔叶林

图2-187 经营后天然次生阔叶林多功能

按照"砍丛留单、砍病留壮、砍劣留优、兼顾均匀"原则，对该林分实施抚育间伐，株数采伐强度25%，蓄积量采伐强度19%。采伐后林分密度48株/亩，平均胸径22.1cm，平均树高21.9m，蓄积量10.7m³/亩，同时保留天然更新的下层幼树，促进林木健康生长，不断优化林分结构。如图2-186、图2-187所示。

（供稿人：雷相东　中国林业科学研究院资源信息研究所

欧阳君祥　国家林业和草原局林草调查规划院）

2.4.5.5 人工杉木林大径材复层林择伐经营模式

1. 模式名称

人工杉木林大径材复层林择伐经营模式。

2. 适用对象

适用于立地条件中等及以上、近熟林阶段的杉木人工商品林。

3. 经营目标

主导功能为珍贵大径材生产，兼顾生态防护。

4. 目标林分

杉木-阔叶异龄混交林。目的树种包括杉木、枫香、米槠、闽楠等，先期上层杉木目标树密度200~300株/hm^2，树龄40年以上，胸径35cm以上，目标蓄积量150~250m^3/hm^2。阔叶树（闽楠等）进入主林层后，目标树密度100~150株/hm^2，平均树龄60年以上，胸径45cm以上，目标蓄积量250~350m^3/hm^2。经单株木择伐作业经营，促进潜在目标树（阔叶树种）更新生长，形成杉木-阔叶异龄混交林。

5. 全周期主要经营措施

（1）介入状态：林下更新层形成期

① 在冠下更新造林的前一年对杉木人工林进行综合抚育，按照留优去劣的原则伐除非目的树种、干形不良木及霸王木等，进行林下清场及部分林木修枝，上层保留木郁闭度保持在0.5~0.6，注意保留天然的幼树（苗）。

② 林冠下补植阔叶树（枫香、闽楠等）1200~1500株/hm^2，栽后5年内采用带状或穴状适度开展割灌除草3~5次，注重保留天然更新的阔叶目的树种。

③ 更新层达到10年生后，进行第一次透光伐（或生长伐），郁闭度控制在0.5~0.6（生长伐强度控制在伐前林木蓄积量的25%以内，伐后确定上层木目标树密度200~300株/hm^2），进行必要的修枝作业，抚育后阔叶树幼树上方及侧方有1.5m以上的生长空间。

④ 当下层更新幼树生长再受到抑制时，再次对上层林木进行透光伐（或生长伐），伐后上层郁闭度不低于0.5。

（2）竞争生长阶段：结构调整期

① 下层更新林木树龄20年以上，进入快速生长阶段。当下层林木生长受到抑制时，对上层进行透光伐2~3次，改善光照条件，增加营养空间，伐后上层郁闭度不低于0.5。

② 对更新层林木进行疏伐，逐步调整树种结构，阔叶树种占比不低于60%。

（3）质量选择阶段：上层木择伐期

① 下层更新林木树龄30年以上，进入径向生长阶段，逐步进入主林层，形成阔叶树为主的复层异龄林。

② 对部分胸径达到35cm的林木进行择伐，强度不超过前期目标树的35%，间隔期小于5年。

③ 确定先期更新层目标树100～150株/hm^2，对更新林木进行疏伐，密度450～650株/hm^2。

图 2-188 常规经营的杉木人工林

（4）收获阶段：主林层择伐期

① 主林层达到培育目标后采取持续单株木择伐。

② 择伐后对下层以天然更新为主，人工辅助促进闽楠等目的树种更新，实现杉木－阔叶树恒续覆盖。

图 2-189 大径材择伐近自然经营的杉木人工林

6. 示范林

位于高垒林场田坑工区，面积40hm^2，人工杉木林。经营组织形式为国有林场经营。现有蓄积量204m^3/hm^2，每亩平均株数39株，平均胸径26.1cm，平均树高18m，林分郁闭度0.6。优势树种为杉木。更新层树种为木荷、丝栗栲等乡土树种，以及人工补植的闽楠等幼苗。如2-188、图2-189所示。

（供稿人：陈鼎泸　江西省崇义县林业技术推广中心
　　　　　钟　梁　江西省崇义县林业技术推广中心
　　　　　刘桂炳　江西省崇义县林业技术推广中心
　　　　　韦春花　江西省崇义县林业技术推广中心
　　　　　赖华军　江西省崇义县林业局）

2.4.5.6 人工木荷大径材复层林择伐经营模式

1. 模式名称

人工木荷大径材复层林择伐经营模式。

2. 适用对象

适用于立地条件中等及以上的木荷人工商品林。

3. 经营目标

主导功能为优质木荷大径材培育，兼顾水源涵养、生物多样性保护等生态功能。

4. 目标林分

目标林分为木荷复层林，第一阶段林分密度850株/hm²左右，其中目标树150~250株/hm²，树龄40年以上，林分平均胸径30cm以上，目标林分蓄积量250m³/hm²。第二阶段天然更新木荷逐渐进入主林层，形成木荷复层林，主林层平均胸径达45cm以上，目标林分蓄积量300m³/hm²。

5. 全周期主要经营措施

（1）建群阶段：造林后至郁闭成林前

初始造林密度1800株/hm²左右，造林后连续割灌除草3年5次，未达到最低保留密度的进行补植，注意保留天然萌生的其他阔叶目标幼树（苗）。

（2）竞争生长阶段：郁闭后至干材成形期

① 郁闭后第二年，开始抚育间伐，清理杂灌，割除影响木荷生长的非目的树种和灌木、藤本，去除枯死木，保留干形通直、长势良好、有培养前途的其他阔叶目标树。

② 林木生长竞争激烈，林木出现分化，采用下层疏伐法疏伐1~2次，间隔期3~4年，伐后保留林分密度1350株/hm²左右，促进林木快速生长形成优良干材。

③ 在疏伐后3~4年，林木生长再次出现挤压，下层树种增多、密度过大时，进行生长伐，间隔期4~5年，标记目标树，采伐干扰树、枯死木和濒死木，促进目标树径向生长，伐后林分密度850~1050株/hm²。

（3）质量选择阶段：林分蓄积生长期

① 林分进入冠下层更新阶段，实施透光伐1~2次，促使林下更新和幼苗幼树形成，保留林分密度750~850株/hm²，对保留的目标树进行修枝。保留林冠下天然更新、长势良好的木荷等阔叶目标幼树，并及时进行幼林抚育。

② 当下层目的树种幼树进入高生长期，对上层木荷实施透光伐1次，释放已形成的幼树，保留木林分密度550~750株/hm²。对下层的木荷等阔叶树进行割灌除草，确保下层林木正常生长。

（4）收获阶段：采伐利用期

① 对主林层达到培育目标的木荷采取单株择伐。

② 择伐后对下层以天然更新为主，人工辅助促进更新，形成木荷复层林。

6. 示范林

位于高垄林场芦箕山工区，属国有林场经营的人工商品林。面积36.7hm^2，林龄20年，林分蓄积量97.5m^3/hm^2，平均株数930株/hm^2，平均胸径15.6cm，平均树高14.1m。主林层优势树种为木荷。如图2-190、图2-191所示。

图 2-190　抚育前的人工木荷林　　　　图 2-191　抚育后的人工木荷林

（供稿人：钟　梁　江西省崇义县林业技术推广中心
　　　　　肖永有　江西省齐云山国家级自然保护区管理局
　　　　　刘桂炳　江西省崇义县林业技术推广中心
　　　　　韦春花　江西省崇义县林业技术推广中心
　　　　　赖华军　江西省崇义县林业局）

2.4.5.7　天然阔叶混交多功能复层林择伐经营模式

1. 模式名称

天然阔叶混交多功能复层林择伐经营模式。

2. 适用对象

适用于立地条件中等及以上，人为干扰后形成的天然阔叶次生林。

3. 经营目标

以水源涵养、生物多样性保护等生态功能为主，兼顾优质硬阔叶材培育、森林景观提升等功能。

4. 目标林分

目标林分为异龄复层阔叶混交林，目的树种包括木荷、楮栲、闽楠等阔叶树种。

主林层：目标树密度150~250株/hm²，平均树龄60年以上，平均胸径45cm以上，目标蓄积量200~300m³/hm²。次林层：目标树（潜在目标树）密度200~350株/hm²，树龄45年以上，胸径为35cm以上，目标蓄积量100~200m³/hm²，更新的目的树种进入主林层后，经单株木择伐作业经营，促进目标树更新生长，形成阔叶异龄混交林。

5. 全周期主要经营措施

（1）建群阶段

① 稀疏林分，在林中空地"见缝插针"式补植珍贵阔叶树幼苗幼树。

② 较郁闭次生林内，划分不同林木类型，标记目标树、干扰树及潜在目标树等，进行适当砍杂，注意保护林下目的树种幼苗。

（2）竞争生长阶段

① 待林分冠幅重叠至1/3（半径）时，进行第一次透光伐（或生长伐），伐后郁闭度控制在0.7左右。标记目标树、潜在目标树。

② 当下层更新幼树生长受到影响时，进行第二次生长伐（或透光伐），伐除非目的树种、干形不良木及霸王木等，伐后郁闭度控制不低于0.5，并注意保留干形通直的天然幼树（苗）。

（3）质量选择阶段

① 对主林层林木继续有选择地重新标记目标树，主林层目标树控制在150~250株/hm²，同时采伐利用干扰树。

② 对林下天然更新或次林层的林木进行疏伐，标记潜在目标树，促进林木快速生长，次林层潜在目标树控制在200~350株/hm²。

（4）近自然恒续林阶段

① 对更新层适当进行局部抚育割灌，保留健壮幼树。

② 对次林层抚育渐伐强度不超过前期潜在目标树的20%，间隔期小于5年。

③ 对主林层达到培育目标直径的林木采取单株择伐，同时注意林下更新幼苗的保护。择伐后对下层以天然更新为主，人工辅助促进目的树更新，实现阔叶混交恒续覆盖。

6. 示范林

位于高垄林场赤坑工区，面积200hm²。国有林场经营。林分蓄积量14.3m³/亩，年均生长量0.62m³/亩，70株/亩，平均胸径18.5cm，平均树高16.3m。主林层优势树种为槠、栲类珍贵树种，次林层为南酸枣、木荷等人工补植树种，更新层幼树主要有木荷、红皮树、闽楠等49个树种。如图2-192、图2-193所示。

图 2-192　处于建群状态的天然阔叶混交林　　图 2-193　天然阔叶混交多功能复层林经营现状

（供稿人：陈鼎泸　江西省崇义县林业局
　　　　　肖永有　江西省齐云山国家级自然保护区管理局
　　　　　刘桂炳　江西省崇义县林业技术推广中心
　　　　　韦春花　江西省崇义县林业技术推广中心
　　　　　赖华军　江西省崇义县林业局）

2.4.5.8　人工杉木林改培异龄复层阔叶混交林择伐经营模式

1．模式名称

人工杉木林改培异龄复层阔叶混交林择伐经营模式。

2．适用对象

适用于立地条件中等及以上，林龄15～20年的杉木人工公益林。

3．经营目标

异龄复层阔叶混交防护林兼顾前期杉木大径材生产。

4．目标林分

异龄复层阔叶混交林，目的树种包括楠木、木荷、枫香等。上层阔叶树密度750株/hm^2，胸径达24cm以上，蓄积量219m^3/hm^2；中层阔叶树密度600株/hm^2，胸径达12cm以上，蓄积量29m^3/hm^2，下层补植阔叶树幼苗450株/hm^2。通过这种经营模式，使杉木人工公益林逐步演变为异龄复层阔叶混交林。

5．全周期主要经营措施

（1）抚育间伐期

树龄15～20年，采取"砍小留大、砍劣留优、砍密留疏、照顾均匀、不开天窗"的原则，保留杉木1650株/hm^2以上，胸径为13～17cm，蓄积量110～142m^3/hm^2。伐后郁闭度在0.6以上，清除杂灌和藤蔓，保留乡土阔叶树幼苗。

（2）林下更新层形成期

① 10年后胸径为20~26cm，蓄积量360~480m³/hm²，进行择伐，保留上层杉木600株/hm²，郁闭度在0.4~0.5，胸径为21~28cm，蓄积量180~240m³/hm²，注意保留天然的幼树（苗）。林冠下补植珍贵楠木、木荷、枫香等彩色树种750株/hm²。要求打穴标准为40cm×40cm×30cm，苗木为2年生容器苗，不施基肥，栽后5年内开展割灌除草、扩穴培兜和施复合肥（0.15kg/株）等管理措施，同时注重保留天然更新的阔叶目的树种。

② 15年后上层杉木胸径为32~38cm，蓄积量420~480m³/hm²，下层阔叶树胸径为12cm以上，蓄积量35m³/hm²；再次进行择伐，保留上层杉木300株/hm²，胸径为36~40cm，蓄积量260~310m³/hm²，再次补植珍贵楠木、木荷、枫香等树种600株/hm²。栽后5年内开展割灌除草、扩穴培兜和施肥等管理措施，同时注重保留天然更新的阔叶目的树种。

（3）异龄复层阔叶混交林形成期

再过15年阔叶树进入主林层后，伐除剩余的杉木，上层阔叶树胸径30cm以上，下层阔叶树胸径12cm以上，补植珍贵树种楠木、木荷、枫香等450株/hm²，栽后5年内开展割灌除草、扩穴培兜和施肥等管理措施，同时注重保留天然更新的阔叶目的树种。

图2-194　示范林实施前

图2-195　示范林实施后

6. 示范林

位于江西省婺源县生态林场秋口管护点，面积302.5亩，人工杉木林。经营组织形式为国有林场经营。现有蓄积量115m³/hm²，每亩平均株数110株，平均胸径14cm，平均树高11m，林分郁闭度0.7，优势树种为杉木。如图2-194、图2-195所示。

（供稿人：戴迎红　婺源县生态林场）

2.4.5.9　人工湿地松多功能林择伐经营模式

1. 模式名称

人工湿地松多功能林择伐经营模式。

2. 适用对象

适用于立地条件中等及以上，林龄10～15年的湿地松人工公益林。

3. 经营目标

异龄复层针阔混交防护林兼顾前期采脂和用材。

4. 目标林分

异龄复层针阔混交林。目的树种包括湿地松、楠木、木荷、枫香等。上层湿地松胸径为35～45cm，蓄积量176～216m³/hm²；上层阔叶树胸径为25～35cm以上，蓄积量220～280m³/hm²。下层阔叶树胸径为15～20cm以上，蓄积量28～32m³/hm²。通过这种经营模式，使湿地松人工公益林逐步演变为异龄复层针阔混交林。

5. 全周期主要经营措施

（1）抚育间伐期

林龄10～15年，采取"砍小留大、砍劣留优、砍密留疏、照顾均匀、不开天窗"的原则，保留湿地松1650株/hm²以上，伐后郁闭度在0.6以上，清除杂灌和藤蔓，保留乡土阔叶树幼苗。

（2）林下更新层形成期

抚育间伐3～5年后对其中750株/hm²较小的湿地松进行为期5年的强度采脂后伐除，保留上层湿地松900株/hm²，补植楠木、木荷、枫香等树种750株/hm²，要求打穴标准为40cm×40cm×30cm，苗木为2年生容器苗，不施基肥。栽后5年内开展割灌除草、扩穴培兜和施复合肥（0.15kg/株）等管理措施，同时注重保留天然更新的阔叶目的树种。对其中的450株/hm²湿地松进行为期20年以上的采脂后伐除，保留的上层湿地松450株/hm²，胸径为35～45cm；下层阔叶树胸径为15～20cm。补植楠木、木荷、枫香等树种600株/hm²。栽后5年内开展割灌除草、扩穴培兜和施肥等管理措施，同时注重保留天然更新的阔叶目的树种。

（3）异龄复层针阔混交林形成期

对其中225株/hm²的湿地松进行20年以上的采脂后，第一批栽植的阔叶树进入主林层，胸径为28～35cm，第二批栽植的阔叶树胸径为15～20cm，可对采脂的湿地松采取单株木择伐作业经营的形式进行伐除，剩余225株/hm²湿地松与阔叶树形成了异龄复层针阔混交林。

6. 示范林

位于江西省婺源县生态林场秋口管护点，面积400.2亩，人工湿地松林。经营组织形式为国有林场经营。现有蓄积量112m³/hm²，树株密度1650株/hm²，平均胸径14cm，平均树高9m，林分郁闭度0.7，优势树种为湿地松。如图2-196、图2-197所示。

图 2-196　抚育前的人工湿地松林

图 2-197　抚育后的人工湿地松林

（供稿人：戴迎红　婺源县生态林场）

2.4.5.10 杉阔混交林大径材经营模式

1. 模式名称

杉阔混交林大径材经营模式。

2. 适用对象

适用于杉木立地指数≥14的林地，初植密度222株/亩，杉木与阔叶树种行状1∶1混交，混交的阔叶树种包括檫树、枫香、山杜英、木荷、苦槠。

3. 经营目标

杉木大径材生产兼顾水土保持。

4. 目标林分

杉木大径材林分。立地指数为14的杉木人工林，保留密度85株/亩，大径材出材量14.8～16.0m³/亩，林分蓄积量32.8～35.7m³/亩，主伐林龄45～50年；立地指数为16的杉木人工林，保留密度70株/亩，大径材出材量18.5～21.4m³/亩，林分蓄积量31.8～36.2m³/亩，主伐林龄36～41年；立地指数为18的杉木人工林，保留密度63株/亩，大径材出材量20.3～25.5m³/亩，林分蓄积量32.1～38.2m³/亩，主伐林龄31～36年；立地指数为20的杉木人工林，保留密度60株/亩，大径材出材量30.4～34.7m³/亩，林分蓄积量33.9～46.1m³/亩，主伐林龄28～33年。

5. 全周期主要经营措施

如表2-29所示。

表2-29 杉阔混交林大径材全周期经营措施

	造林阶段			抚育阶段		间伐阶段				收获阶段				
立地指数	初植密度（株/亩）	整地方式	混交模式	抚育时间（年）	抚育次数	第一次间伐时间（年）	第一次伐后郁闭度	第二次间伐时间（年）	第二次伐后郁闭度	保留密度（株/亩）	主伐年龄（年）	林分平均直径（cm）	大径材出材率（%）	大径材出材量（m³/亩）	林分蓄积量（m³/亩）
14	222	穴垦	行状	1—2—3	2—2—2	12	≥0.5	17	≥0.5	85	45～50	22.2～22.5	42～45	14.8～16.0	32.8～35.7
16	222	穴垦	行状	1—2—3	2—2—2	10	≥0.5	15	≥0.5	70	36～41	23.2～23.9	52～59	18.5～21.4	31.8～36.2
18	222	穴垦	行状	1—2—3	2—2—2	9	≥0.5	14	≥0.5	63	31～36	24.0～25.0	56～67	20.3～25.5	32.1～38.2
20	222	穴垦	行状	1—2—3	2—2—2	9	≥0.5	14	≥0.5	60	28～33	23.3～24.5	55～66	30.4～34.7	33.9～46.1

6. 示范林

示范林位于江西景德镇市枫树山林场浮动分场，500亩，人工杉木林。现有蓄积量37.9m³/亩，每亩平均株数60株，平均胸径26.6cm，平均树高17.8m，林分郁闭度0.7。优势树种为杉木。更新层树种为枫香、木荷、苦槠等乡土树种，以及自然更新的野柿、青冈、润楠、香樟、丝栗栲等优树。如图2-198、图2-199所示。

图2-198　常规经营的杉木人工林

图2-199　全周期经营的杉阔人工混交林

（供稿人：孙洪刚　中国林业科学研究院亚热带林业研究所）

2.4.5.11　人工杉楠混交林大径材择伐经营模式

1. 模式名称

人工杉楠混交林大径材择伐经营模式。

2. 适用对象

适用于立地条件优良、林木生长旺盛、林相整齐的中龄或近熟阶段的杉木人工商品林。

3. 经营目标

主导功能为杉、楠大径材生产，兼顾生态防护。

4. 目标林分

前期为杉楠针阔复层异龄混交林，后期为楠木纯林。先期目的树种为杉木，分阶段保留密度40~50株/亩，胸径26~35cm，目标蓄积量19m³/亩。后期目的树种为闽楠，最终保留密度为42株/亩，树龄50年以上，胸径为30cm以上，目标蓄积量20m³/亩以上。

5. 全周期经营措施表或主要经营措施

（1）复层混交林形成期

① 林地选择。选择立地指数16以上的杉木中龄林（树龄20年左右），套种前一年进行抚育间伐，保留杉木40株/亩左右，郁闭度0.5~0.6。

② 林下套种。采用条带整地，带宽1m以上，按3m×3m的株行距进行打穴，选用3年生Ⅰ级楠木容器苗栽植，初植密度74株/亩。

③ 幼林管护：造林后连续抚育5年，每年抚育2次，4月底至5月初进行扩穴培土或全刈抚育，适当追复合肥0.15~0.25kg/株，8月底至9月初进行条带铲抚育，改善保留木生长条件，促进林木高生长。

（2）林分结构优化期

① 杉木择伐。杉木林龄30年（楠木10年）时进行择伐，强度70%~80%，杉木保留株数10株/亩左右；伐除影响楠木生长的干扰树和霸王树，改善楠木幼林生长条件。

② 杉木主伐。杉木林龄40年（楠木20年）时进行主伐，伐除全部杉木，保留楠木纯林。采伐时需注意，先将杉木进行剥皮阴干，后沿楠木株行距内进行定向倒伏，即采即清，以避免压损楠木。

（3）珍贵阔叶纯林培育期

① 楠木择伐。因楠木生长情况择伐1次或2次。若择伐1次，选择楠木林龄30年时进行择伐，强度30%~40%，保留株数40株/亩左右，促进楠木径向生长。若择伐2次，第1次与杉木主伐同期，即楠木20年时，伐小伐弱，保留株数60株/亩左右；第2次选择楠木林龄35年时进行，强度40%左右，保留株数35株/亩，进一步促进楠木径向生长。

② 楠木主伐。楠木林龄50年时进行主伐，山场进入下一轮经营周期。

6. 示范林

位于江西省永丰县官山林场东毛坑分场东毛坑工区，面积117亩，杉楠复层混交异龄林。现有蓄积量7.52m³/亩，平均株数85株（杉13、楠72）/亩，其中：杉木平均胸径27cm，楠木平均胸径10cm，林分郁闭度0.7。如图2-200、图2-201所示。

图 2-200　经营前人工杉楠混交林大径材

图 2-201　经营后人工杉楠混交林大径材

（供稿人：李建华　江西省永丰县官山林场
　　　　　连　升　江西省永丰县官山林场）

2.4.5.12　闽楠天然次生林提质增量经营模式

1. 模式名称

闽楠天然次生林提质增量经营模式。

2. 适用对象

适用于立地条件中等以上的闽楠天然次生林。

3. 经营目标

保护和促进闽楠种群发育并兼顾生态效益。

4. 目标林分

闽楠异龄复层阔叶混交林。目标林分主要包括闽楠、丝栗栲、青冈、绒毛润楠等阔叶树种，目标树密度150～200株/hm²，其中闽楠占比不低于60%；树龄50年以上，胸径为35cm以上，目标蓄积量270～360m³/hm²。采用单株木择伐作业经营，促进目标树闽楠更新生长，形成以珍贵乡土树种闽楠为主要建群种的异龄复层阔叶混交林。

5. 全周期主要经营措施

（1）择伐

择伐对象为林内毛竹、非闽楠的霸王树以及与其竞争强的树种；同时，伐除病、枯林木，择伐后林分郁闭度为0.5～0.6。

（2）补植

在林隙及更新差的地方补植闽楠，根据林内自然更新情况，使更新层幼苗达1500株/hm²以上。补植采用60cm×60cm×50cm规格整地，闽楠苗木为3～4年生，带土球栽植，栽植前每穴施有机肥2kg作基肥。

（3）抚育

补植3年内每年冬末春初对补植闽楠以及自然更新幼苗幼树每株追复合肥0.2kg，每年5月、9月连续3年对其进行松土和除草，伐除与幼树竞争的杂草藤灌，防止藤条缠树，松土深度5～10cm，在蔸部培土。抚育时注重保留天然更新的阔叶目的树种。

（4）管理

更新层进入次林层后，对主林层部分胸径达到35cm的林木进行择伐，同时对次林层进行疏伐，调整树种及密度结构，采伐后郁闭度控制在0.5～0.6，进行必要的修枝作业以及视林下更新层形成情况确定是否需再次采取人工补植等措施。当达到目标林分后采取持续单株木择伐，择伐后以林下自然更新为主，持续保持异龄复层阔叶混交的林分结构。

6. 示范林

示范林位于江西省安福县明月山林场山庄分场双田山场，面积250亩，林分为天然闽楠次生林。经营组织形式为国有林场经营。2014年实施提质增量经营措施，现有蓄积量83.7m³/hm²，平均株数1170株/hm²，平均胸径13.8cm，平均树高9.5m，林分郁闭度0.7。更新层树种为闽楠、绒毛润楠、丝栗栲、青冈等乡土树种，以及人工补植的闽楠等幼苗。如图2-202、图2-203所示。

图 2-202 常规保护的天然闽楠次生林

图 2-203 提质增量经营的天然闽楠次生林

（供稿人：欧阳勋志 江西农业大学）

2.5 中南地区

包括河南省、湖北省、湖南省、广东省、广西壮族自治区和海南省。

2.5.1 河南省

2.5.1.1 黄山松人工纯林近自然混交化转变近自然经营模式

1. 模式名称

黄山松人工纯林近自然混交化转变近自然经营模式。

2. 适用对象

适用于立地条件中等及以上、中龄及近成熟林阶段的黄山松人工纯林。

3. 经营目标

以生态防护为主导功能，兼顾黄山松、麻栎等大径材培育。

4. 目标林分

黄山松-硬阔异龄复层针阔混交林，目的树种包括黄山松、麻栎、枫香、马褂木等。目标林分最终保留上层大径级林木密度120～150株/hm²，平均胸径≥50cm，二代目标树，密度控制在80～100株/hm²，平均胸径≥25cm，目标蓄积量260～300m³/hm²，培育期限60年以上。

5. 全周期主要经营措施

（1）建群阶段（0～10年）

① 黄山松人工植苗造林，造林密度4500～5400株/hm²，实施造林后连续实施3年5次（2+2+1）未成林抚育。

② 加强管护，避免人畜危害，严禁薪材采集，防控森林火灾和林木有害生物灾害。

③ 割除幼苗幼树周围1m范围内影响幼苗幼树生长的灌木和大型草本植物，采取松土（压青）、扩穴（培土）等措施，禁止全面割灌除草，保护生物多样性。

（2）竞争生长阶段（11～20年）

① 对郁闭度0.8以上的林分实施以疏伐为主的抚育措施，疏伐抚育后郁闭度不低于0.5，保留木密度3200～3600株/hm^2。

② 伐除Ⅳ、Ⅴ级木和枯死木，进一步拓展保留木生长空间和养分环境，促进林木快速生长，同时对保留木适当修枝，尤其注意对保留的黄山松进行修枝抚育。

（3）质量选择阶段（21～40年）

① 在第21年实施第二次抚育间伐，间伐方式为生长伐，伐除郁闭度0.8以上林分中的干扰树，伐后林分郁闭度不低于0.6，伐后密度2200～2600株/hm^2。

② 选择目标树，伐除影响目标树生长的干扰树，同时标记并保护辅助树，对目标树及时适度修枝，促进目标树个体径向生长。

③ 采取割灌除草、伐除藤蔓等抚育技术措施，保护和促进天然更新的乡土幼树生长。

④ 第二次间伐后，每间隔7年左右进行一次生长伐。经历四次生长伐后林分密度控制在810～870株/hm^2，培育胸径目标26cm以上，伐后郁闭度不低于0.6。

（4）近自然阶段（41～60年）

在培育黄山松大径材的同时，通过林窗补植，人工促进有价值的阔叶树天然更新。

① 标记并培育黄山松目标树及有培育前途的珍贵天然阔叶树个体。

② 伐除干扰树和无培育前途的萌生阔叶树种，保留目标树及辅助树，密度210～240株/hm^2。

③ 在林窗内补植麻栎、枫香、鹅掌楸等耐阴型乡土珍贵树种。

④ 从高度1.5m以上的幼树中选择、培育二代目标树，二代目标树以阔叶树种为主；及时对更新层进行抚育管理，促进林下幼苗幼树生长发育。

（5）恒续林阶段（60年以上）

① 对上层达不到目标胸径的林木个体进行择伐，择伐时注意对次林层和林下幼树的保护。

② 伐除影响二代目标树的干扰树，最终保留上层大径级林木120～150株/hm^2。

③ 培育二代目标树，密度控制在80～100株/hm^2。

④ 伐除干扰树，作业间隔10～15年。

6. 示范林

示范林位于河南商城黄柏山林场九峰尖林区6林班14小班，示范林面积300亩。图2-204所示为2019年实施黄山松人工纯林近自然转化作业后林分，实施当年黄山松林龄49年，林分组成7松3阔，主林层黄山松密度15株/亩左右，平均胸径29.7cm，平均树高18m，优势木高22m，优势木胸径达55cm；次林层硬阔树种（天然更新槲栎、君迁子、化香、黄檀等）密度30株/亩左右，平均胸径10.3cm，平均树高7m。现有林分蓄积量135m³/hm²。实施人工纯林近自然混交化转变作业，在林中空地群团状补植麻栎、枫香、马褂木等乡土幼树30株/亩左右，最终形成复层异龄针阔混交的林分结构。对照林分如图2-205所示。

图 2-204　经营作业后的示范林

图 2-205　黄山松人工林对照林分

（供稿人：闫东锋　河南农业大学）

2.5.1.2　平原地区民权林场杨树大径材多功能经营模式

1. 模式名称
平原地区民权林场杨树大径材多功能经营模式。

2. 适用对象
暖温带大陆性季风型半湿润气候区黄河故道风沙土上的杨树人工林。

3. 经营目标

以防风固沙为主，兼培育杨树大径材和发展林下经济。

4. 目标林分

以杨树为主的杨树-刺槐混交复层林。目的树种杨树，先期上层目标树密度270～375株/hm^2，树龄10年以上，胸径为22cm以上，目标蓄积量70～90m^3/hm^2。进入主林层后，目标树密度160～180株/hm^2，平均树龄25年以上，胸径41cm以上，目标蓄积量252～280m^3/hm^2，培育期限35年。

5. 发育阶段

①幼龄林：植苗完成5年内为幼龄期，此阶段根系还不够发达，叶片枝干较小，生长容易受到外部因素影响，需要精心管理。

②中龄林：6～10年为中龄林，开始快速生长，此阶段根系发达，枝干和叶片增多，树体逐渐粗壮，树冠初步形成。

③近熟林：林木持续生长，树体增粗、增高明显。

④成熟林：生长速度逐渐减缓，树木蓄积变化放缓。

⑤过熟林：此阶段树木生长停滞，部分枝干出现生理机能下降、枯萎等现象。

6. 全周期经营措施

（1）建群阶段：林下更新层形成期

①造林后3年采取以耕代抚措施，林间间种花生、西瓜等农作物。

②第4～5年采取机耕地面抚育（一年2次），第6年进行第一次透光抚育，第10年进行第二次抚育，间伐株数强度控制在25%以内。按照留优去劣的原则伐除非目的树种、干形不良木及霸王木等，进行林下清理及部分林木修枝，上层保留木郁闭度保持在0.6～0.7。

（2）竞争生长阶段：结构调整期

下层林木树龄15年以上，进入快速生长阶段。当下层林木生长受到抑制时，对上层进行透光伐2～3次，改善光照条件，增加营养空间，伐后上层郁闭度不低于0.6。

（3）质量选择阶段：上层木择伐期

对部分胸径达到30cm的林木进行择伐，强度不超过前期目标树的35%，间隔期小于5年。在林中补植苦楝、刺槐补植密度为450～495株/hm^2，栽后2年内采用人工除草2～3次。

（4）收获阶段：主林层择伐期

对主林层达到培育目标的杨树大径材个体进行单株择伐；对次林层的刺槐、杨树进行抚育间伐，促进其快速生长。

7. 示范林

示范林位于国有商丘市民权林场申集分场5林班1小班，面积260亩，造林时间1994年，杨树株行距12m×12m，刺槐株行距1.5m×3m，杨刺混交林，树种组成2杨8槐。现有蓄积量70m³/hm²，每公顷平均株数170株，平均胸径22cm，平均树高16.5m，林分郁闭度0.8。优势树种为杨树，更新树种为苦楝、刺槐。如图2-206所示。主要培育杨树大径材，杨树是一种重要的工业用材原料，具有速生优质丰产特点，在培育大径材方面具有明显的优势。开发一些生长快、质量好的人工林资源来缓解大径材市场供求矛盾。

作业前　　　　　　　　　　　　　作业后

图 2-206　示范林作业前后效果对比

（供稿人：任金喜　国有商丘市民权林场
　　　　　申振海　国有商丘市民权林场）

2.5.1.3　人工杉木林多功能近自然经营模式

1. 模式名称

人工杉木林多功能近自然经营模式。

2. 适用对象

适用于立地条件中等及以上，亚热带气候，海拔1000m以下低山区，中龄林阶段的杉木人工公益林。

3. 经营目标

以水源涵养、生物多样性保护等生态服务功能为主导，兼顾大径材生产。

4. 目标林分

由杉木和阔叶树种组成的针阔混交复层林，杉木占60%～70%，阔叶树种占30%～40%。阔叶树种主要为马褂木、檫木、山桐子等。目的树种为杉木、马褂木、山桐子。森林生长发育初期的上层目标树密度225～300株/hm^2，树龄35年以上，胸径为35cm以上，目标蓄积量150～240m^3/hm^2。在森林生长发育中后期，即阔叶树（马褂木、山桐子等）进入主林层后，目标树密度150～200株/hm^2，平均树龄40年以上，胸径45cm以上，目标蓄积量200～300m^3/hm^2。

5. 发育阶段

该林分为异龄混交林，采用五个阶段划分法，即建群阶段—竞争生长阶段—质量选择阶段—近自然林阶段—恒续林阶段。

6. 全周期主要经营措施

（1）建群阶段：林下更新层形成期

① 在林冠下更新造林的前一年对杉木人工林进行综合抚育，按照留优去劣的原则伐除非目的树种、干形不良木及霸王木等，进行林下清理及部分林木修枝，上层保留木郁闭度保持在0.6～0.7，注意保留天然的幼树（苗）。

② 林冠下补植阔叶树（山桐子、马褂木、枫香等乡土、珍贵树种）300～450株/hm^2，栽后2年内采用穴状除草2～3次，注重保留天然更新的非目的阔叶树种。

③ 更新层达到10年生后，进行第一次透光伐（或疏伐），郁闭度控制在0.6（生长伐强度控制在伐前林木蓄积量的25%以内，伐后确定上层木目标树225～300株/hm^2），进行必要的修枝作业，抚育后阔叶树幼树上方及侧方有1.5m以上的生长空间。

当下层更新幼树生长再受到抑制时，再次对上层林木进行透光伐（或生长伐），伐后上层郁闭度不低于0.6。

（2）竞争生长阶段：结构调整期

① 下层更新林木树龄15年以上，进入快速生长阶段。当下层林木生长受到抑制时，对上层进行透光伐2～3次，改善光照条件，增加营养空间，伐后上层郁闭度不低于0.6。

② 对更新层林木进行疏伐，逐步调整树种结构，阔叶树种占比不低于60%。

（3）质量选择阶段：上层木择伐

① 下层更新林木树龄25年以上，进入径向生长阶段，逐步进入主林层，形成阔叶树为主的复层异龄林。

② 对部分胸径达到30cm的林木进行择伐，强度不超过前期目标树的35%，间隔期小于5年。

③ 确定先期更新层目标树100~150株/hm^2，对更新林木进行生长伐，密度450~650株/hm^2。

（4）收获阶段：主林层择伐期

① 主林层达到培育目标后采取持续单株木间伐。

② 择伐后对下层以天然更新为主，人工辅助促进山桐子、马褂木、枫香等目的树种更新，实现杉木－阔叶树恒续覆盖。

7. 示范林

位于南湾林场谭家河森林生态保护中心31林班3小班，面积288亩，人工杉木林。原林分每亩平均株数108株，平均胸径15cm，平均树高10m，林分郁闭度0.9，树种组成为8杉2阔。优势树种为杉木，更新树种为人工补植的山桐子、马褂木、枫香等乡土、珍贵树种。于2014年、2019年实施过两次低强度抚育间伐，当前发育阶段为竞争生长阶段。目标林分为森林结构持续稳定的复层异龄针阔混交林，树种组成为6杉4阔，到2035年杉木平均胸径达到25cm，阔叶树平均胸径达到20cm，平均蓄积量18m^3/亩，预计整个经营周期可生产木材13m^3/亩，木材收入0.8万元/亩，水源涵养能力明显提高，生物多样性更加丰富。

2023年被列入全国森林可持续经营试点项目，按照"砍丛留单、砍病留壮、砍劣留优、兼顾均匀"原则，以近自然经营理念对该林分进行综合抚育，株数采伐强度为35%，蓄积采伐强度18%，保留株数70株/亩，伐后平均胸径14.4cm，平均树高9.6m，郁闭度0.7。间伐后在林冠下补植马褂木、枫香、山桐子、檫木，补植密度20株/亩。如图2-207、图2-208所示。

图 2-207 常规抚育的杉木人工林

图 2-208　多功能近自然经营模式杉木人工林

（供稿人：张旺　信阳市南湾林场）

2.5.1.4　人工针叶低质林向针阔混交林转化经营模式

1. 模式名称

人工针叶低质林向针阔混交林转化经营模式。

2. 适用对象

适用于立地条件为中等及以上（即地位级Ⅲ级及以上），人工起源的针叶林，受人为或自然因素影响，林分结构和稳定性失调，密度不合理，天然更新能力差的林分。

3. 经营目标

构建由黑松、侧柏、黄山松等针叶树种与麻栎等阔叶树种混交且以生态防护为主导同时兼顾大径材生产的针阔复层异龄混交林。

4. 目标林分

针阔复层异龄混交林。目的树种包括黑松、麻栎及少量侧柏、黄山松等。针叶树与阔叶树的密度之比为1∶4左右。麻栎目标胸径25cm以上，目标蓄积量150～225m^3/hm^2。

5. 全周期主要经营措施

（1）更新层形成阶段（0～10年）

抚育间伐：对密度过大、树种结构不合理，或因火灾、干旱等人为和自然因素影响造成林木生长衰退的林分，进行抚育间伐，伐除生长不良、质量低劣的林木，把枯死木和枯梢大于树冠2/3的濒死木全部清除。根据实际情况确定间伐强度，部分小班可突破现有技术规程中有关抚育强度的限制。将采伐剩余物全部清理出林分。间伐作业中注意保护天然更新幼苗。

补植：采用林冠下补植法，与原树种行间混交，种源选用麻栎营养钵苗，苗木等级需要满足I级苗木规格的要求，补植密度3330株/hm^2。

幼林抚育：包括追肥、浇水、除草、修枝、割灌等措施。中耕除草可结合施肥进行，做到"三不伤、一净、一培土"，即不伤根、不伤皮、不伤梢，草除净，锄松的土壤培植到植株根部。每年5—8月除草2次，连续3年。修枝割灌在晚秋或冬季进行，幼树不进行较大强度的修枝，原则上修枝高度不大于树高的1/3，使其尽力发展树冠。只割除幼苗1m范围内的灌木，保留生物多样性。

透光伐：更新层达到5~10年生后，进行第一次透光伐，伐除麻栎幼树上层和侧方遮阴的劣质林木、霸王树、大灌木，调整林分树种组成和空间结构，改善林木生长条件，保证麻栎高生长不受明显影响。伐后确定上层木目标树15~20株/亩，进行必要的修枝作业，抚育后阔叶树幼树上方及侧方有1.5m以上的生长空间。

（2）竞争生长阶段：结构调整期（11~20年）

更新层达到11年左右，进行定株抚育。由于一穴多株，营养空间不足，根据幼树长势进行定株抚育。伐除非目标树，每穴保留1株生长势强、相对粗壮高大的幼树，为保留木提供适宜生长空间。分2次调整树种结构和密度，进行合理定株。

下层林木树龄15~20年，林木间关系从互助互利生长开始向互抑互害竞争转变，对更新层进行疏伐，伐除密度过大、生长不良的林木，间密留匀、去劣留优，进一步调整林分树种组成和空间结构，为目标树或保留木提供适宜的营养空间。根据树种不同发育阶段合理保留密度，疏伐2~3次，间隔期应满5年，疏伐后麻栎占比不低于70%。

（3）质量选择阶段：上层木择伐期

下层更新林木树龄30年以上，进入径向生长阶段，逐步进入主林层，形成阔叶树为主的复层异龄林。

对部分胸径达到35cm的林木进行择伐，强度不超过前期目标树的35%，间隔期小于5年。

（4）收获阶段：主林层择伐期（50年以上）

主林层达到培育目标后采取持续单株木择伐。择伐后对下层以天然更新为主，人工辅助促进麻栎目的树种更新，实现针、阔叶树恒续覆盖。

6. 示范林

示范林位于泌阳板桥林场唐庄林区5林班的5、6、7和8小班。属20世纪80年代末人工植苗造林形成的黑松林，混有少量侧柏和黄山松，进行过两次抚育间伐。上层针叶林树龄35年，平均胸径16.5cm，平均树高9.5m，优势高11m，天然更新不良，面积1050亩，经营组织形式为国有林场经营。通过抚育间伐后林冠下造林措施，优化森林结构。加大采伐强度，伐除密度不合理和质量低劣的针叶树，在林冠下高密度补植麻栎幼苗，现保存率达95%，成效明显。如图2-209、图2-210所示。

图2-209 经营前林相

图2-210 经营后林相

（供稿人：张 辉 泌阳县板桥林场）

2.5.1.5　天然栓皮栎防护林目标树单株择伐经营模式

1. 模式名称

天然栓皮栎防护林目标树单株择伐经营模式。

2. 适用对象

适用于暖温带，中低山区，立地条件Ⅲ级及以上，栓皮栎天然次生林和栓皮栎天然林。

3. 经营目标

以水土保持、水源涵养为主导，兼顾珍贵大径材生产。

4. 目标林分

天然栓皮栎复层异龄林。目的树种包括栓皮栎、漆树、椴树等，平均密度750株/hm^2，目标树密度120～150株/hm^2，培育周期60年以上，目标直径50cm以上，目标蓄积量230～300m^3/hm^2。

5. 全周期主要经营措施

（1）森林建群阶段（0～20年）

此阶段目的是促进栓皮栎幼树生长，使林分尽快郁闭。

① 加强管护，严禁薪材采集，加强森林防火和有害生物防治。

② 对栓皮栎幼树周围1m范围内影响其生长的藤灌木、杂草进行割灌、除草、折枝等，并进行松土（压青）、扩穴（培土），禁止全面割灌除草，保护生物多样性。

（2）竞争生长阶段（21～40年）

此阶段目的是促进林木的高生长和目标树的质量形成。

① 早期（21～30年）以自然整枝为主，保持一定的株数密度，通过自然竞争以及自然整枝形成通直干形。

② 后期（31～40年）对郁闭度0.8以上的林分实施以疏伐为主的抚育措施，疏伐后郁闭度不低于0.6，通过疏伐被压木、干形弯曲的劣质木以及萌生起源的劣质林木，促进树木高生长。

（3）质量选择阶段（41～80年）

此阶段目的是使目标树形成良好的树冠，为目标树加速径向生长创造条件。

① 在第41年实施第二次抚育间伐，间伐方式为生长伐，选择目标树，伐除影响目标树生长的干扰树，对目标树及时适度修枝，促进目标树林木个体径向生长，伐后林分郁闭度不低于0.6。

② 第二次间伐后，每间隔10年以上进行一次生长伐，伐后郁闭度不低于0.6，目标

树的密度控制在150株/hm^{2}左右。

③ 采取割灌除草、伐除藤蔓等抚育技术措施，保护和促进天然更新的幼苗幼树生长。

④ 当下层林木生长受到抑制，进行透光伐，为天然更新幼苗及次林层、灌草层的持续生长提供足够的光照条件，伐后郁闭度不低于0.5。

（4）近自然阶段（81～120年）

此阶段目的是对达到目标胸径的目标树进行采伐利用和促进未达到目标胸径的目标树加速径向生长。

① 进行以目标树培育为核心的低强度生长伐，伐除干扰树，间隔期在10年以上，目标树密度在100～120株/hm^2。

② 在部分优势木达到目标直径时，可视林下更新情况而逐渐向目标树定株采伐利用作业过渡，保持多层次的混交结构。

③ 人工促进天然更新，及时对更新层进行抚育管理，促进林下幼苗幼树生长发育；选择、培育二代目标树，逐步形成以栓皮栎为主的近自然林。

（5）恒续林阶段（121年以上）

此阶段目的是维持和持续提升近自然林结构的丰富性和森林功能的多样性。

① 保持林分径级结构条件下逐步利用目标树，密度控制在80株/hm^{2}左右。

② 对上层达到目标直径的林木个体进行单株择伐。

③ 伐除劣质木，同时抚育第二代目标树。

④ 保护伴生珍贵树种和优良个体。

6. 示范林

该林分位于河南省栾川县庙子镇老张村，林龄50年，郁闭度0.8，树种组成为10栎，密度360株/hm^2，平均高19.2m，平均胸径26.3cm，蓄积量163.5m^3/hm^2。林下更新树种为栓皮栎等，每亩幼树810株。

图 2-211 常规经营的栓皮栎天然林

该林分于2008年进行第一次疏伐，并于2020年进行了生长伐。图2-211和图2-212所示分别为常规经营和目标树单株择伐经营的栓皮栎天然林。

图 2-212　目标树单株择伐经营的栓皮栎天然林

（供稿人：张向阳　河南省林业资源监测院）

2.5.2　湖北省

2.5.2.1　人工栎类混乔萌生矮林向实生林转变经营模式

1．模式名称

人工栎类混乔萌生矮林向实生林转变经营模式。

2．适用对象

适用于经过多次皆伐，以伐桩萌发形成的萌生树为主、少量天然更新实生树为辅，立地条件中等及以上的栎类次生林。

3．经营目标

采用林分转变经营和目标树经营相结合的方法，经过2～3轮经营（10～15年左右）将林分由萌生矮林转变为实生乔林，后续通过目标树经营实现森林的自然演替，逐渐使林分形成稳定、近自然化可持续经营的异龄复层乔林。

4．主要经营措施

（1）栎类实生目标树选择、干扰木伐除及去萌

林分胸径10cm以上的栎类实生树，8～12株/亩（如胸径≥10cm的林木数量不足，胸径≥8cm的优质实生树可列入目标树）。

① 实生目标树充足的混乔矮林。林分主林层以实生树为主，采用目标树经营方法在林分内选择胸径10cm以上的栎类实生树作为目标树，选择密度为8～12株/亩，目标

树的目标胸径≥40cm，平均间距为8～9m。对干扰木（常为萌生树的侧枝或其他劣质木）进行采伐，注意保护林下所有树种天然更新的幼树（苗）。在选择目标树时，为保证干材质量，尽量不选树干带丛生枝的树木。在选择干扰木时，只选择主林层对目标树形成压制的树木，不选择次林层树木，可将次林层林木和下木作为辅助木，促进目标树干材生长。

② 实生目标树不足的混乔矮林。采用转变经营方法对萌生树进行除萌，每个伐桩只保留1～2根优质萌条，每次施工都应对新发萌条去萌。注意保护林下所有树种天然更新幼树幼苗，为促进幼树幼苗生长，适当伐除主林层萌生树，为其提供生长空间。经过对萌生树进行2～3次去萌，当林分中主林层以实生树为主，下层林中实生幼树幼苗数量足够时，全部伐除萌生树，实现萌生林向实生林转变。当萌生林向实生林转变完成后，可按目标树经营法进行经营。另外，也可先期选择部分目标树重点培育，转变经营法和目标树经营法同时实施，达到理想的目标树密度后，按目标树充足的混乔矮林经营模式进行经营。

表2-30　栎类混乔矮林实生树和萌生树经营措施

	胸径	主要经营措施
实生树	胸径＜10cm	幼林抚育、培育潜在目标树
	10cm≤胸径≤20cm	目标树经营
	20cm＜胸径＜目标胸径	调整次林层密度，培育潜在目标树
	胸径≥目标胸径	收获性择伐，新一代目标树经营
萌生树	胸径＜5cm	只留1根最健壮的萌条，其他全部去除；如2根萌条均为优质萌条，则保留2根
	胸径≥5cm	只留1根最健壮的萌条，其他全部去除

（2）林下播种或植苗造林

林分天然更新能力不足或无天然更新地块，应补播栎类树种或其他乡土珍贵树种种子，或补植适应能力强、耐瘠薄、幼苗期耐阴的乡土树种或珍贵树种实生苗。

（3）林下幼树抚育

去除影响幼树、幼苗生长的藤蔓、杂灌、刺丛；对幼树进行定株，优先保留乡土、珍贵树种。

（4）收获性择伐和第二轮目标树选择

第一轮目标树经营施工结束后，每隔5～6年，最多不超过10年，再进行新一轮目标树经营施工。在后期每轮的施工过程中,为培育潜在目标树,施工重点是逐步去除主林层中非目标树的树木,给下层林木提供生长空间,同时调整下层林木的树种和密度,为幼树幼苗提供生长空间。通过多轮施工,当目标树的胸径达到目标胸径后,开始对目标树进行收获性择伐;收获性择伐一般分批次进行,也可一次性进行。

(5)恒续林构建

经过4~5代目标树经营,形成以恒续林为培育目标的复层异龄乔林。

5. 示范林

示范林位于随州市曾都区谢家寨林场的邓家老湾分场、厉山分场,面积为73.08 hm²,共12个小班,小班序号分别为2、12、13、16、17、18、19、20、21、23、24和27号。监测样地位于厉山分场。

林分现状:林分由栎类与少量湿地松和马尾松组成,林下有蔷薇、黄荆条、白茅、兰花等灌木及草本植物,植被总覆盖度达到70%~90%。栎类实生树树龄10~25年,胸径8~22cm,平均树高12m,优势高15m;萌生栎类胸径5~15cm,树平均高4m,优势高8m。湿地松树龄15~22年,胸径12~25cm,平均树高9m,优势高12m。如图2-213、图2-214所示。

图 2-213 经营前以萌生树为主的次生林

图 2-214 经营后完成萌生林向实生林转换

(供稿人:汪 洋 湖北生态工程职业技术学院)

2.5.2.2 湿地松人工纯林促进阔叶混交目标树森林经营模式

1. 模式名称

湿地松人工纯林促进阔叶混交目标树森林经营模式。

2. 适用对象

适用于立地条件中等及以上，中近熟林阶段的湿地松人工纯林。

3. 经营目标

经营20年后，培育目标阔叶树（栎类、冬青等）进入主林层后，目标树密度8～10株/亩，平均树龄35年以上，目标胸径30cm以上，目标蓄积量180～250m^3/hm^2。通过前期人工干预促进下层非湿地松树木生长（胸径大于5cm为幼树，小于5cm为幼苗），将林分由针叶纯林转变为多树种阔叶混交林，通过目标树经营实现森林的自然演替，使得林分树种多样和结构合理，逐渐使林分形成高蓄积、高生态效益、可持续经营的栎类、冬青等多树种阔叶复层异龄混交林。

4. 主要经营措施

（1）目标树选择、干扰木伐除

选择长势较好的湿地松作为目标树，密度为8～12株/亩，目标胸径≥35cm。按照目标树经营施工方法伐除影响目标树生长的干扰木、劣质木，给下层林其他树种幼树提供生长空间。

（2）林冠下阔叶树培育

采取穴状抚育的方法去除影响幼树生长的藤蔓、刺丛、灌木并注意保护幼苗。第一次施工后，根据下层幼树和幼苗生长受到的抑制情况，再进行多次施工。一般每隔5～6年，最多不超过10年。加快下层林木的生长以增加树种多样性并促进混交，逐步去除主林层中非目标树的湿地松，给下层幼树提供生长空间，同时对局部过密下层幼树进行密度调整，下层幼树的密度一般控制在80～100株/亩。

（3）构建针阔混交复层异龄林

当下层阔叶林木开始进入主林层后，初步形成混交林，主林层中数量以阔叶树居多，除作为目标树的湿地松外，其他湿地松已经去除，阔叶树木进入快速生长阶段。为培育潜在目标树，对主林层树种结构和树木数量进行调整，主林层的密度一般控制在90～110株/亩，注重幼树幼苗的保护，形成以阔叶树种为主的复层异龄针阔混交林。

（4）收获性择伐和第二轮目标树选择

对达到目标胸径的湿地松目标树进行择伐，收获性择伐一般分批次进行，也可一次性进行。对进入主林层的阔叶树（栎类、冬青等）进行目标树选择，目标树选择密度10～15株/亩，目标胸径45cm以上。按照目标树经营施工方法伐除干扰木、劣质木，注重对下层幼树幼苗生长促进和保护，促进潜在目标树的生长，为可持续经营打好基础。

(5) 恒续林构建

经过4~5代目标树经营,形成以恒续林为培育目标的复层异龄混交林。

5. 示范林

示范林位于钟祥市盘石岭林场梅子铺分场Ⅳ林班02213号小班,面积为20hm^2。树种组成为100%湿地松,平均年龄为20年,林分密度为1075株/hm^2,郁闭度0.75,平均胸径16.8cm,平均高13m,优势高14.2m,天然更新情况较好,主要更新树种为黄檀、君迁子、栎、冬青、黄连木等乡土阔叶树种。主要经营措施为目标树经营、林下幼树幼苗抚育、建立固定监测样地。经营前后效果如图2-215、图2-216所示。

图 2-215　经营前　　　　　　　　图 2-216　经营后

(供稿人:毕全勇　湖北省钟祥市盘石岭林场
　　　　周　瑜　湖北省钟祥市盘石岭林场
　　　　夏宏义　湖北省钟祥市盘石岭林场)

2.5.2.3　日本落叶松促进针阔混交林森林经营模式

1. 模式名称

日本落叶松促进针阔混交林森林经营模式。

2. 适用对象

适用于立地条件中等及以上,日本落叶松近熟纯林。

3. 经营目标

前期目标树选择为日本落叶松,林下补植自身繁育能力强的阔叶树种(马褂木、辛夷等)。根据补植树种的生长及天然更新情况确定间伐周期,经多次抚育间伐,促进目标树和补植阔叶树种生长,阔叶树种(马褂木、辛夷等)进入主林层后,目标树密度8~10株/亩，平均树龄40年以上，胸径45cm以上，目标蓄积量250~350m³/hm²。逐步形成兼顾大中径材生产和生态防护功能的日本落叶松-阔叶树异龄混交林。

4. 主要经营措施

（1）目标树选择、干扰木伐除

选择长势较好的落叶松作为目标树，密度为8~12株/亩，目标胸径≥35cm。按照目标树经营施工方法伐除影响目标树生长的干扰木、劣质木，伐后主林层树木控制在50~90株/亩，郁闭度保持在0.6~0.7，给下层其他补植幼树及天然更新树木提供生长空间。

（2）林冠下阔叶树培育

由于落叶松无自身繁殖更新能力，林冠下需补植阔叶树（马褂木、辛夷等）40~60株/亩，树种选择要求前期耐阴并自身繁育能力强，植苗后3年内采取穴状抚育的方法去除影响幼树生长的藤蔓、刺丛、灌木，注意保护天然更新幼苗。

（3）构建针阔混交林复层异龄林

据补植幼树和天然更新幼苗生长情况，再进行多次抚育。采取小强度多批次施工，一般每隔5~6年，最多不超过10年。施工的目的是为加快下层林木的生长并促进混交。每次施工重点是逐步去除主林层中非目标树的落叶松，给下层幼树提供生长空间。进行多次抚育后，补植树种进入中龄林并在林下出现天然更新的幼树（苗），伐后乔木林密度达到90~110株/亩，形成针阔叶混交的复层异龄林。当补植树木开始进入主林层后，阔叶树木进入快速生长阶段。为培育潜在目标树，对主林层树种结构和树木数量进行调整，主林层的密度一般控制在90~110株/亩，伐除的树木以落叶松为主，注重阔叶幼树幼苗的保护，形成以阔叶树种为主的针阔混交林。

（4）收获性择伐和第二轮目标树选择

对达到目标胸径的落叶松目标树进行择伐，收获性择伐一般分批次进行，也可一次性进行，强度需根据林分郁闭度而定。对进入主林层的阔叶树进行目标树选择，目标树选择密度10~15株/亩，目标胸径45cm以上。按照目标树经营施工方法伐除干扰木、劣质木，注重对下层幼树幼苗生长促进和保护，促进潜在目标树的生长，为可持续经营打好基础。

（5）恒续林构建

经过4~5代目标树经营，形成以恒续林为培育目标的复层异龄混交林。

5. 示范林

位于长林岗林场和高岩子林场，高岩子广坪经营区16林班15小班，面积150亩，经营组织形式为国有林场经营。优势树种为日本落叶松，年龄为25年，平均蓄积量218.8m³/hm²，平均株数60株，平均胸径17.9cm，平均树高18.3m；林分郁闭度0.7，林下植被为山仓子、竹灌、茅草和蕨类等，天然更新能力极差。更新层树种为人工补植的马褂木、辛夷等乡土树种幼苗。如图2-217～图2-220所示。

图 2-217　长岭岗林场日本落叶松经营前　　图 2-218　长岭岗林场日本落叶松经营后

图 2-219　高岩子林场经营后（夏季）　　图 2-220　高岩子林场经营补植补造后（春季）

（供稿人：吴文丰　湖北省林业科学研究院）

2.5.2.4　人工马尾松-阔叶树异龄复层混交林近自然化森林经营模式

1. 模式名称

人工马尾松-阔叶树异龄复层混交林近自然化森林经营模式。

2. 适用对象

适用于立地条件中等，经择伐后处于近熟林阶段的马尾松人工林。

3. 经营目标

近期目标林分为松阔混交复层异龄林。主林层为马尾松，次林层为栎类、冬青、三角枫等乡土阔叶树种，第一轮进行马尾松择伐施工，为次林层提供生长空间。当次林层阔叶树种进入主林层后，进行第二轮目标树选择，目的树种以阔叶树（栎类、冬青等）为主，目标树密度8~12株/亩，目标胸径50cm以上。经过对上层林单株木择伐作业经营，次林层树种结构和密度调整，促进潜在目标树（阔叶树）更新生长，形成远期目标林分（以阔叶树种占优势兼顾木材生产和生态效益的针阔混交复层异龄林）。

4. 主要经营措施

（1）马尾松择伐施工

保留现有生长潜力好的马尾松，按照留优去劣的原则伐除病害木及干扰木，主林层郁闭度保持在0.5左右。

（2）林冠下阔叶树培育

对次林层进行抚育间伐，促进下层阔叶树向主林层生长，当林下出现无天然更新地块，可进行人工补植补造，下层阔叶树密度（栎类、冬青等）保留40~80株/亩，施工注重保护天然更新的幼树（苗）生长发育。第一次施工后，根据次林层树种和天然更新幼树幼苗生长情况，可进行多次施工。一般每隔5~6年施工一次，最多不超过10年。以加快下层林木的生长从而增加树种多样性并促进混交。

（3）构建针阔混交复层异龄林

当下层树木的平均胸径在10cm以上后，可以进行潜在目标树的培育。逐步对主林层中的马尾松进行择伐，为下层林木提供生长空间。选择潜在目标树时，主要去除影响潜在目标树生长的马尾松并对潜在目标树周边幼树进行疏伐，逐步调整树种结构及林分密度，同时为下层天然更新幼树幼苗及补植阔叶树种提供生长空间。次林层树种逐步进入主林层后，逐步去除主林层马尾松，形成阔叶树种占优势的针阔混交复层异龄林。

（4）阔叶树种目标树选择

对进入主林层的阔叶树进行目标树选择，目标树选择密度8~12株/亩，目标胸径50cm以上。按照目标树经营施工方法伐除干扰木、劣质木，注重对下层幼树幼苗生长促进和保护，促进潜在目标树的生长，为可持续经营打好基础。

（5）恒续林构建

经过4~5代目标树经营，形成以恒续林为培育目标的复层异龄混交林。

5. 示范林

位于虎爪山林场洪水岭，马尾松人工林面积73.3hm^2，涉及2个林班5个小班，分别为8林班19、20、23和25小班，11林班6小班。树种组成为8马2阔，马尾松平均树龄58年，平均每公顷株数195株，林分郁闭度为0.8，马尾松平均胸径38cm，平均树高20m，优势树高21.5m，天然更新主要树种为栎树、红果冬青、香樟、枫香等乡土树种，更新密度达到3株/m²以上。

洪水岭马尾松于1965—1967年选用广东高州马尾松优质种源苗木造林，初植株行距为2m×1m。造林后3年内每年割抚3次，4~6年每年割抚2次，7~10年每年割抚1次，10年以后适当进行抚育，第15年开始严格按"砍密留稀、砍小留大、砍劣留优"原则抚育间伐。第一次间伐强度为株数的50%，蓄积量的30%，以后逐次减弱，最近一次抚育间伐时间为2018年。如图2-221、图2-222所示。

图2-221 人工马尾松林经营前

图2-222 人工马尾松林补植经营后

（供稿人：胡兴宜　湖北省林业科学研究院）

2.5.2.5 人工檫木林大径材异龄复层林培育森林经营模式

1. 模式名称

人工檫木林大径材异龄复层林培育森林经营模式。

2. 适用对象

适用于立地条件中等及以上，处于中近熟林阶段的檫木人工防护林。

3. 经营目标

培育目的树种包括檫木、枫香、南酸枣等，先期上层檫木目标树密度10~15株/亩，树龄40年以上，胸径为40cm以上，目标蓄积量150~225m³/hm²。枫香、南酸枣等进入主林层后，目标树密度8～12株/亩，平均树龄60年以上，胸径45cm以上，目标蓄积量250～300m³/hm²。经单株木择伐作业经营，促进潜在目标树更新生长，形成以培育乡土树种大径材的檫木－阔叶树异龄复层混交林。

4. 主要经营措施

（1）目标树选择、干扰木伐除

把现有生长潜力好的檫木保留，每亩选择8～12株檫木作为目标树，按照留优去劣的原则伐除病害木及干扰木，上层保留部分非目标树檫木，主林层郁闭度保持在0.5左右。

（2）林冠下阔叶树培育

选择南酸枣、枫香等为补植补造树种，补植密度为40～80株/亩，树种选择要求前期耐阴且自身繁育能力强，植苗后3年内采取穴状抚育的方法去除影响幼树生长的藤蔓、刺丛、灌木，注意保护天然更新幼苗。

（3）构建阔叶混交复层异龄林

依据补植幼树和天然更新幼苗生长情况，进行多次抚育。采取小强度多批次施工，一般每隔5～6年，最多不超过10年。施工的目的是为加快补植树木的生长并促进混交。每次施工重点是逐步去除主林层中非目标树的檫木，给下层幼树提供生长空间。进行多次抚育后，补植树种进入中龄林并在林下出现天然更新的幼树（苗），伐后乔木林密度达到90～110株/亩以上，形成阔叶混交的复层异龄林。

（4）潜在目标树培育

当补植树木开始进入主林层后，阔叶树木进入快速生长阶段。为培育潜在目标树，对主林层树种结构和树木数量进行调整，主林层的密度一般控制在90～110株/亩，伐除的树木以非目标树檫木为主，注重阔叶幼树幼苗的保护，形成阔叶混交林。

（5）收获性择伐和第二轮目标树选择

对达到目标胸径的檫木目标树进行择伐，收获性择伐一般分批次进行，也可一次性进行，强度需根据林分郁闭度而定，保留部分檫木。对进入主林层的阔叶树进行第二轮目标树选择，目标树选择密度8～12株/亩，目标胸径45cm以上。按照目标树经营施工方法伐除干扰木、劣质木，注重对下层幼树幼苗生长促进和保护，促进潜在目标树的生长，为可持续经营打好基础。

（6）恒续林构建

经过4～5代目标树经营，形成以恒续林为培育目标的复层异龄混交林。

5. 示范林

位于国有通山县大幕山林场大屋张片区的1林班00102和00064小班，面积20hm²，经营组织形式为国有林场经营。林分现状为2006年营造的人工檫木林,林龄18年,龄组中龄林,树种组成为8檫2杉,现有蓄积量190.7m³/hm²,每亩平均株数87株,平均胸径19.7cm,平均树高17m,优势木高18.5m,林分郁闭度0.8,优势树种为檫木。林分前身为人工杉木林,2005年达到成熟林后开展皆伐更新,经2006年实施更新造林,造林树种为檫木,经抚育管护,人工促进天然更新,杉木伐后天然萌生,最终形成主林层为檫木、次林层为杉木的复层林。如图2-223、图2-224所示。

图 2-223 人工檫木林经营前

图 2-224 人工檫木林经营后

(供稿人:陈 云 湖北省林业局)

2.5.2.6 杉木人工退化林近自然化针阔混交林改造模式

1. 模式名称

杉木人工退化林近自然化针阔混交林改造模式。

2. 适用对象

适用于湖北省杉木栽培区处于中近熟林阶段的杉木人工退化林,立地条件中等及以上。

3. 经营目标

形成生态防护兼顾用材培育的多树种针阔混交林。近期目标林分为人工杉阔复层混交林。主林层为杉木,次林层为樟树、栎类等乡土珍贵阔叶树种,先期上层杉木目标树密度10~15株/亩,目标胸径为40cm以上,目标蓄积量12~15m³/亩。补植补造阔叶树(樟树、栎类等)进入主林层后,目标树以阔叶树为主,密度为8~12株/亩,目标胸径45cm以上,目标蓄积量225~300m³/hm²。经过杉木单株择伐作业经营,补植阔叶树种,利用其进行自身繁育幼苗更新,促进树种多样化,采伐利用杉木以后形成以樟树、栎类等乡土树种占优势的异龄复层珍贵阔叶树种混交林。

4. 主要经营措施

（1）目标树选择、干扰木伐除

每亩选择10～15株杉木作为目标树，按照留优去劣的原则伐除病害木及干扰木，上层保留部分非目标树杉木，主林层郁闭度保持在0.5以上。

（2）林冠下阔叶树培育

根据林下天然更新情况，当第一次择伐后，主林层乔木和天然更新幼树幼苗密度小于100株/亩时，选择栎类、木荷、樟树等乡土树种进行补植补造，树种选择要求前期耐阴且自身繁育能力强。

（3）构建针阔混交复层异龄林

植苗后采取每年1～2次穴状抚育，去除影响幼树生长的藤蔓、刺丛、灌木，注意保护天然更新幼苗。对主林层杉木采取小强度多批次抚育间伐，一般间隔5～6年，最多不超过10年，加快林下阔叶幼树幼苗的生长并促进混交。每次施工重点是逐步去除主林层中非目标树的杉木，同时对次林层密度进行调整，培育潜在目标树并为幼树、幼苗提供生长空间。进行4～5轮（20～25年）抚育间伐后，补植树种进入中龄林并在林下出现天然更新的幼树（苗），此时乔木林密度保持在90～110株/亩以上，形成主林层以杉木为主、次林层以阔叶树为主的可正常天然更新的针阔混交复层异龄林。

（4）收获性择伐和第二轮目标树选择

对达到目标胸径的杉木目标树进行择伐，收获性择伐一般分批次进行，也可一次性进行。对进入主林层的阔叶树进行第二轮目标树选择，目标树选择密度8～12株/亩，目标胸径45cm以上。按照目标树经营施工方法伐除干扰木、劣质木，注重对下层幼树幼苗生长促进和保护，促进潜在目标树的生长，为可持续经营打好基础。

（5）恒续林构建

经过多代目标树经营，形成可自然演替的复层异龄混交恒续林。

5. 示范林

位于虎爪山国有林场渗水洼至马鬃岭一带，杉木人工林面积113.3hm^2，平均树龄29年，现有蓄积量206.7m^3/hm^2，平均胸径19.7cm，平均树高16.2m，林分郁闭度为0.8，林分生长退化。林场按照可持续森林经营试点要求，对该退化林分进行近自然阔叶化改造，首先进行抚育间伐，将郁闭度由0.8降至0.5，其次对部分林分地块补植了栎树、木荷等阔叶树种，并对补植树种进行穴状割抚（2次/年）。按照杉木-阔叶异龄混交林的改造目标进行了经营。如图2-225、图2-226所示。

图 2-225　人工杉木林经营前
（退化杉木为主）

图 2-226　人工杉木林间伐＋补植经营后（主林层为杉木，次林层为阔叶树）

（供稿人：张荣洋　湖北省京山市虎爪山林场）

2.5.2.7　泡桐人工林大径材培育促进混交森林经营模式

1. 模式名称

泡桐人工林大径材培育促进混交森林经营模式。

2. 适用对象

适用于立地条件较好、目前林木长势良好、处于中龄林以上以用材林培育为主导功能的泡桐人工林。

3. 经营目标

以大径材培育为主导功能，兼具景观提升和生态保护功能。

4. 目标林分

近期（15年内）目标林分为人工阔叶复层混交林，主林层培育泡桐大径材，目标胸径50cm以上，目标树为下层更新幼树前期生长提供庇护，次林层为楠木等珍贵树种，平均胸径15cm以上。长远目标林分（采伐利用泡桐后继续培育45年）为以楠木为主的珍贵树种复层林，目标胸径50cm以上，每亩蓄积量25m³以上。

5. 主要经营措施

分次伐除现有林分中达到目标胸径的上层林木，保留主林层泡桐密度20株/亩左右（均匀分布）。

（1）林冠下阔叶树培育

每亩补植楠木、红豆杉等珍贵幼树70～100株；适时对幼树进行扩穴培土、修枝整形等，并对影响珍贵林木生长的灌木、藤本或非目的树种进行透光抚育。

（2）构建阔叶混交复层异龄林

下层更新的林木树龄16～30年，更新层因密度过大影响林木生长时，对更新层林木进行2次疏伐，第一次疏伐后每亩保留50～60株，第二次疏伐后每亩保留35～40株，每次疏伐作业时都要注意保护林下天然更新的楠木、红豆杉木等幼苗。

（3）第二轮目标树选择

31～60年在林木分化比较明显时对更新层林木进行目标树选择，目标树间距约5m，每亩保留30株左右，伐除影响目标树生长的干扰木，同时在林下有目的地选择生长良好、分布相对均匀的珍贵树种幼苗作为潜在目标树。

（4）恒续林阶段

下层更新的楠木等目标树达到目标胸径后进行伐除利用，选留天然更新良好的目的树种（天然更新不能满足要求时通过补植）形成下一轮的更新层，从而形成以楠木、红豆杉等珍贵树种为主的具有主林层、次林层、更新层等丰富结构的林分。逐步伐除达到目标胸径的主林层林木，周而复始形成恒续林。

6. 示范林

位于仙女林场东马管护站鸡笼口片区43林班39、81和85小班，面积20hm²，人工泡桐林大径材复层林。经营形式为国有林场经营。现有蓄积量111m³/hm²，每亩株数15株，平均胸径32cm，平均树高

图2-227 泡桐林经营前

图2-228 泡桐林经营后

14m，林分郁闭度0.5。优势树种为泡桐，更新层树种为楠木、红豆杉等珍贵树种。如图2-227、图2-228所示。

（供稿人：孙宪猛　湖北省国有林场工作站
　　　　　孙林山　湖北省太子山林管局）

2.5.3 湖南省

2.5.3.1 杉木–闽楠异龄复层混交林择伐经营模式

1. 模式名称

杉木–闽楠异龄复层混交林择伐经营模式。

2. 适用对象

适用于立地指数16以上、林龄15～20年、海拔400m以下的杉木人工纯林。

3. 经营目标

主导功能为商品大径材生产和生态防护。

4. 目标林分

杉木–闽楠异龄复层混交林。目的树种有杉木、闽楠等，先期上层杉木目标树密度200～300株/hm², 树龄40年以上，胸径为35cm以上，目标蓄积量150～250m³/hm²。阔叶树（闽楠等）进入主林层后，目标树密度100～150株/hm²，平均树龄60年以上，胸径45cm以上，目标蓄积量250～350m³/hm²。经单株木择伐作业经营，促进潜在目标树（阔叶树种）更新生长，形成杉木–阔叶异龄混交林。

5. 全周期主要经营措施

如表2-31所示。

表2-31 全周期主要经营措施

阶段	经营措施
介入状态：杉木间伐和闽楠补植期	选择适宜杉木林分，在更新造林的前一年对杉木人工林进行抚育间伐，按照留优去劣的原则伐除非目的树种、干形不良木及霸王木等，进行林下清理及部分林木修枝，保留750～1050株/hm²，上层保留木郁闭度保持在0.5左右，注意保留天然更新的幼树（苗）。林冠下补植闽楠约1500株/hm²，使用I级苗木，穴垦整地，整地规格50cm×50cm×40cm，挖穴时要捡出石块、树根、树枝、杂草等杂物，做到表土还穴。植苗，补植时间为间伐后次年春季，选择雨后阴天或细雨天造林。补植前对苗木采取施用生根粉、修剪枝叶等措施处理，提高补植苗木成活率。连续抚育5年培蔸抚育，前两年每年抚育3次，后3年每年抚育2次。培蔸抚育要求以植株为中心，清除1m直径范围内的杂草杂灌，培蔸除萌，覆盖保墒，确保苗木生长，同时注重保留天然更新的阔叶目的树种

（续表）

阶段	经营措施
竞争生长阶段：结构调整期	下层更新林木树龄20年以上，进入快速生长阶段。当下层林木生长受到抑制时，对上层进行透光伐2～3次，改善光照条件，增加营养空间，伐后上层郁闭度不低于0.5。对更新层林木进行疏伐，逐步调整树种结构，阔叶树种占比不低于60%
质量选择阶段：上层木择伐期	下层更新林木树龄30年以上，进入径向生长阶段，逐步进入主林层，形成以阔叶树为主的复层异龄林。对部分胸径达到35cm的林木进行择伐，强度不超过前期目标树的35%，间隔期小于5年。确定先期更新层目标树100～150株/hm^2，对更新林木进行疏伐，密度450～650株/hm^2
收获阶段：主林层择伐期	主林层达到培育目标后采取持续单株木择伐。择伐后对下层以天然更新为主，人工辅助促进闽楠等目的树种更新，实现杉木－阔叶树恒续覆盖

6. 示范林

位于金洞林场金洞分场鱼窝湾，面积320亩，经营组织形式为国有林场经营。现有蓄积量400m^3/hm^2，平均密度30株/亩，平均胸径38.6cm，平均树高18m，林分郁闭度0.6。主林层优势树种为杉木层，于1984年营造，更新层树种为香樟、木荷等乡土树种，以及人工补植的闽楠等幼苗，于2012年营造，平均胸径12cm，平均树高10m，平均密度100株/亩。如图2-229、图2-230所示。

图2-229 常规经营的杉木人工林

图2-230 大径材择伐近自然经营的杉木人工林

（供稿人：唐　涛　中南林业科技大学
　　　　　邓远见　湖南省永州市金洞林场）

2.5.3.2 闽楠人工林大径材抚育性渐伐经营模式

1. 模式名称

闽楠人工林大径材抚育性渐伐经营模式。

2. 适用对象

适用于立地指数16以上、交通便利、海拔400m以下的闽楠人工林。

3. 经营目标

以生产闽楠大径材为主要目标，兼顾生态防护。

4. 目标林分

主林层目的树种比例为闽楠60%以上，木荷、香樟、阿丁枫等树种20%~30%，其他天然更新树种10%；林下均匀分布有闽楠、木荷等下木和层间木。目的树种包括闽楠、木荷等，目标树密度450~600株/hm²，平均树龄60年以上，胸径50cm以上，目标蓄积量350~450m³/hm²。经单株木择伐作业经营，促进潜在目标树（阔叶树种）更新生长，形成阔叶异龄复层混交林。

5. 全周期主要经营措施

如表2-32所示。

表2-32 全周期主要经营措施

阶段	经营措施
介入状态：林木分化期	当幼林自然整枝达1/3且分化明显或郁闭度0.8以上、林龄6~8年，进行第一次间伐；间伐时，选择平均胸径较大、干形通直、无损伤等有培育前途的林木作为目标树，木荷、枫香、樟、楠等阔叶树种为特殊目标树，干扰目标树生长的为干扰树，其他为一般林木。按照"砍小留大、砍密留稀、砍劣留优"的原则，伐除干扰目标树生长的藤、灌、草及目标树周围的1~2株干扰树，适当保留干形通直、长势良好的香樟、楠木、木荷、枫香、槠栲等特殊目标树。砍掉弱、小、病、残植株和四周没有间隙的林木，不留双生茇。间伐后，目标树生长健壮、分布均匀、胸径一致，至少一边见光，不开"天窗"，保证林间空隙占林地的30%~40%，即郁闭度0.6~0.7
竞争生长阶段：结构调整期	林分初植密度为166株/亩，6年郁闭后，采取抚育间伐的时间主要依据林木分化程度，一般为自然整枝1/3以上，间伐间隔期至少5年，林木分化明显时进行抚育性渐伐作业。林木明显分化后，林分株数根据间伐次数和立地质量确定，第一、二、三次间伐后每亩目标树及预留目标树保留株数分别为130~150株、100~120株、60~80株较好
质量选择阶段：林分稳定期	当目标树生长达到预期目标，实行群团状择伐作业或目标树单株择伐作业，并对林间空地补植珍贵树种。确定先期目标树300~450株/hm²

（续表）

阶段	经营措施
收获阶段：主林层择伐期	主林层达到培育目标后采取持续单株木择伐。择伐后对下层以天然更新为主，人工辅助促进闽楠等目的树种更新，实现阔叶树自然更新

6. 示范林

位于小金洞分场电话皂，面积108亩，人工闽楠林。经营组织形式为国有林场经营。现有蓄积量35m³/hm²，平均密度120株/亩，平均胸径10cm，平均树高6m，林分郁闭度0.6。优势树种为闽楠。如图2-231、图2-232所示。

图 2-231 闽楠幼龄林

图 2-232 闽楠中龄林

（供稿人：邓远见　湖南省永州市金洞林场
　　　　　黄齐胜　湖南省永州市金洞林场）

2.5.3.3 马尾松或杉木景观林近自然经营模式

1. 模式名称

马尾松或杉木景观林近自然经营模式。

2. 适用对象

适用于亚热带地区，海拔300m以下，具有景观价值的地点，因冰雪灾害或其他原因造成的马尾松或杉木残次林。

3. 经营目标

主导功能为森林景观欣赏，兼顾生态服务功能。

4. 目标林分

混交复层林，树种组成为3楠3木荷2樟2松，伴生枫香、鹅掌楸、桂花、檫木等阔叶树种，目标树密度160～190株/hm²，蓄积量为200～250m³/hm²，60年目标直径45cm。经单株木择伐作业经营，促进潜在目标树（阔叶树种）更新生长，形成异龄复层混交林。

5. 全周期主要经营措施

如表2-33所示。

表2-33 全周期主要经营措施

阶段	经营措施
介入状态：因冰雪灾害而形成的残次林阶段	对因冰雪灾害或其他原因造成的残次林进行清理，挖大穴，穴规格40cm×40cm×30cm，每亩补植100株2～3年生以上闽楠、木荷等阔叶树种，连续抚育4～5年，前两年每年抚育3次，后两年每年抚育2次
竞争生长阶段：结构调整期	此阶段先锋树种生长迅速，林分开始郁闭，林分透光性较弱，林下更新树种较少。人工补植枫香、鸡爪槭等有果色、叶色或花色的乡土树种。依据更新树种对光照、土壤和生物学特性的要求，采取点状种植或孤植配置的方法进行林下树种的补种，以突出树木的个体美
林分稳定阶段	每10年根据林相情况，进行1～2次定株间伐，保留有景观效果的弯曲木，伐除枯木、枯枝和密度大的下层木，对林下杂乱的林分应修枝割灌。培育目标是恢复成复层、异龄、多树种、景观效果好的混交林
收获阶段	当目标树达到成熟阶段，采取单株或团状择伐作业方法收获木材，并及时进行补植

6. 示范林

位于金洞分场乌龟石，面积160亩，树种组成为3楠3木荷2樟2松，混生树种有山苍子、桂花树、枫香等，平均胸径为14.2cm，平均树高为12.1m，密度为1850株/hm²。林木现处于竞争生长阶段。如图2-233、图2-234所示。

图2-233 景观林近自然经营前林相

图 2-234 景观林近自然经营后林相

（供稿人：石明波　湖南省永州市金洞林场
　　　　　张　文　湖南省永州市金洞林场）

2.5.3.4　杉木大径材择伐经营模式

1. 模式名称

杉木大径材择伐经营模式。

2. 适用对象

适用于海拔500m以下、立地指数16以上的林地。

3. 经营目标

以大径材为主兼顾生态效益。

4. 目标林分

杉木纯林，林分密度为300~400株/hm²，40年平均目标直径35cm以上，蓄积量为300~350m³/hm²。

5. 全周期主要经营措施

如表2-34所示。

表2-34　全周期主要经营措施

阶段	经营措施
介入状态：林木分化期	当林分充分郁闭、林木分化明显、被压木占全林的1/3、生长量下降，或幼林自然整枝达1/3且分化明显，或郁闭度0.8以上，林龄6~8年，进行抚育间伐，强度为60~90株/亩，每公顷保留1050~1500株，主要解决密度过大造成过分竞争的问题

（续表）

阶段	经营措施
竞争生长阶段：保留优势树	分别在18～20年、23～25年进行两次抚育间伐促进优势个体生长，提高林木质量，每公顷保留300～400株，培育杉木大径材。间伐后及时将树枝、树梢、灌木、杂草清理，在林中空地补植闽楠等珍贵树种，保留林地中有培育前途的阔叶树种，对保留的培育木进行修枝
收获阶段	对达到目标直径的林分，采用择伐作业，对采伐的迹地补植闽楠等珍贵阔叶树种，保留萌芽更新粗壮的杉苗，培育第二代针阔混交林

6. 示范林

位于小金洞分场桐车湾家险皂，总面积600亩，平均胸径为18cm，平均树高为12m，密度为850株/hm^2，蓄积量为180m^3/hm^2。根据样地调查结果，目前处于质量选择阶段。如图2-235～图2-237所示。

图2-235 抚育间伐前的杉木人工林　　图2-236 杉木大径材第一次抚育间伐

图2-237 杉木大径材第二次抚育间伐

（供稿人：黄齐胜　湖南省永州市金洞林场
　　　　　邓远见　湖南省永州市金洞林场）

2.5.3.5 人工杉木林大径材复层林择伐经营模式

1. 模式名称

人工杉木林大径材复层林择伐经营模式。

2. 适用对象

适用于立地条件中等及以上，中龄林、近熟林阶段的杉木人工商品林。

3. 经营目标

主导功能为珍贵大径材生产，兼顾生态防护。

4. 目标林分

杉木-阔叶异龄混交林。目的树种包括杉木、枫香、红桦、赤皮青冈、闽楠等，先期上层杉木目标树密度135～165株/hm²，树龄40年以上，胸径为35cm以上，目标蓄积量150～250m³/hm²。阔叶树（闽楠等）进入主林层后，目标树密度100～150株/hm²，平均树龄60年以上，胸径45cm以上，目标蓄积量250～350m³/hm²。经单株木择伐作业经营，促进潜在目标树（阔叶树种）更新生长，形成杉木-阔叶异龄混交林。

5. 全周期主要经营措施

（1）介入状态：林下更新层形成期

① 在冠下更新造林的前一年对杉木人工林进行综合抚育，按照留优去劣的原则伐除非目的树种、干形不良木及霸王木等，进行林下清理及目标树和部分其他保留林木修枝，上层保留木郁闭度保持在0.5～0.6，注意保留天然更新的幼树（苗）。

② 林冠下补植阔叶树（赤皮青冈、闽楠等）300～450株/hm²，栽后连续3年根据林下植被状况科学安排培蔸抚育或采用带状和穴状割灌除草，每年2次，分别为每年的5月、9月，注重保留天然更新的阔叶目的树种。

③ 更新层达到10年生后，进行第一次透光伐（或生长伐），郁闭度控制在0.5～0.6（生长伐强度控制在伐前林木蓄积量的25%以内，伐后确定上层木目标树200～300株/hm²），进行必要的修枝作业，抚育后阔叶树幼树上方及侧方有1.5m以上的生长空间。

当下层更新幼树生长再受到抑制时，再次对上层林木进行透光伐（或生长伐），伐后上层郁闭度不低于0.5。

（2）竞争生长阶段：结构调整期

① 下层更新林木树龄20年以上，进入快速生长阶段。当下层林木生长受到抑制时，对上层进行透光伐2～3次，改善光照条件，增加营养空间，伐后上层郁闭度不低于0.5。

② 对更新层林木进行疏伐，逐步调整树种结构，阔叶树种占比不低于60%。

（3）质量选择阶段：上层木择伐期

① 下层更新林木树龄30年以上，进入径向生长阶段，逐步进入主林层，形成以阔

叶树为主的复层异龄林。

② 对部分胸径达到35cm的林木（杉木）进行择伐，强度不超过前期目标树的35%，间隔期小于5年。

③ 确定先期更新层目标树100~150株/hm²，对更新林木进行疏伐，密度450~650株/hm²。

（4）收获阶段：主林层择伐期

① 主林层60年以上达到培育目标后采取持续单株木择伐。

② 择伐后对下层以天然更新为主，人工辅助促进闽楠等目的树种更新，实现杉木－阔叶树恒续覆盖。

6. 示范林

（1）炎陵县青石冈国有林场五里排分场炎山水库工区

面积320亩，人工杉木林。经营组织形式为国有林场经营。现有蓄积量127.5m³/hm²，每亩平均株数72株，平均胸径15.2cm，平均树高11.5m，林分郁闭度0.6。优势树种为杉木。更新层为枫香、木荷等乡土树种，以及人工补植的闽楠、赤皮青冈等幼苗幼树。如图2-238、图2-239所示。

图2-238　常规经营的杉木人工林

图2-239　大径材择伐近自然经营的人工林

（2）炎陵县青石冈国有林场木湾分场竹山坝工区

面积550亩，人工杉木林。经营组织形式为国有林场经营。现有蓄积量247.5m³/hm²，每亩平均株数55株，平均胸径22.3cm，平均树高14.5m，林分郁闭度0.6。优势树种为杉木。更新层为闽楠、红榉、红豆树、赤皮青冈等幼树。如图2-240、图2-241所示。

图 2-240　常规经营的杉木人工林

图 2-241　大径材择伐近自然经营的人工林

（供稿人：易　烜　湖南省青羊湖国有林场
　　　　　陈少波　湖南省青羊湖国有林场
　　　　　朱光玉　中南林业科技大学
　　　　　刘振华　湖南省林业科学院）

2.5.3.6　天然阔叶林大径材复层异龄林择伐经营模式

1. 模式名称

天然阔叶林大径材复层异龄林择伐经营模式。

2. 适用对象

适用于立地条件中等及以上、近熟林阶段的天然次生阔叶林防护林。

3. 经营目标

主导功能为珍贵大径材生产、兼顾水源涵养的生态防护林。

4. 目标林分

甜槠、木荷、青冈－阔叶异龄混交林。目的树种包括甜槠、木荷、青冈等，先期上层阔叶树目标树密度135~165株/hm², 树龄40年以上，胸径为35cm以上，目标蓄积量150~250m³/hm²。阔叶树（闽楠、青冈等）进入主林层后，目标树密度100~150株/hm², 平均树龄60年以上，胸径45cm以上，目标蓄积量250~350m³/hm²。经单株木择伐作业经营，促进潜在目标树（阔叶树种）更新生长，形成甜槠、木荷、青冈－阔叶异龄混交林。

5. 全周期主要经营措施

（1）林下更新层形成期

① 在林分改造的当年对天然次生阔叶林进行综合抚育，按照留优去劣的原则伐除干形不良木、断梢木、枯死木和拟赤杨、泡桐等非目的树种，进行林下清理及目标树和部分其他保留林木修枝，上层保留木郁闭度保持在0.5~0.6，注意保留天然更新的幼树（苗），保留密度2.5m×3.0m左右，多余的伐除。

② 林窗内补植青冈、闽楠等珍贵乡土阔叶树，株行距3m×3m（含天然更新的幼苗幼树），栽后3年内根据林下植被状况科学安排培蔸抚育或采用带状和穴状割灌除草3~5次，注重保留天然更新的目的树种。

③ 更新层达到10年生后，进行第一次透光伐（或生长伐），郁闭度控制在0.5~0.6（生长伐强度控制在伐前林木蓄积量的25%以内，伐后确定上层木目标树200~300株/hm²），进行必要的修枝作业，抚育后幼树上方及侧方有1.5m以上的生长空间。

当下层更新幼树生长再受到抑制时，再次对上层林木进行透光伐（或生长伐），伐后上层郁闭度不低于0.5。

（2）竞争生长阶段：结构调整期

① 下层更新林木树龄20年以上，进入快速生长阶段。当下层林木生长受到抑制时，对上层进行透光伐2~3次，改善光照条件，增加营养空间，伐后上层郁闭度不低于0.5。

② 对更新层林木进行疏伐，逐步调整树种结构，目的树种占比不低于60%。

（3）质量选择阶段：上层木择伐期

① 下层更新林木树龄30年以上，进入径向生长阶段，逐步进入主林层，形成复层异龄混交林。

② 对部分胸径达到35cm的林木进行择伐，强度不超过前期目标树的35%，间隔期小于5年。

③ 确定先期更新层目标树100～150株/hm²，对更新林木进行疏伐，密度450～650株/hm²。

（4）收获阶段：主林层择伐期

① 主林层达到培育目标后采取持续单株木择伐。

② 择伐后对下层以天然更新为主，人工辅助促进闽楠、青冈等目的树种更新，实现珍贵乡土阔叶树恒续覆盖。

6. 示范林

位于炎陵县青石冈国有林场水口山分场水龙沟工区，面积350亩，天然次生阔叶林。经营组织形式为国有林场经营。现有蓄积量163.5m³/hm²，主林层每亩平均株数74株，平均胸径18.2cm，平均树高12.5m，林分郁闭度0.6。优势树种为甜槠。更新层为木荷、细叶青冈等乡土树种。如图2-242、图2-243所示。

图 2-242　常规经营的天然次生阔叶林

图 2-243　大径材择伐近自然经营的天然次生阔叶林

（供稿人：易　烜　湖南省青羊湖国有林场
　　　　　陈少波　湖南省青羊湖国有林场
　　　　　朱光玉　中南林业科技大学
　　　　　刘振华　湖南省林业科学院）

2.5.3.7 人工杉木珍稀树种大径材异龄复层林经营模式

1. 模式名称

人工杉木珍稀树种大径材异龄复层林经营模式。

2. 适用对象

适用于立地条件中等及以上、近熟林阶段的杉木人工商品林。

3. 经营目标

主导功能为珍贵大径材生产，兼顾生态防护。

4. 目标林分

杉木－阔叶树异龄混交林。目的树种包括杉木、栎类、花榈木、楠木等，先期上层杉木目标树密度300～450株/hm^2，树龄40年以上，胸径为35cm以上，目标蓄积量200～300m^3/hm^2。阔叶树（栎类、闽楠等）进入主林层后，目标树密度200～300株/hm^2，平均树龄60年以上，胸径45cm以上，目标蓄积量250～350m^3/hm^2。经单株木择伐作业经营，促进潜在目标树（阔叶树种）更新生长，形成杉木－阔叶树异龄混交林。

5. 全周期主要经营措施

（1）介入状态：林下更新层形成期

① 在冠下更新造林的前一年对杉木人工林进行综合抚育，按照留优去劣的原则伐除非目的树种、干形不良木及霸王木等，进行林下清场及部分林木修枝，上层保留木郁闭度保持在0.4～0.6，注意保留天然的幼树（苗）。

② 林冠下补植阔叶树（栎类、花榈木、闽楠等）750～1000株/hm^2，栽后5年内采用带状或穴状适度开展割灌除草3～5次，注重保留天然更新的阔叶目的树种。

③ 更新层达到10年生后，进行第一次透光伐（或生长伐），郁闭度控制在0.5～0.6（生长伐强度控制在伐前林木蓄积量的25%以内，伐后确定上层木目标树200～300株/hm^2），进行必要的修枝作业，抚育后阔叶树幼树上方及侧方有1.5m以上的生长空间。当下层更新幼树生长再受到抑制时，再次对上层林木进行透光伐（或生长伐），伐后上层郁闭度不低于0.5。

（2）竞争生长阶段：结构调整期

① 下层更新林木树龄20年以上，进入快速生长阶段。当下层林木生长受到抑制时，对上层进行透光伐2～3次，改善光照条件，增加营养空间，伐后上层郁闭度不低于0.5。

② 对更新层林木进行疏伐，逐步调整树种结构，阔叶树种占比不低于60%。

（3）质量选择阶段：上层木择伐期

① 下层更新林木树龄30年以上，进入径向生长阶段，逐步进入主林层，形成以阔

叶树为主的复层异龄林。

② 对部分胸径达到35cm的林木进行择伐，强度不超过前期目标树的35%，间隔期小于5年。

③ 确定先期更新层目标树100～150株/hm²，对更新林木进行疏伐，密度450～650株/hm²。

（4）收获阶段：主林层择伐期

① 主林层40年以上，达到培育目标后采取持续单株木择伐。

② 择伐后对下层以天然更新为主，人工辅助促进闽楠等目的树种更新，实现杉木－阔叶树恒续覆盖。

6. 示范林

位于湖南省青羊湖国有林场青羊湖片区，面积200亩，人工杉木林。经营组织形式为国有林场经营。现有蓄积量225m³/hm²，每亩平均株数43株，平均胸径28.4cm，平均树高19m，林分郁闭度0.6。优势树种为杉木。更新层为栲等乡土树种，以及人工补植的栎类、花榈木、闽南等幼苗。如图2-244～图2-246所示。

图 2-244　人工杉木林1

图 2-245　人工杉木林2

图 2-246　人工杉木林 3

（供稿人：易　烜　湖南省青羊湖国有林场

朱光玉　中南林业科技大学）

2.5.3.8　杉木纯林近自然改造经营模式

1．模式名称

杉木纯林近自然改造经营模式。

2．适用对象

适用于南方低山丘陵区的人工杉木林和杉木次生林。

3．经营目标

以大径材培育为主导目标，兼顾生态防护功能的发挥。在定向培育杉木大径级材种的同时，改良土壤肥力，改善林分结构，培育闽楠、青冈等珍贵阔叶树种为下一代大径材林。

4．目标林分

杉木－闽楠、青冈复层混交林，目的树种包括杉木、闽楠、青冈等，杉木占40%～50%，闽楠、青冈等阔叶树占50%～60%。杉木目标直径45m，阔叶树目标直径55cm，目标树密度120～150株/hm^2，蓄积量520m^3/hm^{2}以上。培育年限为50～60年。

5．全周期经营措施表或主要经营措施

（1）中龄阶段的杉木次生林

对于杉木萌芽形成的次生中龄林（11～13年），进行疏伐作业，按照"三采三留"的方式降低林分密度至1000～1200株/hm^2，同时林下补植闽楠、青冈等早期耐阴的乡土珍贵树种，套种密度500～700株/hm^2。对补植树种进行必要的管护和周围灌藤清理。

随着杉木林龄的增长及立木之间竞争强度的增加，至杉木近成熟林发育阶段时，采用生长伐，选择目标树（优势木）、采伐干扰树，降低杉木密度至500~550株/hm²，采伐作业注意控制倒向，尽量减少对林下补植树种的影响。

30年杉木进入成熟林阶段后，杉木大径材明显增加，补植乡土树种逐渐进入次林层，继续对前期选择的目标树进行定向培育直至达到目标直径后择伐。影响目标树生长的干扰树或其他杉木非目标树，在经营中可根据阔叶树的生长情况适时采伐，为次林层阔叶树释放生长空间，培育异龄复层混交林。

（2）近（成）熟阶段的杉木人工林

对于第一代杉木人工林近（成）熟林，杉木林间伐后保留密度降低至750~850株/hm²，套种闽楠、青冈等早期耐阴的乡土珍贵树种600~900株/hm²，套种后两年每年抚育两次，第三年抚育一次。

随着杉木林龄的增长及立木之间竞争强度的增加，至杉木过熟林时（≥35年），进行目标树经营，选择主林层杉木目标树150株/hm²，对影响其生长的干扰树进行采伐，伐后杉木保留密度为400~500株/hm²。

图2-247 常规经营的杉木人工林

按照5年一个间隔期持续对主林层杉木开展生长伐，为了释放下层阔叶树生长空间同步开展透光伐，50~60年对达到目标直径的杉木目标

图2-248 杉木次生林中龄阶段引入阔叶树种后的林相

树进行择伐作业，培育异龄复层混交林。

6. 示范林

位于湖南省浏阳湖林场连云山分场，杉阔复层异龄林。经营组织形式为国有林场经营。如图2-247~图2-249所示。

图 2-249　杉木人工林近（成）熟阶段引入阔叶树种后的林相

（供稿人：张雄清　中国林业科学研究院林业研究所）

2.5.3.9　杉木闽楠南方红豆杉异龄复层混交林经营模式

1. 模式名称

杉木闽楠南方红豆杉异龄复层混交林经营模式。

2. 适用对象

适用于立地条件中等及以上、中龄林阶段的杉木人工商品林。

3. 经营目标

主导功能为杉木和珍贵树种大径材生产，兼顾生态功能。

4. 目标林分

杉木－南方红豆杉－闽楠异龄混交林。目的树种包括杉木、南方红豆杉和闽楠。上层杉木目标树密度200～300株/hm^2，树龄40年以上，胸径为35cm以上，目标蓄积量150～250m^3/hm^2。闽楠进入主林层后，目标树密度90～120株/hm^2，平均树龄50年以上，胸径40cm以上，目标蓄积量110～150m^3/hm^2。闽楠目标树择伐后南方红豆杉进入主林层后，目标树密度90～120株/hm^2，平均树龄60年以上，胸径35cm以上，目标蓄积量90～120m^3/hm^2。经单株木择伐作业经营，促进潜在闽楠更新生长，形成杉木－南方红豆杉－闽楠异龄混交林。

5. 全周期主要经营措施

（1）介入状态：林下更新层形成期

① 在冠下更新造林的前一年对杉木人工林进行综合抚育，按照留优去劣的原则伐除非目的树种、干形不良木及霸王木等，进行林下清场及部分林木修枝，上层保留木郁闭度保持在0.5～0.6，注意保留天然的幼树（苗）。

② 林冠下补植闽楠600株/hm²，南方红豆杉300株/hm²，栽后3年内每年采用培兜抚育2次，时间为每年的5月、9月，只清除影响幼树和幼苗生长的杂灌和泡桐等速生树种，注重保留天然更新的阔叶目的树种。

③ 更新层达到8年生后，进行第一次透光伐（或生长伐），郁闭度控制在0.5～0.6（生长伐强度控制在伐前林木蓄积量的25%以内，伐后确定上层木目标树200～300株/hm²），对上层杉木目标树和补植的闽楠和南方红豆杉进行修枝作业。当下层更新幼树生长再受到抑制时，再次对上层林木进行透光伐（或生长伐），伐后上层郁闭度不低于0.5。

（2）竞争生长阶段：结构调整期

① 下层更新林木树龄20年以上，进入快速生长阶段。当下层林木生长受到抑制时，对上层进行透光伐2～3次，改善光照条件，增加营养空间，伐后上层郁闭度不低于0.5。

② 对更新层林木进行疏伐，逐步调整树种结构，闽楠和南方红豆杉占比不低于60%。确定闽楠更新层目标树90～120株/hm²。

（3）质量选择阶段：上层木择伐期

① 下层更新林木树龄30年以上，进入径向生长阶段，逐步进入主林层，形成以闽楠和南方红豆杉为主的针阔复层异龄林。

② 对部分胸径达到35cm的林木进行择伐，强度不超过前期目标树的35%，间隔期小于5年。

③ 确定南方红豆杉更新层目标树90～120株/hm²，对更新林木进行疏伐。

（4）收获阶段：主林层择伐期

① 主林层40年以上达到培育目标后采取持续单株木择伐。

② 择伐后对下层以天然更新为主，人工辅助促进闽楠、南方红豆杉等目的树种更新，实现杉木－南方红豆杉－闽楠等阔叶树恒续覆盖。

6. 示范林

位于临武西山国有林场黑头冲工区，面积500亩，人工杉木林。经营组织形式为国有林场经营。现有杉木蓄积量174m³/hm²,每亩平均株数45株,平均胸径22.5cm,平均树高13.4m,林分郁闭度0.6。优势树种为杉木。2015年林下补植闽楠和南方红豆杉等树种,更新层为人工补植的闽楠和南方红豆杉等幼树。补植株数为闽楠600株/hm²,南方红豆杉300株/hm²。如图2-250、图2-251所示。

图 2-250 常规经营的杉木人工林

图 2-251 杉木闽楠南方红豆杉异龄复层混交林

(供稿人:易　烜　湖南省青羊湖国有林场
　　　　刘振华　湖南省林业科学院)

2.5.3.10 马尾松天然林择伐经营模式

1. 模式名称

马尾松天然林择伐经营模式。

2. 适用对象

适用于湘西地区以马尾松为优势树种的天然次生林。

3. 经营目标

培育以环境保护（生物多样性保育、水源涵养）为主导功能、兼顾木材生产的多功能近自然林。

4. 目标林分

目标林分为马尾松－阔叶树异龄复层混交林。目的树种包括马尾松、润楠、青冈、栲等，先期主林层马尾松目标树密度250～300株/hm²，平均胸径为30cm以上，目标蓄积量100～150m³/hm²。阔叶树（润楠、青冈、栲等）进入主林层后，阔叶树目标树密度100株/hm²左右，平均胸径50cm以上。总目标树密度150～170株/hm²，总目标蓄积量280～300m³/hm²。经单株木择伐作业，促进潜在目标树（乡土阔叶树种）更新生长，形成马尾松－阔叶树异龄复层混交林。马尾松目标直径为45cm，阔叶目的树种的目标直径为50cm。培育周期50年以上。

树种比例：主林层马尾松40%～50%，刨花润楠20%～30%，青冈10%～20%，栲20%～30%，其他伴生树种（苦槠、白栎、香樟、黄檀、黄杞）20%左右。更新层：刨花润楠30%～40%，青冈20%～30%，栲20%～30%，其他伴生树种（苦槠、香樟、白栎、黄檀、麻栎、油茶、木荷、黄杞）30%左右。混交类型：林分总体呈群状混交格局，分布有不同年龄阶段的马尾松、刨花润楠、青冈、栲，林下分布有群状的幼苗幼树更新层。

5. 全周期主要经营措施

（1）林下更新层形成阶段

① 避免人畜干扰和破坏，需要严格保护林下天然更新。

② 对压抑明显的天然更新幼树进行透光伐，促进天然更新的发生。

③ 天然更新不足时，在林中空地补植高价值乡土阔叶树种。

（2）更新层竞争生长阶段：个体竞争、高速生长阶段

① 通过伐除过密和质量低劣、无培育前途的林木来调节林分密度，促进优势个体快速生长。

② 采用透光伐的方式，伐后郁闭度控制在0.6以上（采伐强度控制在伐前林木蓄积量的20%以内，伐后主林层目标树保留在250～300株/hm²）。

③ 对林下天然更新的幼苗1.5m范围内的灌木进行折灌处理。标记目标树、潜在目标树、干扰树。

（3）质量选择阶段：目标树直径生长阶段

① 核心目标是通过抚育采伐，调整林分密度，使保留木具有充足的生长空间，促进保留木生长，培育良好的干形。

② 针对上阶段马尾松目标树进行第二次选优，目标树密度控制在150～250株/hm²，伐除目标树周围的干扰树1～2株，同时按照留优去劣的原则对全林进行抚育采伐，伐除非目的树种、干形不良木及霸王木等，进行林下清场及部分林木修枝，郁闭度保持在0.5～0.6，注意保留天然的幼树（苗）。

（4）近自然结构阶段：目标树直径速生、林分蓄积速生阶段

① 对达到目标胸径的马尾松目标树进行择伐收获，采伐强度70%，采伐目标树100～180株/hm²，保留目标树50～70株/hm²，产生林窗促进林下天然更新发生。

② 林下天然阔叶树更新开始进入主林层，对其进行目标树的选取，阔叶目标树密度在100株/hm²左右；总目标树在150～170株/hm²。

③ 伐除目标树周围1～2株干扰树，形成自由冠，并对上述阔叶目标树进行修枝。

④ 保护和促进天然更新及补植阔叶混交树种生长，并及时修枝。

（5）恒续林阶段：达到目标直径，阔叶树进入主林层，培育二代目标树

① 主林层达到培育目标直径的林木采取单株木择伐，为天然更新创造条件，伐除劣质木和病腐木。

② 择伐后下层林以天然更新为主，人工辅助促进目的树种更新，实现混交恒续覆盖。

6. 示范林

示范林位于湖南省慈利县天心阁林场，森林类型为马尾松天然次生林，林中共有33个树种，平均胸径为14.3cm，平均高为14.2m，平均胸高断面积为0.0202m²/hm²，林分郁闭度0.7。优势树种为马尾松，更新层为苦槠、白栎、香樟、青冈等乡土树种。如图2-252、图2-253所示。

图 2-252　2017 年未经营的马尾松天然林林相

图 2-253　2022 年林下更新的马尾松天然林林相

（供稿人：孟京辉　北京林业大学）

2.5.4　广东省

2.5.4.1　杉木大径材针阔混交复层异龄林森林经营模式

1. 模式名称

杉木大径材针阔混交复层异龄林森林经营模式。

2. 适用对象

适用于亚热带气候，在低山丘陵地区海拔高度600m以下，河（沟）谷地、山坡下部，土壤为花岗岩、砂页岩、变质岩等母岩发育的酸性红壤、黄壤、砖红壤，土层厚度为80cm以上，质地疏松、湿润、肥沃的立地条件下，以培育杉木大径材为目的，杉木和阔叶树种混交形成的杉阔混交复层异龄林。

3. 经营目标

主导功能为大径材生产，兼顾生态防护。

4. 目标林分

目标林分为杉阔混交复层异龄林。目的树种包括杉木、枫香、米槠、闽楠等。前期上层杉木目标树密度为200～300株/hm^2，树龄40年以上，胸径35cm以上，目标蓄积量150～250m^3/hm^2。阔叶树（枫香、米槠、闽楠等）进入主林层后，杉木密度为100～150株/hm^2，平均树龄60年以上，平均胸径45cm以上，林分蓄积量250～300m^3/hm^2。经杉木单株木择伐作业，择伐强度20%，促进保留阔叶树种生长，形成杉木-阔叶混交复层异龄林，杉木目标直径35cm以上，枫香、米槠、闽楠等阔叶树种目标直径45cm以上，林分蓄积量300m^3/hm^{2}以上。

5. 全周期森林经营措施

杉木大径材针阔混交复层异龄林全周期森林经营模式如表2-35所示。

表2-35　杉木大径材针阔混交复层异龄林全周期森林经营模式

编号	林分发展阶段	林分特征	主要经营措施
1	建群阶段	林下更新层形成期	在冠下更新造林的前一年对杉木林进行综合抚育，按照留优去劣的原则伐除非目的树种、干形不良木及霸王木等，进行林下清场及部分林木修枝，上层保留木郁闭度保持在0.5～0.6，注意保留天然的幼树（苗）
			林冠下补植阔叶树（枫香、闽楠等）1200～1500株/hm^2，在稀疏地块挖穴下基肥后补植苗木，栽后5年内采用带状或穴状适度开展割灌除草3～5次，注重保留天然更新的阔叶目的树种
			更新层达到10年生后，进行第一次透光伐（或生长伐），郁闭度控制在0.5～0.6（生长伐强度控制在伐前林木蓄积量的25%以内，伐后确定上层目标树200～300株/hm^2），进行必要的修枝作业，抚育后阔叶树幼树上方及侧方有1.5m以上的生长空间。当下层更新幼树生长再受到抑制时，再次对上层林木进行透光伐（或生长伐），伐后上层郁闭度不低于0.5
2	竞争生长阶段	结构调整期	下层更新林木树龄20年以上，进入快速生长阶段。当下层林木生长受到抑制时，对上层进行透光抚育伐2～3次，改善光照条件，增加营养空间，伐后上层郁闭度不低于0.5
			对更新层林木进行疏伐，逐步调整树种结构，阔叶树种占比不低于60%

（续表）

编号	林分发展阶段	林分特征	主要经营措施
3	质量选择阶段	上层木择伐期	下层更新林木树龄30年以上，进入径向生长阶段，逐步进入主林层，形成以阔叶树为主的复层异龄林。对部分胸径达到35cm的林木进行择伐，强度不超过前期目标树的35%，间隔期小于5年
			确定前期更新层目标树100～150株/hm²，对更新林木进行疏伐，密度450～650株/hm²
4	近自然森林阶段	主林层择伐期	主林层达到培育目标后采取持续单株木择伐。择伐后对下层以天然更新为主，辅助促进闽楠等目的树种更新
5	恒续林阶段	林分稳定期	主林层进一步择伐，人工辅助促进林下天然更新，形成杉木和阔叶树同为优势树的健康稳定杉阔混交林，实现针阔混交林大径材培育的恒续林阶段，后期采用择伐方式，择伐周期5年左右

6. 示范林

该林分位于韶关市国有河口林场三工区001林班01902小班，面积208亩。2014年采伐杉木后，翌年造林，造林树种为杉木，2016年套种补植木荷，造林当年进行了2次抚育，第二、第三年各实施了1次抚育，并各追肥1次，第6年实施了中央森林抚育。目前林分郁闭度0.6，平均胸径9.88cm，平均树高7.43m，优势高12m，平均密度88株/亩，蓄积量为45.2m³/hm²。如图2-254、图2-255所示。

图 2-254　广东杉木大径材针阔混交复层异龄林森林经营模式远景

图 2-255　广东杉木大径材针阔混交复层异龄林森林经营模式近景

（供稿人：杨汉忠　广东省韶关市国有河口林场
　　　　　林韶辉　广东省韶关市国有河口林场）

2.5.4.2　常绿阔叶混交林近自然森林经营模式

1．模式名称

常绿阔叶混交林近自然森林经营模式。

2．适用对象

适用于华南地区以杉木或松树纯林林分改造后的生态公益林，林种为特种用途林，亚林种为风景林，亚热带低海拔阳坡或者半阳坡，坡度≤30°，土层厚度≥50cm，土壤有机质较为丰富的丘陵山地，以培育景观林兼大径材为目的的广东常绿阔叶混交林。

3．经营目标

主导功能为森林景观欣赏，兼顾用材。

4．目标林分

主要以火力楠、红锥、红毛山楠、灰木莲、香樟等为目的树种的常绿阔叶混交林，目前林分结构为同林龄结构，目的树种占比60%~70%，其他阔叶树种占比30%~40%。林分密度为800株/hm^2，目标树密度150株/hm^2，目标树直径为35~55cm，单位面积蓄积量160~350m^3/hm^2，主伐蓄积量约300m^3/hm^2，培育期限为70年。

5．全周期主要经营措施

主要采用近自然森林经营模式，不断持续优化林分空间结构，逐渐经营到复层异龄混交恒续林状态，目标林相为大径材常绿阔叶复层异龄混交林，主林层培育火力楠、红锥、红毛山楠、灰木莲等为目的树种，下层灌木以三叉苦、岗柃等为主。全周期经营过程如表2-36所示：

表2-36 常绿阔叶混交林近自然森林经营模式全周期培育过程

编号	林分发展阶段	林分特征	主要经营措施
1	建群阶段	林分形成期	通过对杉木纯林皆伐改造，人工块状混种火力楠、红锥、红毛山楠、灰木莲等乡土阔叶树。主要技术要点如下。 备耕：林带清理，带状打穴备耕，穴尺寸50cm×50cm×40cm，施有机肥0.75kg作为基肥。 苗木种植：种植株行距为2m×3m，种植密度为110株/亩，前期采用较高密度种植的方式保证株形挺直。 抚育：为防止早期生长衰退，种植当年进行1次新造林抚育，追施复合肥0.25kg/株。之后的两年里，每年进行春、秋季2次抚育，每次春季抚育追施复合肥0.25kg/株，进行缺苗或死苗补植，采用带状或穴状适度开展割灌除草，对苗木进行适度修枝塑形，同时做好暴发性病虫害防治工作。种植后4~5年做好林木管护工作
			林龄6~10年，林分已郁闭，主要采用抚育清杂、修枝等经营措施
			林龄11~30年，进行第一次间伐，伐后郁闭度不低于0.5，间伐强度控制在伐前林木蓄积量的20%以内，去弱留强，伐后的林木密度为60~70株/亩，进行必要的修枝作业，抚育后采伐剩余物平铺在林地中间
2	竞争生长阶段	结构调整期	林龄31~50年，林木进入快速生长阶段，以近自然的森林经营方式为主，让各树种之间自由竞争，适度对生长不好的植株进行间伐，逐步调整树种结构，适度保留林下自然更新的幼苗并对其进行适度的抚育
3	质量选择阶段	林分择伐期	林龄51~70年，林木进入径向生长阶段，进入近熟林阶段，林下自然更新的幼苗逐渐茁壮，逐步形成以阔叶树为主的复层异龄混交林，对部分胸径达到35cm的林木，按照空间位置进行适度的间伐，强度不超过林分总蓄积量的20%，间隔期大于5年，此时的目标树密度为30~40株/亩
4	近自然森林阶段	林分稳定期	林龄71~90年，主林层达到培育目标并进入主伐阶段，在保障森林生态功能的前提下，对高价值的单株木采取择伐作业，促进林下自然更新林木的生长
5	恒续林阶段	林分择伐期	林龄91年以上，主林层达到培育目标，采取进一步择伐作业，为下层自然更新提供林木生长空间，人工辅助林下天然更新，按照计划分片区、分年度进行择伐作业，逐步实现常绿阔叶复层异龄混交大径材恒续林状态

注：林龄参照广东省地方标准《森林资源规划设计调查技术规程》（DB44/T 2149—2018）

6. 示范林

该林分当前林分发育阶段属于幼林龄阶段，即处于建群阶段，位于佛山市云勇林场白石岗和灯心田，分别为0001林班01802小班和0002林班00601小班，面积共约150亩，常绿阔叶混交林。该地块此前主要是以培育杉木用材林为主，2001年林场启动由商品性林场向生态公益性林场转型工作，该林分于2008年进行了林分造林，种植了火力楠、红锥、红毛山楠、灰木莲等阔叶树。现单位面积蓄积量为118m^3/hm^2，每亩平均株数97株，平均胸径13.40cm，平均树高14.70m，优势高为15.2m，林分郁闭度0.75。优势树种为火力楠、红锥、红毛山楠、尖叶杜英、香樟等阔叶树，下层树种主要为杉木（萌生）、岗栓、水锦树等。当前经营措施以抚育间伐、修枝、割灌除草和补植为主。如图2-256、图2-257所示。

图 2-256　广东阔叶混交林近自然森林经营模式作业前

图 2-257　广东阔叶混交林近自然森林经营模式作业后

（供稿人：苏木荣　广东省佛山市云勇林场
　　　　　申长青　广东省佛山市云勇林场）

2.5.5 广西壮族自治区

2.5.5.1 马尾松材脂兼用林近自然化经营模式

1. 模式名称

马尾松材脂兼用林近自然化经营模式。

2. 适用对象

适用于一般性商品林经营区；以现有马尾松纯林或者新造马尾松林为对象，宜选择海拔高度800m以下，林地立地质量等级为中等以上（立地指数16以上），具有培育珍贵树种大径级用材林潜力的地带。

3. 经营目标

中短期经营目标以获取马尾松松脂并收获马尾松中小径材为主。长期经营目标为培育马尾松和珍贵树种大径材，马尾松胸径≥60cm，珍贵阔叶树种胸径≥50cm，马尾松目标树蓄积量≥300m³/hm²，珍贵树种目标树蓄积量≥250m³/hm²；实现针叶纯林转化为针阔异龄混交复层林，增加林分生物多样性，维持地力，提高水源涵养能力等。

4. 目标林分

目标林分前期为马尾松纯林；中期为马尾松与珍贵树种异龄混交林，优势层为马尾松，次林层为珍贵树种，林分生长力旺盛；后期为以珍贵树种为主的近自然林，林下有较多的天然更新幼树，森林结构稳定。

5. 全周期主要经营措施

如表2-37所示。

表2-37 马尾松材脂兼用林近自然化全周期经营措施

发育阶段	林龄范围（年）	优势高范围（m）	培育目标	主要经营措施
马尾松新造林阶段	≤3	<4	提高保存率，形成森林环境	造林密度1667～2500株/hm²，造林后连续抚育3年，促进林木个体快速生长，尽早郁闭形成森林；加强管护，避免人畜干扰和破坏
马尾松中幼林阶段	4～14	4～15	优化林分密度、促进林木生长	第7～8年进行疏伐，合理调整林分密度，促进保留木生长，保留密度1200～1350株/hm²
马尾松采脂阶段	15～31	16～25	促进采脂木和目标树生长，提高松脂产量和目标树蓄积量	马尾松优势木平均高≥15m时选择马尾松目标树60～90株/hm²，选伐干扰树，对一般木进行传统间伐，保留密度750～900株/hm²；5年后选伐干扰树，次年开始对非目标树进行采脂，目标树作为大径材培育，严禁采脂

（续表）

发育阶段	林龄范围（年）	优势高范围（m）	培育目标	主要经营措施
马尾松－珍贵树种异龄混交阶段	>31	≥26	促进马尾松针叶纯林向针阔复层异龄林转变，收获目标树，培育下一代目标树	采割松脂10年左右，伐除所有采脂木；在目标树林下补植珍贵树种，补植密度为90～120丛/hm²，9～16株/丛；补植后加强抚育管护；当珍贵树种优势木平均高≥15m时，选择目标树90～120株/hm²，选伐干扰树；每5～8年作为一个经理期围绕目标树进行单株管理，伐除干扰树，目标树达到目标胸径时（马尾松≥60cm、珍贵树种≥50cm）择伐利用，保护和促进天然更新，选培继代目标树

6. 示范林

位于热林中心青山实验场，面积160亩，人工国外松林。经营组织形式为国有林场经营。现有蓄积量140m³/hm²，每亩平均株数41株，平均胸径17.9cm，平均树高11.9m，林分郁闭度0.6。优势树种为国外松。如图2-258、图2-259所示。

图 2-258 经营前林分

图 2-259 经营后林分

（供稿人：苏建苗　中国林业科学研究院热带林业实验中心
　　　　　黄建友　中国林业科学研究院热带林业实验中心
　　　　　黄柏华　中国林业科学研究院热带林业实验中心）

2.5.5.2 马尾松-珍贵阔叶树种异龄混交林近自然经营模式

1. 模式名称

马尾松-珍贵阔叶树种异龄混交林近自然经营模式。

2. 适用对象

适用于一般性和限制性商品林经营区，也适用于一般生态公益林保护经营区。以马尾松纯林下套种红锥、格木、交趾黄檀等珍贵树种混交林为对象。宜选择海拔高度为300~800m的低山丘陵地区，土壤为花岗岩、砂页岩、变质岩等母岩发育的酸性红壤、黄壤、砖红壤，立地指数16以上。

3. 经营目标

以培育珍贵阔叶树种大径材为主，兼顾培育马尾松中小径材。珍贵阔叶树大径材目标胸径≥50cm，目标树蓄积≥250m³/hm²。优化林分树种结构，改良土壤，增加林分生物多样性。解决传统经营模式下的马尾松纯林生物多样性下降、地力衰退、生态系统稳定性差等问题。

4. 目标林分

前期是以马尾松为主要树种的针阔异龄混交林；后期是以珍贵树种为主，具有多树种、多龄级、多层次的近自然森林，林下天然更新和灌草植被丰富。

5. 全周期主要经营措施

如表2-38所示。

表2-38 马尾松-珍贵阔叶树种异龄混交林全周期经营措施

发育阶段	林龄范围（年）	优势高范围（m）	培育目标	主要经营措施
马尾松纯林阶段	≤14	≤14	促进林分快速郁闭，形成森林环境；培育优良干形	营建马尾松纯林，造林密度1667~2500株/hm²；造林后前3年进行抚育管护，促进幼树个体生长，使林分尽快郁闭以形成森林环境；第7~8年进行疏伐，保留密度1200~1350株/hm²
松阔异龄混交林阶段	15~31	15~25	促进林分蓄积生长、开林窗，补植阔叶树，营建松阔异龄混交林	第15年进行第一次生长伐，开建直径为8~10m的林隙60~90个/hm²；次年在林隙内补植红锥、格木等珍贵树种，每个林隙补植9~16株。对补植阔叶树种进行抚育管护；每隔5年进行一次生长伐，伐除影响阔叶树生长的马尾松；当补植的阔叶树优势木平均高≥15m左右时选择目标树（60~90株/hm²），伐除干扰树；对目标树修枝，高度7~9m

（续表）

发育阶段	林龄范围（年）	优势高范围（m）	培育目标	主要经营措施
近自然林阶段	>31	≥26	收获目标树，培育下一代目标树	继续进行目标树管理，每隔5~8年，根据目标树生长情况，选伐干扰树；目标树胸径≥50cm后择伐利用，保护和促进林下天然更新，选培继代目标树

6. 示范林

位于热林中心白云实验场英阳站，2004年造林，面积158亩，人工马尾松-格木混交林，经营组织形式为国有林场经营。现有蓄积量216m³/hm²，每亩平均株数32株（其中7马3格），平均胸径23.5cm，平均树高17.2m，林分郁闭度0.7。优势树种为马尾松。

图2-260 混交林林相

更新层为红锥等乡土树种以及人工补植的格木等幼苗。如图2-260、图2-261所示。

图2-261 混交林林下更新

（供稿人：苏建苗　中国林业科学研究院热带林业实验中心
　　　　　黄建友　中国林业科学研究院热带林业实验中心
　　　　　黄柏华　中国林业科学研究院热带林业实验中心）

2.5.5.3 兼顾生态保护和木材生产功能的杉木－阔叶树混交林择伐经营模式

1. 模式名称
兼顾生态保护和木材生产功能的杉木－阔叶树混交林择伐经营模式。

2. 适用对象
适用于广西南部杉木人工纯林近自然改造。

3. 经营目标
培育兼顾珍贵树种大径材生产、生态保护及风景游憩的多功能近自然森林。

4. 目标林分
以杉木为优势树种、其他珍贵阔叶树种混交的异龄复层混交林，阔叶树种包括红锥、香梓楠、大叶栎、格木、灰木莲、铁力木等，杉木与阔叶树组成比例为6∶4或5∶5。先期上层杉木目标树密度200～300株/hm^2，胸径大于30cm，目标蓄积量150～200m^3/hm^2。阔叶树进入主林层后，阔叶树目标树密度70株/hm^{2}左右，红锥、香梓楠、大叶栎等目标直径60cm以上。总目标树密度130～170株/hm^2，总目标蓄积量250～300m^3/hm^2。经单株木择伐作业经营，促进潜在目标树（乡土阔叶树种）更新生长，形成杉木－阔叶树异龄复层混交林。杉木目标直径为35cm，阔叶目的树种的目标直径为60cm。

5. 全周期主要经营措施

（1）森林建群阶段

① 保护造林地，避免人畜干扰和破坏。

② 进行除灌除草和害虫控制，促进林下天然更新。

③ 幼林抚育及疏伐，造林后连续3年进行抚育管理，同时对压抑明显的天然更新幼树进行透光伐，间伐强度20%～30%。

④ 天然更新不足时，在林中空地补植高价值乡土阔叶树种。

（2）竞争生长阶段：个体竞争、高速生长阶段

① 核心目标是通过伐除过密和质量低劣、无培育前途的林木来调节林分密度，促进优势个体快速生长。

② 当林下天然更新受到抑制时，进行透光伐，伐后郁闭度控制在0.6以上（采伐强度控制在伐前林木蓄积量的20%以内，伐后主林层目标树保留在200～300株/hm^2）。

③ 对林下天然更新的幼苗1.5m范围内的灌木进行折灌处理。标记目标树、潜在目标树、干扰树。

(3) 质量选择阶段：目标树直径生长阶段

① 核心目标是通过下层抚育采伐，合理调整林分密度，使保留木具有较充足的生长空间，促进保留木生长，培育良好的干形。

② 针对上阶段马尾松目标树进行二次选优，主林层目标树密度控制在150～250株/hm^2，伐除目标树周围的干扰树1～2株，同时按照留优去劣的原则进行林分抚育，伐除非目的树种、干形不良木及霸王木等，进行林下清场及部分林木修枝，上层保留木郁闭度保持在0.5～0.6，注意保留天然的幼树（苗）。

(4) 近自然结构阶段：目标树直径速生、林分蓄积速生阶段

① 对达到目标直径的杉木目标树进行采伐收获，采伐强度60%，采伐目标树90～150株/hm^2，保留目标树60～100株/hm^2，产生林窗促进林下天然更新产生。

② 林下天然阔叶树更新进入主林层，对其进行目标树的选取，阔叶目标树密度在70株/hm^2左右；总目标树在130～170株/hm^2。

③ 伐除目标树周围1～2株干扰树，形成自由冠，对上述阔叶目标树进行修枝。

④ 透光抚育，保护和促进天然更新及补植阔叶混交树种生长，及时修枝。

(5) 恒续林阶段：培育二代目标树

① 主林层达到培育目标直径的林木采取单株木择伐，注意保护林下更新幼苗，同时伐除劣质木和病腐木。

② 择伐后下层以天然更新为主，人工辅助促进目的树种更新，实现混交林恒续覆盖。逐步形成当地乡土树种混交的异龄复层林，当阔叶树达到60cm，及时择伐利用，继续培养下一代目标树。

6. 示范林

示范林位于广西热林中心，森林类型为针阔异龄复层混交林，主林层主要为杉木，次林层主要由红锥、香梓楠、大叶栎、格木、灰木莲、铁力木等乡土阔叶树种组成，形成明显的垂直结构。林分总蓄积量187.8m^3/hm^2。杉木平均树高19.2m，平均胸径22.3cm。套种的阔叶树种长势良好，如红锥的平均胸径达到10.6cm，树高达到8.7m。林下已经出现大量套种红锥的天然更新，这标志着该林分的自然更新机制的启动。此外，林下出现大量的菌类，预示着该林分生态功能的完善以及未来土壤状况的改善。与对照杉木纯林相比，该林分杉木平均胸径增加30.4%，蓄积量增加15.1%；碳储量提高62.2%，土壤碳储量（0～100cm）增加18.8%；土壤理化性质明显改善，土壤容重降低7.9%，全氮增加30.5%，土壤微生物总量增加20.7%。如图2-262、图2-263所示。

图 2-262　2007 年未经营杉木人工纯林林相

图 2-263　2022 年异龄复层混交杉木近自然改造后林相

（供稿人：孟京辉　北京林业大学
　　　　　曾　冀　中国林业科学研究院热带林业实验中心）

2.5.5.4　珍贵阔叶树种-杉木同龄混交经营模式

1. 模式名称

珍贵阔叶树种-杉木同龄混交经营模式。

2. 适用对象

适用于一般和限制性商品林区，以杉木与红锥、格木等珍贵树种同龄混交林为对象，也包含少量杉木与一般阔叶树种的同龄混交林。宜选择海拔高度300m以上高丘、低山坡地，山坡中下坡位及浅沟谷等地带，土层厚度80cm以上，质地疏松，表土层（腐殖质层）10cm以上。

3. 经营目标

长短结合，前期收获杉木中小径材，后期收获珍贵树种大径材。目标胸径≥50cm，目标树蓄积量≥250m³/hm²，最终形成以珍贵阔叶树种为主的近自然林。

4. 目标林分

前期为杉木与珍贵树种混交林；后期为以珍贵阔叶树种为主的近自然林，利用珍贵阔叶树种的天然更新或人工补植更新，形成大径级的珍贵树种在上层、下层有天然更新或人工补植更新阔叶树的复层异龄林。

5. 全周期主要经营措施

如表2-39所示。

表2-39 珍贵阔叶树种-杉木同龄混交全周期经营措施

发育阶段	林龄范围（年）	优势高范围（m）	培育目标	主要经营措施
建群阶段	≤6	<8	提高成活率，促进林分郁闭	珍贵阔叶树种-杉木同龄混交林采用行带状混交模式营造，初植密度为1667～2500株/hm²（其中珍贵阔叶树种与杉木的比例为1∶3～1∶5）；造林后连续抚育管护3年
竞争生长阶段	7～14	8～15	促进高生长，培育优良干材	第7～8年，杉木进行疏伐，伐除过密和质量低劣、无培育前途的林木，密度1200～1350株/hm²，促进优势个体快速生长
质量选择阶段	15～31	16～22	促进蓄积生长，培育目标树，收获中小径材	珍贵阔叶树种优势木平均高≥15m时，选择目标树，目标树密度为90～120株/hm²，伐除干扰树，并对目标树进行修枝到7～9m高处；每隔5年，围绕珍贵阔叶树种目标树伐除干扰树，对杉木进行传统间伐；第26年时，全部伐除杉木，收获中小径材，注意保护珍贵阔叶树种的天然更新幼树
近自然林阶段	>31	≥23	培育和收获目标树，培育下一代目标树	继续进行目标树单株管理，每隔5～8年，根据目标树生长情况，选伐干扰树，保护和促进天然更新，逐步形成珍贵树种近自然林；珍贵阔叶树种目标树胸径≥50cm后择伐利用，选培继代目标树

6. 示范林

位于热林中心白云实验场蒲庙站，2014年造林，面积183亩，人工红锥－杉木混交林，经营组织形式为国有林场经营。现有蓄积量96.2m³/hm²，每亩平均株数110株（其中7杉3椎），平均胸径9.6cm，平均树高8.6m，林分郁闭度0.7。优势树种为杉木。如图2-264、图2-265所示。

图2-264 经营前示范林

图2-265 经营后示范林

（供稿人：苏建苗　中国林业科学研究院热带林业实验中心
　　　　　黄建友　中国林业科学研究院热带林业实验中心
　　　　　黄柏华　中国林业科学研究院热带林业实验中心）

2.5.5.5 珍贵阔叶树种–马尾松同龄混交经营模式

1. 模式名称

珍贵阔叶树种–马尾松同龄混交经营模式。

2. 适用对象

适用于一般性和限制性商品林经营区，也适用于一般生态公益林保护经营区。以马尾松纯林下套种红锥、格木、交趾黄檀等珍贵树种混交林为对象。宜选择海拔高度为300～800m的低山丘陵地区，土壤为花岗岩、砂页岩、变质岩等母岩发育的酸性红壤、黄壤、砖红壤，立地指数16以上。

3. 经营目标

以培育珍贵阔叶树种大径材为主，兼顾培育马尾松中小径材。珍贵阔叶树大径材目标胸径≥50cm，目标树蓄积量≥250m³/hm²。优化林分树种结构，改良土壤，增加林分生物多样性。解决传统经营模式下的马尾松纯林生物多样性下降、地力衰退、生态系统稳定性差等问题。

4. 目标林分

前期是以马尾松为主要树种的针阔异龄混交林；后期是以珍贵树种为主，具有多树种、多龄级、多层次的近自然森林，林下天然更新和灌草植被丰富。

5. 全周期主要经营措施

如表2-40所示。

表2-40 珍贵阔叶树种–马尾松同龄混交全周期经营措施

发育阶段	林龄范围（年）	优势树高范围（m）	培育目标	主要经营措施
建群阶段	≤6	<8	提高成活率，促进林分郁闭	珍贵阔叶树种–马尾松同龄混交林采用行带状混交模式营造，初植密度为1667～2500株/hm²（其中珍贵阔叶树种与马尾松的比例为1∶3～1∶5）；造林后连续抚育管护3年
竞争生长阶段	7～14	8～15	促进高生长，培育优良干形	第7～8年进行疏伐，伐除过密和质量低劣、无培育前途的林木，保留密度1200～1350株/hm²，促进优势个体快速生长
质量选择阶段	15～31	16～25	促进蓄积生长，培育目标树，收获中小径材	当珍贵阔叶树种优势木平均高≥15m时，选择目标树90～120株/hm²，伐除干扰树，并对目标树进行修枝到7～9m高处；对马尾松进行传统间伐；每隔5年，围绕珍贵阔叶树种目标树选伐干扰树；第26年时，全部伐除马尾松，收获中小径材，注意保护天然更新

（续表）

发育阶段	林龄范围（年）	优势树高范围（m）	培育目标	主要经营措施
近自然林阶段	>31	≥26	培育和收获目标树，培育下一代目标树	继续进行目标树单株管理，每隔5～8年，根据目标树生长情况，选伐干扰树，促进目标树生长，保护和促进林下天然更新，逐步形成珍贵树种近自然林；珍贵阔叶树种目标胸径≥50cm后择伐利用，选培继代目标树

6. 示范林

位于热林中心白云实验场蒲庙站，2008年造林，面积202亩，人工马尾松－格木混交林，经营组织形式为国有林场经营。现有蓄积量126m³/hm²，每亩平均株数47株（其中7马3格），平均胸径17.6cm，平均树高14.3m，林分郁闭度0.6。优势树种为马尾松。如图2-266、图2-267所示。

图 2-266 经营前林分

图 2-267 经营后林分

（供稿人：苏建苗　中国林业科学研究院热带林业实验中心
　　　　　黄建友　中国林业科学研究院热带林业实验中心
　　　　　黄柏华　中国林业科学研究院热带林业实验中心）

2.5.5.6 珍贵树种纯林大径材定向经营模式

1. 模式名称

珍贵树种纯林大径材定向经营模式。

2. 适用对象

适用于一般性和限制性商品林经营区，也适用于一般生态公益林保护经营区。以材质优良、天然更新性能较好的珍贵树种，如红锥、格木、红木类树种等的纯林为对象。宜选择海拔高度800m以下，土壤厚度80cm以上，质地疏松，湿润肥沃立地的中下坡位、谷地。

3. 经营目标

主要是培育目标胸径≥50cm的珍贵树种优质高价值大径材，目标树蓄积量≥250m³/hm²；充分发挥珍贵树种的固碳增汇、地力维持等多种功能，满足所在特定经营区生态环境服务功能要求。

4. 目标林分

建群和竞争生长阶段林分上林层由单一树种乔木组成，质量选择阶段林下植被层逐渐以阴生植物为主（包括一些目的树种及其他植物种类的天然更新乔灌木），近自然阶段为珍贵树种组成的异龄复层混交林，上林层及次林层树种组成以目的树种为主（占70%以上）、以天然更新的乡土树种为辅，林下植被层种类较为丰富。

5. 全周期主要经营措施

如表2-41所示。

表2-41 珍贵树种纯林大径材全周期经营措施

发育阶段	林龄范围（年）	优势高范围（m）	培育目标	主要经营措施
建群阶段	≤6	≤6	促进林分快速郁闭	造林初植密度1111～1667株/hm²；造林后连续抚育管护3年，保证幼树生长的光照条件，提高成活率和保存率，促进林分尽早郁闭；对格木、降香黄檀等主梢不明显的树种，结合幼林抚育适当人工修枝，以培育优良主干
竞争生长阶段	7～14	7～15	培育优良干形	第7～8年进行疏伐，控制林分密度，伐后保留900～1200株/hm²；尽可能通过自然整枝抑制侧枝，促进树高生长，培育更多通直圆满的优良林木

（续表）

发育阶段	林龄范围（年）	优势高范围（m）	培育目标	主要经营措施
质量选择阶段	15～40	16～25	选择目标树并持续选伐干扰树促进目标树径级生长	林分优势木平均高≥15m时，实施目标树单株作业，一次性选择生活力强、干形优良的优势木作为培育大径材的目标树90～120株/hm^2；选伐干扰树，对目标树适当修枝，树干7～9m以下侧枝全部修除；每隔5年，选伐干扰树
近自然林阶段	>41	≥26	促进目标树径级生长及异龄复层林的形成	继续进行目标树单株管理，每隔5～8年，选伐干扰树，为目标树创造最佳生长空间，促进径级生长，尽快达到目标径级；选伐干扰树时注意保护目标树及目的树种天然更新幼苗，促进复层林形成，培育天然更新幼树尽快进入主林层，逐步形成以珍贵树种为主的近自然林；目标树胸径≥50cm以上时择伐利用；选培继代目标树，维护生物多样性，保障近自然林朝正向演替方向发展，形成更复杂的林分结构并稳定发挥森林多种功能

6. 示范林

位于热林中心白云实验场英阳站，2008年造林，面积60亩，人工红锥林，经营组织形式为国有林场经营。现有蓄积量120m^3/hm^2，每亩平均株数41株，平均胸径14.5cm，平均树高13.8m，林分郁闭度0.6。优势树种为红锥。如图2-268、图2-269所示。

图2-268 经营前林分

图 2-269 经营后林分

（供稿人：苏建苗　中国林业科学研究院热带林业实验中心
　　　　　黄建友　中国林业科学研究院热带林业实验中心
　　　　　黄柏华　中国林业科学研究院热带林业实验中心）

2.5.5.7 珍贵阔叶树种镶嵌式小面积混交经营模式

1. 模式名称

珍贵阔叶树种镶嵌式小面积混交经营模式。

2. 适用对象

适用于一般性商品林经营区和限制性商品林经营区，以交趾黄檀、红锥、格木、麻栎等珍贵阔叶树种小面积镶嵌式混交林分为对象，宜选择海拔高度300～800m，立地条件较为优越（地位级为Ⅰ、Ⅱ级）的地段。土壤类型为酸性红壤、砖红壤，土层厚度80cm以上，以质地疏松、肥沃湿润、排水良好的山谷、山麓地带山坡的中下部为最佳。

3. 经营目标

以生产珍贵阔叶树种用材为主、兼顾生态功能的多功能林，目标树目标胸径≥70cm，目标树蓄积量≥300m^3/hm^2。

4. 目标林分

前期构建3种以上珍贵阔叶树的小面积镶嵌混交林。解决同龄混交林不同造林树种种间竞争导致的种间关系难以调节、经营难度大的问题，从而降低经营成本，丰富生物多样性，增强林分抵抗风险的能力，提高森林生态系统稳定性。后期目标林分为以珍贵树种为主的近自然林，上层林以珍贵树种为主、下层林由珍贵树种天然更新组成的多树种多层次混交林。

5. 全周期主要经营措施

如表2-42所示。

表2-42　珍贵阔叶树种镶嵌式小面积混交全周期经营措施

发育阶段	林龄范围（年）	优势高范围（m）	培育目标	主要经营措施
建群阶段	≤6年	<8	保证造林成活率，促进林分郁闭	采用3个以上的珍贵阔叶树种小面积镶嵌式混交造林，每个造林树种面积在1hm²左右，造林密度1111～1667株/hm²；造林后连续抚育管护3年
竞争生长阶段	7～14	8～14	促进高生长，培育优良干形	第7～8年时进行疏伐，保留密度900～1200株/hm²。伐除被压木、劣质木、低分叉木
质量选择阶段	15～31	15～25	促进蓄积生长，培育目标树	当珍贵树种优势木平均高≥15m时，选择目标树60～90株/hm²，伐除干扰树，改善目标树生长空间，对目标树进行修枝，修枝高度7～9m；每5年作为一个经理期围绕目标树进行单株管理，选伐干扰树
近自然阶段	>31	≥26	培育和收获目标树，培育第二代林分	继续进行目标树单株管理，每隔5～8年选伐干扰树，保护和促进林下天然更新，形成以珍贵树种为主的近自然林；目标树胸径≥70cm，择伐利用，继续培育继代珍贵树种目标树

6. 示范林

位于热林中心白云实验场蒲庙站，2014年造林，面积155亩，人工马尾松－格木、马尾松、红锥混交林，经营组织形式为国有林场经营。现有蓄积量100m³/hm²，每亩平均株数90株，平均胸径11.3cm，平均树高10.1m，林分郁闭度0.7。优势树种为马尾松、格木、红锥。如图2-270、图2-271所示。

图2-270　示范林林分（远景）

图 2-271　示范林林分（近景）

（供稿人：苏建苗　中国林业科学研究院热带林业实验中心
　　　　　　黄建友　中国林业科学研究院热带林业实验中心
　　　　　　黄柏华　中国林业科学研究院热带林业实验中心）

2.5.5.8　速生阔叶树种纯林经营模式

1．模式名称

速生阔叶树种纯林经营模式。

2．适用对象

适用于一般性商品林经营区，以现有和新营建的速生阔叶树种（米老排、灰木莲等）纯林为对象。宜选择海拔高度300～800m的低山丘陵地区，土层深厚湿润的山腰与山谷阴坡、半阴坡地带为佳，土壤以砂岩、砂页岩、花岗岩等发育成的酸性、微酸性的赤红壤为主。

3．经营目标

以生产阔叶树种中大径材为目标，目标胸径≥30cm，蓄积量≥300m³/hm²。

4．目标林分

速生阔叶树种纯林，上层林以速生阔叶树中大径材为主，林下有一定盖度的灌草植被覆盖，地表凋落物丰富，土壤质量明显改善。

5．全周期主要经营措施

如表2-43所示。

6．示范林

位于热林中心白云实验场罢休站，2008年造林，面积100亩，人工米老排林，经营组织形式为国有林场经营。现有蓄积量243m³/hm²，每亩平均株数45株，平均胸径17.2cm，平均树高18.1m，林分郁闭度0.7。优势树种为米老排。如图2-272、图2-273所示。

表2-43　速生阔叶树种纯林全周期经营措施

发育阶段	林龄范围（年）	优势高范围（m）	培育目标	主要经营措施
新造林阶段	1~3	<6	提高造林成活率	采用3个以上的速生阔叶树种小面积镶嵌式混交造林，每个造林小班面积在1hm²左右，造林密度1111~1667株/hm²；造林后连续抚育管护3年
幼龄林阶段	4~10	<11	加快幼林郁闭	第7~8年进行疏伐，保留密度900~1200株/hm²
中龄林阶段	11~20	11~20	调整林分整体密度、林内光环境	第15年进行第一次生长伐，保留密度600~750株/hm²；伐除活力低、干形差、损伤或存在病虫害的劣质木，保留长势较好、生长力旺盛、干形优良的林木
近熟林阶段	21~25	21~25	促进林分蓄积生长	第21年进行第二次生长伐，保留密度450~525株/hm²
成熟林阶段	≥26	≥26	中大径材生产	第26年后，皆伐收获速生阔叶树种中大径材

图 2-272　经营前林分

图 2-273　经营后林分

（供稿人：苏建苗　中国林业科学研究院热带林业实验中心
　　　　　黄建友　中国林业科学研究院热带林业实验中心
　　　　　黄柏华　中国林业科学研究院热带林业实验中心）

2.5.6 海南省

2.5.6.1 木麻黄沿海防护林多功能经营模式

1. 模式名称

木麻黄沿海防护林多功能经营模式。

2. 适用对象

适用于海南省环岛沿海防护林。

3. 经营目标

将海防林改造与环岛旅游公路功能需求相结合,提升海防林林道两侧的景观效果,建设多层次、多树种、多效益于一体的沿海绿色长廊,推进海防林提质增效,改善海岸生态环境,提高海岸生态服务功能和防灾减灾能力,充分发挥海防林生态、经济和社会效益。

4. 目标林分

木麻黄琼崖海棠等其他阔叶复层混交林,木麻黄占50%、琼崖海棠占30%、大叶榄仁(黄槿或其他)占20%。目标树密度150~180株/hm², 目标直径木麻黄35cm、琼崖海棠45cm、其他阔叶树40cm。目标蓄积量220~240m³/hm², 采用择伐作业。

5. 全周期主要经营措施

(1) 建群状态

① 迹地更新,人工新造木麻黄纯林,根据立地条件选择2500~3330株/hm²。采用水泥柱铁丝隔离网和人工巡护两种管护方式,防止人、畜等破坏,遇到歪苗要及时扶正。管护期为2年,在管护期内如有枯死苗木,要及时补植,保证保存率在90%以上。

② 幼林抚育,造林后连续2年对林地进行抚育,抚育以兜抚为主,在树木周围直径1m范围内进行,深度在5cm左右。当年1次,次年2次。抚育时间宜在晴天或雨后2~3天进行,以土壤含水量50%~60%时抚育最好。为保护林地内的物种多样性,仅清除影响幼树生长的灌草,保留其他植物。

(2) 竞争生长阶段

造林后8~10年进行第一次疏伐,主要以受台风影响严重倾斜、濒死或已折断头的木麻黄为对象,采伐株数强度小于20%,伐后保留密度(含清理枯死木)1800~2500株/hm²。

造林后15年进行第二次抚育,主要以卫生伐为主,清理林内断头、断梢、死亡和倾斜的木麻黄，并辅以轻度疏伐，保留密度在1500~1800株/hm²。

（3）质量选择阶段

造林20年后，林木胸径出现分化，进行促进优势个体生长的生长伐抚育，采伐强度小于20%；持续清理林内断头、枯梢、折枝、倾斜的个体。结合抚育间伐后林内形成的林窗进行林下补植。补植采取如下三种方式：

① 见缝插针补植补造：在清理濒死木、枯死木、风倒木等生长不良林木后，在现有株间或行间的空地进行补植。主要以补植椰子为主，适当配置大叶榄仁、琼崖海棠和小叶榕。

② 沿海生态长廊线补植：在清理濒死木、枯死木、风倒木等生长不良林木后，以种植椰子为主，a．沿路两边种植二排椰子+三角梅、椰子+草海桐，椰子呈"品"字形种植；b．根据沿路两边空地情况补植椰子+三角梅，个别区域可见缝插针。同时适当利用现有长春花、马鞍藤等植物进行自然插植。

③ 林窗复绿修复：在清理林地后，以种植椰子为主，原则上按株行距4m×5m进行种植（由于林窗多为不规则形状，可根据实际形状进行自然式种植），适当配置大叶榄仁、黄槿、小叶榕、草海桐等树种进行间种，合理密植。同时，适当利用现有长春花、马鞍藤等植物进行自然插植。

对以上三种方式补植的苗木进行管护和促进，补植后以5年为间隔期，结合上层目标树生长伐和下层目的树种透光伐持续调整林分结构。

（4）近自然阶段

补植后15年，乡土阔叶树进入次林层，可对乡土树种进行潜在目标树选择，开展促进潜在目标树生长的透光伐；进行上层濒死木、枯死木、风倒木的清理；保护和促进林下天然更新，直至林分内出现达到目标直径的林木后，对这些林木可采取持续培育（基干林带内）和择伐收获（基干林带外）。

6．示范林

位于海南省岛东林场昌洒作业区，面积168.7亩，经营组织形式为国有林场经营。现有乔木林地优势树种为木麻黄和黄槿，散生有椰子、大叶榄仁、相思类等树种。林下植被主要有露兜、长春花、草海桐、水黄皮、马缨丹、苦郎树、土牛膝、天门冬、老鼠簕、鬼针草、马鞍藤等。林下植被平均覆盖度40%。如图2-274~图2-276所示。

图 2-274 改造前林相

图 2-275 改造后林相 1

图 2-276 改造后林相 2

(供稿人:刘宪钊 中国林业科学研究院资源信息研究所)

2.5.6.2 速生阔叶同龄纯林用材经营模式

1. 模式名称

速生阔叶同龄纯林用材经营模式。

2. 适用对象

适用于沿海平原一般性商品林经营区，以现有和新营建的速生阔叶树种（木麻黄、相思等）纯林为对象。土壤以砖红壤为主。

3. 经营目标

生产阔叶树中大径材。

4. 目标林分

目标林分为速生阔叶树种纯林，以速生阔叶树为主，林下有一定盖度的灌草植被覆盖，地表凋落物丰富。目标胸径≥30cm，蓄积量≥300m³/hm²。

5. 全周期主要经营措施

如表2-44所示。

表2-44 速生阔叶同龄纯林用材全周期经营措施

发育阶段	林龄范围（年）	优势高范围（m）	培育目标	主要经营措施
新造林阶段	1~3	<6	提高造林成活率	采用2个以上速生阔叶树种小面积镶嵌式混交造林，每个造林小班面积在1hm²左右，造林密度1111~1667株/hm²；造林后连续抚育管护3年
幼龄林阶段	4~10	<11	加快幼林郁闭	第7~8年进行疏伐，保留密度900~1200株/hm²
中龄林阶段	11~20	11~20	调整林分整体密度、林内光环境	第15年进行第一次生长伐，保留密度600~750株/hm²；伐除活力低、干形差、损伤或存在病虫害的劣质木，保留长势较好、生长力旺盛、干形优良的林木
近熟林阶段	21~25	21~25	促进林分蓄积生长	第21年进行第二次生长伐，保留密度450~525株/hm²
成熟林阶段	≥26	≥26	中大径材生产	第26年后，皆伐收获速生阔叶树种中大径材

6. 示范林

位于海南省岛东林场昌洒作业区,面积152亩,人工木麻黄纯林。经营组织形式为国有林场经营。现有蓄积量75m³/hm²,每亩平均株数75株。如图2-277、图2-278所示。

图2-277 抚育前的木麻黄人工林林相

图2-278 抚育后的木麻黄人工林林相

(供稿人:刘宪钊 中国林业科学研究院资源信息研究所)

2.6 西南地区

包括重庆市、四川省、贵州省和云南省。

2.6.1 重庆市

2.6.1.1 人工马尾松针叶混交大径材目标树单株经营模式

1. 模式名称

人工马尾松针叶混交大径材目标树单株经营模式。

2. 适用对象

适用于亚热带立地条件中等及以上、郁闭度0.6以上、处于近熟林和成熟林阶段的马尾松人工商品林。

3. 经营目标

以降低松材线虫病发生概率和培育优质大径材为主导，兼顾生物多样性保育、地力修复和森林碳汇等多种功能，逐步将现有疫病发生概率大的马尾松纯林培育成复层异龄混交林，调整林分结构，全面提升森林质量和生态系统服务功能。

4. 目标林分

通过对人工马尾松林进行近自然化改造，通过持续单株择伐作业经营，促进补植树种（杉木）的更新生长，诱导林分形成马尾松－杉木复层异龄混交林，逐步降低马尾松占比。

目的树种包括马尾松和杉木等，经营目标分为阶段性目标和最终目标。首先通过针叶复层异龄混交林构建、结构调整和上层木择伐，达到阶段性目标。阶段性目标：林分组成为5马5杉，上层马尾松目标树密度达到10～13株/亩，树龄40年以上，胸径为35cm以上，目标蓄积量7～11m^3/亩。阶段性目标达成后，在采伐后空地及林冠下持续补植杉木，待杉木逐步进入主林层，进入收获阶段，从而达到最终目标：林分组成为

8杉2马，目标树杉木密度12～15株/亩，平均树龄40年以上，胸径35cm以上，目标蓄积量10～12m³/亩。

5. 全周期主要经营措施

（1）介入阶段：针叶复层异龄混交林构建期

① 林冠下更新造林的前一个月对马尾松人工林进行综合抚育，按照去弱留壮、去小留大、去曲留直的原则伐除非目的树种、干形不良木及霸王木等，注意保留天然的幼树（苗）及珍稀树种；进行割灌、除草，部分林木进行修枝，上层保留木郁闭度保持在0.5以上。

② 林冠下补植杉木，20～40株/亩，栽后2年开展抚育，每年2次。春季（3—6月）：除草、修枝、补植；秋季（9—11月）：除草、扩穴、施肥。注重保留天然更新的目的树种。

③更新层达到5年生后，进行第一次透光伐（或生长伐），郁闭度控制在0.5～0.6（生长伐强度控制在伐前林木蓄积量的25%以内，伐后确定上层木目标树70～80株/亩），进行必要的修枝作业，抚育后保证保留木有足够的生长空间。

当下层更新幼树生长再受到抑制时，再次对上层林木进行单株择伐，伐后上层郁闭度不低于0.5。

（2）竞争生长阶段：结构调整期

下层更新杉木树龄5～20年时，进入速生阶段，生长受到抑制，对上层马尾松进行单株择伐1～2次，改善光照条件，增加营养空间，伐后上层郁闭度不低于0.5。

（3）质量选择阶段：上层木择伐期

①下层更新杉木树龄20年以上，进入径向生长阶段，逐步进入主林层，形成马尾松－杉木复层异龄混交林，对补植杉木进行目的树种标记，伐除干扰树。

②对先期马尾松进行择伐。采伐强度不超过前期目标树的30%，伐后上层郁闭度不低于0.5。

③在采伐后空地及林冠下补植杉木。

（4）收获阶段：主林层择伐期

①主林层杉木达到培育目标后采取持续单株择伐。

②择伐后对下层以天然更新为主，人工辅助促进杉木等目的树种更新，逐步提高杉木占比。

各阶段林分特征和全周期经营措施如表2-45所示。

6. 示范林

（1）建设地点及规模

表2-45　人工马尾松针叶混交大径材全周期经营过程

经营阶段	林分特征	主要措施	要求
介入阶段	马尾松纯林，郁闭度大，高径比较大，林木抗倒伏、抗病虫害能力差	①林冠下更新造林的前一个月对马尾松人工林进行综合抚育。②林冠下补植杉木，栽后2年开展抚育，每年2次。③更新层达到5年生后，进行第一次透光伐（或生长伐），并进行必要的修枝作业	①单次采伐蓄积量强度不能超过采伐前的30%。②采伐后上层郁闭度不低于0.5。③禁止全面割灌除草，只需割除目的树种幼苗幼树周边0.75m半径范围内的灌木杂草，强度控制在60%以内
竞争生长阶段	针叶复层异龄混交林初步形成	对上层林木进行1~2次单株择伐	①单次采伐蓄积量强度不能超过采伐前的30%。②采伐后上层郁闭度不低于0.5
质量选择阶段	上层马尾松达到目标直径，补植幼树出现天然更新	①补植的杉木个体分化变得明显时，对补植树种进行目标树的选择和标记，伐除干扰树。②对先期马尾松进行单株择伐。③在采伐后空地及林冠下补植杉木	①采伐强度不超过前期目标树的30%。②伐后上层郁闭度不低于0.5
收获阶段	杉木达到目标直径，补植树种的一代更新进入主林层，并出现二代更新	①杉木采取持续单株择伐。②下层以天然更新为主，辅助人工促进杉木等目的树种更新，逐步提高杉木占比	①单次采伐蓄积量强度不能超过采伐前的30%。②采伐后郁闭度不低于0.5

示范林位于奉节县太和土家族乡石盘村（林班）159号小班，面积281.6亩，在国家储备林收储范围内。

（2）林分现状

示范林优势树种为马尾松，林分密度为115株/亩，蓄积量226.5m^3/hm^2，平均胸径14cm，平均树高15.2m，林分郁闭度0.7。林下杂灌、杂草覆盖度大，卫生条件差。

（3）经营历史

1990年前后通过飞播造林形成的马尾松林，造林后未进行抚育管理。

（4）经营措施

开展单株目标树经营管理，根据林分生长情况，调整林分密度和结构，逐步伐除马尾松干扰树，降低林分郁闭度，为杉木生长提供良好环境，同时培育马尾松大径材。当马尾松达到目标胸径后开始择伐利用，同时利用杉木天然更新，逐步形成以杉木为主的近自然林，实现森林多功能可持续经营。如图2-279、图2-280所示。

图 2-279　常规经营的马尾松人工林

图 2-280　目标树单株经营的马尾松人工林

（供稿人：李才文　国家林业和草原局西北调查规划设计院）

2.6.1.2　人工柏木针阔混交生态防护林近自然经营模式

1. 模式名称

人工柏木针阔混交生态防护林近自然经营模式。

2. 适用对象

适用于亚热带立地条件中等及以下、郁闭度不足0.4的人工中幼柏木纯林，包括水土保持林、水源涵养林、护路林和护岸林等。

3. 经营目标

生态防护为主，兼顾"美化""彩化"效果。通过在人工中幼柏木纯林中补植乡土彩叶阔叶树种，逐步增加林分结构多样性和复杂性，诱导林分从针叶纯林向针阔混交林演化，从而提高林分质量和稳定性，增强林分生态防护功能。

4. 目标林分

诱导人工柏木针叶纯林向柏木－黄连木－栾树（海拔800m以下，土层较厚）或柏木－水杉（海拔800~1200m，土层较薄）针阔混交林转化。林分成熟阶段，柏木密度20~30株/亩，树龄60年以上，胸径达到35cm以上，目标蓄积量15~20m³/亩。阔叶树种进入主林层更新采伐阶段，目标树密度15~20株/亩，平均树龄60年以上，胸径45cm以上，目标蓄积量20~25m³/亩。经补植阔叶树种，调整林分结构，提高林分稳定性，形成柏木－彩叶阔叶树种异龄混交林。

5. 全周期主要经营措施

（1）介入阶段：针阔异龄混交林构建期

在林中空地及林冠下补植黄连木、栾树或杉木，45~65株/亩，立地条件较差地块进行客土改良，以提高新植苗木的成活率。栽后2年开展抚育管护，包括抗旱灌溉4次（2次/年），除草，施肥，成活率低于90%的地块应在第二年补植，同时进行必要的防火、防病虫害、防人畜破坏管护。

（2）竞争生长阶段：结构调整期

更新层达到15年生后，进行第一次透光伐（或生长伐），郁闭度控制在0.6以上（采伐强度控制在伐前林木蓄积量的20%以内，伐后确定上层木目标树30~45株/亩），进行必要的修枝作业，抚育后保证保留木有足够的生长空间。

（3）林分成熟阶段：结构进一步调整期

下层更新林木树龄25年以上，进入径向生长阶段，逐步进入主林层，形成柏木－阔叶树异龄混交林；

林分郁闭度过大时进行目的树种标记，伐除干扰树。采伐强度不超过20%，伐后上层郁闭度不低于0.6，采伐后平均胸径不能小于采伐前，不能造成天窗，不能降低其生态防护功能。

（4）更新采伐阶段：主林层择伐期

①柏木达到更新采伐年龄，采取单株择伐更新。

②择伐后对下层以天然更新为主，人工辅助促进黄连木等目的树种更新。

择伐后最大林中空地的平均直径不应超过周围林木平均高度的2倍，择伐强度不超过伐前林木蓄积量的20%。禁伐林不进行更新采伐。采伐后及时进行更新。

各阶段林分特征和全周期经营措施如表2-46所示。

表2-46 人工柏木林全周期经营过程

经营阶段	林分特征	主要措施	要求
介入阶段	柏木纯林，郁闭度不足0.4的过疏中幼龄林	①在林中空地及林冠下进行补植，海拔800m以下及土壤厚度≥40cm的地块补植黄连木和栾树；海拔800～1200m及土壤厚度≤40cm的地块补植水杉。②补植后两年进行抚育管护，包括浇水、施肥、除草、补植及其他管护措施	土层较薄地块可进行客土改良
竞争生长阶段	从柏木针叶纯林逐步调整为针阔复层异龄混交林	林分郁闭度达到0.7以上时，进行透光伐及必要的修枝作业	①采伐蓄积强度低于20%。②采伐后上层郁闭度不低于0.6，不造成天窗
林分成熟阶段	下层阔叶树种进入径向生长阶段，逐步进入主林层	郁闭度过大时，对目标树进行标记，适时伐除干扰树	①采伐蓄积强度低于20%。②伐后上层郁闭度不低于0.6，不能造成天窗，不能降低其生态防护功能
更新采伐阶段	林分稳定性较高，柏木达到更新采伐年龄，林下天然更新情况较好	①柏木采取单株择伐。②下层以天然更新为主，辅助阔叶树种更新	①择伐后最大林中空地的平均直径不应超过周围林木平均高度的2倍。②单次择伐强度不超过伐前林木蓄积量的20%。③禁伐林不进行更新采伐。④采伐后及时进行更新

6. 示范林

（1）建设地点及规模

示范林位于奉节县冯坪乡九盘河沿线，建设规模12200.7亩，涉及冯坪乡庙坝社区（林班）1～8小班、南津村（林班）1～48小班、石泉村（林班）1～11小班、皂角村（林班）1～93小班、中村村（林班）1～26小班。

（2）林分现状

示范片范围内以低密度柏木中幼龄林为主，郁闭度多在0.2～0.6，平均保留密度约75株/亩，平均胸径8.8cm，平均树高9.4m，平均每亩蓄积量2.3m³。林下灌草盖度在20%～40%，主要有化香、黄栌、黄荆、蕨类、禾草等。

（3）立地条件

项目实施区域主要集中在九盘河两岸，该区域既是生态敏感区又是生态脆弱区，水土流失和石漠化严重，土壤瘠薄，立地条件相对较差，实施区域海拔高度集中在135～1000m，坡度主要集中在25～35°，土壤以黄色石灰土为主，地块土层较瘠薄，土层厚度集中在20～40cm，土壤pH6.5～7.0。

（4）经营历史

先后进行几次造林和补植作业，未进行抚育管护。

（5）树种选择

通过选择适宜的造林修复树种，将林分培育为以乡土阔叶树、针叶树种为目的树种的复层异龄结构，提高森林系统的稳定性。为体现示范片的整体景观效果，树种选择方面考虑了造林绿化树种特性，选取了具有季相变化的阔叶树种，做到"适地""适树""适景"，以期在保证造林成活率的同时提高景观性和观赏性。示范片树种选择有黄连木、栾树、水杉、柏木等。

图2-281 混交转化经营前的柏木人工林

（6）经营措施

①该区域立地条件较差，整地方式主要采用鱼鳞坑整地，尤其坡度较大、土壤瘠薄地块要进行客土改良，以保证补植苗木存活率。

②在林中空地、林冠下进行补植，选择具有季相变化的乡土阔叶树种，

图2-282 混交转化经营后的柏木人工林

诱导人工柏木针叶纯林向针阔混交林转化，整体提高林分质量，改善林分层次结构，提升林分水源涵养和保持水土的作用，同时提高森林景观效果。如图2-281～图2-283所示。

图 2-283 人工柏木林混交转化经营后的预期效果

（供稿人：李才文　国家林业和草原局西北调查规划设计院）

2.6.1.3 人工杉木大径级用材林经营模式

1. 模式名称

人工杉木大径级用材林经营模式。

2. 适用对象

适用于亚热带湿润季风气候，海拔700～2500m，年平均温度15～23℃，年降水量800～2000mm的地区。立地条件中等及以上，土壤主要为山地黄壤，土层厚度30～60cm，土层中等偏厚、肥力较好，坡度3～35°，处于中龄林阶段的人工杉木商品林。

3. 经营目标

主导功能为杉木大径材培育兼顾生态防护。以提高单位面积蓄积量和出材量、增加单位面积林地生产力为主要经营目标，同时保护乡土阔叶树种。

4. 目标林分

培育年限为50年，目标林分为杉木纯林，单层林结构。目的树种为杉木，先期平均树龄18年，杉木目标树密度为900～1200株/hm^2，平均胸径17cm以上，目标蓄积量200～300m^3/hm^2。平均树龄在40年及以上时，杉木目标树密度为600～900株/hm^2，平均胸径30cm以上，目标蓄积量300～400m^3/hm^2。经下层抚育间伐，保留具有培育前途的阔叶树种，以减少森林病虫害的发生，最终形成人工杉木大径级用材林。

5. 全周期主要经营措施

（1）林相形成期

对现有人工杉木中龄林进行综合抚育，按照采密留稀、采小留大、采劣留优的原则伐除非目的树种、干形不良木及霸王木等，保留目标树（杉木）密度为900～1200株/

hm²，对部分林木进行修枝。上层保留木郁闭度保持在0.6～0.7，注意保留具有培育前途的阔叶树种。

（2）稳定生长期

杉木中龄林第一次综合抚育后，经过10年，目标树（杉木）进入稳定生长阶段。为了改善林内光照条件，增加营养空间，进行第一次单株择伐，郁闭度控制在0.5～0.6（采伐蓄积量强度控制在伐前林木蓄积量的25%以内，伐后确定目标树密度700～1000株/hm²），进行必要的修枝作业，保留具有培育前途的阔叶树种。

（3）大径材形成期

上层目标树树龄40年及以上，平均胸径30cm以上，进入径向生长阶段，进行第二次单株择伐，郁闭度控制在0.5～0.6，采伐蓄积量强度控制在伐前林木蓄积量的20%以内，伐后确定目标树（杉木）密度600～900株/hm²，进行必要的修枝作业，保留阔叶树种，最终形成杉木大径材商品林。

6. 示范林

（1）林分现状

位于重庆市丰都县七跃山林场太平坝管护站22林班4小班，面积300亩，经营组织形式为国有林场经营。土壤为山地黄壤，微酸性，土层厚度50cm，坡度30°以下，海拔1200～1500m。现有蓄积量250.5m³/hm²，每亩平均株数110株，平均胸径17cm，平均树高12.0m，郁闭度0.7，优势树种为杉木。

（2）经营历史

2005年营造的人工杉木林，2016年进行过一次割灌除草抚育。

（3）经营措施

主要经营措施为综合抚育，按照采密留稀、采小留大、采劣留优的原则伐除非目的树种、干形不良木及霸王木等，对部分林木进行

图2-284 常规经营的杉木人工林

修枝并清理人为活动频繁的林缘及路缘50m范围内的枯枝落叶层，以防止森林火灾的发生。此外，保留具有培育前途的阔叶树种，最终形成人工杉木大径级用材林。如图2-284、图2-285所示。

图 2-285　大径级用材林经营模式经营的杉木人工林

（供稿人：向红福　丰都县七跃山林场）

2.6.1.4　人工杉木林阔叶化经营模式

1. 模式名称

人工杉木林阔叶化经营模式。

2. 适用对象

适用于立地条件中等及以上，植株过密或者超出杉木大径材培育适宜海拔范围（200～800m左右）的中龄林阶段的杉木人工商品林。

3. 经营目标

短期以培育杉木中径材为目标，长期以培育阔叶树大径材为目标，兼顾短期与长期的经济效益。

4. 目标林分

第一代林分是杉木-阔叶树异龄混交林，第二代林分是阔叶混交林。目的树种包括杉木、鹅掌楸、桢楠等，先期上层杉木密度600～750株/hm^2，树龄26年以上，胸径为25cm以上，目标蓄积量175～225m^3/hm^2。上层杉木皆伐后，阔叶树密度300～375株/hm^2，平均树龄60年以上，胸径40cm以上，目标蓄积量225～300m^3/hm^2。

5. 全周期主要经营措施

（1）间伐和补植

① 生长伐。在补植阔叶树当年，对杉木林实施生长伐，伐后林分郁闭度不低于0.6，株数强度在35%左右，蓄积量强度在20%左右（采伐强度可以根据阔叶目的树种的喜光性进行调整），保留密度75株/亩左右；平均胸径高于采伐前平均胸径；原则上

不造成林窗、林中空地等。注意保留林下阔叶树幼树、幼苗。

②修枝。采伐作业结束后对杉木立即修枝，修去枯死枝。修枝后保留冠长不低于树高的1/2，枝桩尽量修平，剪口不能伤害树干的韧皮部和木质部。

③割灌除草。全面清理杉木萌条；采用带状方式割灌除草，割灌除草区的宽度控制在1～2m；全面砍伐胸径5cm以下林木，清除杂灌、杂草等，要求杂灌、杂竹等伐根不高于10cm，石块、树枝等杂物清理干净。注意保护补植的阔叶幼苗。

④补植阔叶树。补植鹅掌楸、桢楠等。采用见缝补阔的方式，不设置具体的株行距，对林分中能够栽植的区域进行均匀补植或块状补植，平均每亩25株。穴状整地，根据25株/亩初植密度推算，株行距为5m×5m左右。实际操作时，以此进行计算。在郁闭度较大、林窗较小的情况下，适当减少栽植株数；在林窗较大的情况下，初植密度适当大一些，株行距可调整为3m×3m左右；如挖穴位置为林中空地，离四周大树至少2m的水平距离。

⑤施肥。对杉木和补植阔叶树等施用复合肥，采用施肥器进行环状或点状施肥（0.3kg/穴）后用土壤覆盖。实施过程中如遇苗木没有成活的，抚育施肥工作需按要求正常进行。

（2）结构调整

更新层达到10年生后，进行透光伐，郁闭度控制在0.5左右，株数强度在35%左右，蓄积量强度在15%左右，保留密度50株/亩左右；进行必要的修枝作业。

（3）皆伐收获

杉木达到培育目标后采取皆伐收获。

（4）主林层择伐

主林层达到培育目标后采取持续单株木择伐。择伐后对下层以天然更新为主，人工辅助促进阔叶目的树种更新。

6. 示范林

（1）建设地点与规模

南川乐村林场洞坝子工区2林班1小班，小地名三岔口，面积150亩。

（2）林分现状

人工杉木林，中龄林，现有蓄积量120m^3/公顷，密度2200～2800株/hm^2，平均胸径13cm，平均树高7.5m，林分郁闭度0.8。灌木或藤本植物主要有火棘、胡颓子、悬钩子等。

（3）立地条件

小班平均海拔在1100m左右，中山上坡。土壤母质为石灰岩，土壤类型全部为山地黄壤，土层厚度在40～60cm，表层色深，下层色黄，透水性良好。土壤呈微酸性，pH在5.5～6.5。

（4）经营历史

初植密度较大，未进行抚育间伐。如图2-286所示。

（5）目标林分

培育杉木－鹅掌楸针阔混交林。杉木以中径材培育为主，鹅掌楸以大径林培育为目标。

图2-286 经营前的杉木人工林

（6）主要经营措施

①实施生长伐。伐后林分郁闭度不低于0.6，采伐株数强度在30%左右，蓄积量强度在25%左右，对其中少量的马尾松全部采伐，保留密度75株/亩左右，实际操作时大致按保留木和伐除木3∶1的比例，根据具体情况进行分级和标记。

②补植鹅掌楸。见缝补阔，平均每亩25株。在郁闭度较大、林窗较小的情况下，适当减少栽植株数；在林窗较大的情况下，初植密度适当大一些，株行距可调整为3m×3m左右；如挖穴位置为林中空窗，离四周大树至少2m的水平距离。选用Ⅱ级以上苗木，裸根苗（移植苗），苗龄1～2年，地径≥1cm，苗高≥1m，根系完整、须根发达，色泽正常，充分木质化，无机械损伤。

如图2-287所示。

图2-287 第一次经营作业后杉木－阔叶树混交人工林

（供稿人：刘友林 国家林业和草原局西北调查规划院）

2.6.1.5 人工马尾松针阔混交大径级用材林经营模式

1. 模式名称
人工马尾松针阔混交大径级用材林经营模式。

2. 适用对象
适用于松材线虫病疫区，立地条件中等及以上，坡度35°以下的马尾松人工商品林。

3. 经营目标
培育马尾松－阔叶树混交林，以大径材培育为主兼顾松材线虫病防治与生态防护。

4. 目标林分
马尾松－阔叶树混交林。目的树种包括马尾松、桢楠、香樟、枫香、鹅掌楸、麻栎、木荷等，采用改培带更新造林和保留带综合抚育两种主要方式。保留带先期上层马尾松目标树密度100～150株/hm²，树龄60年以上，胸径为50cm以上，目标蓄积量175～225m³/hm²。改培带阔叶目标树密度300～375株/hm²，保留带阔叶目标树密度200～275株/hm²，平均树龄60年以上，胸径50cm以上，目标蓄积量200～250m³/hm²。

5. 全周期主要经营措施
（1）改培带与保留带

① 改培带。包括带状和块状改培。带状改培：在小班范围内，根据地形地势沿等高线或斜等高线设置改培带，避开山顶瘠薄处、陡坡及山沟等水土易流失的区域。改培带宽度以30m为宜，原则上不超过马尾松林分平均树高的2倍，带间距离原则上保留90m以上。改培带面积不超过小班面积的25%，单带面积不超过10hm²。沿山脊线两旁15m范围内设防护保留带。块状改培：面积原则上不超过2hm²（坡度平缓、土壤肥沃、容易更新的林分，可以扩大到10hm²）。

② 保留带。小班内非改培带区域。

（2）改培带全面采伐与保留带综合抚育

① 当年对改培带内的马尾松人工林进行伐除，将郁闭度控制在0.2左右，注意保留天然更新的阔叶幼树（苗）。

② 在冠下更新造林的当年对保留带内的马尾松人工林进行择伐或抚育间伐，在采伐强度上保证补植的阔叶幼树后期生长空间，调整树种结构，上层保留木郁闭度控制在0.5左右。注意保护原有、补植的阔叶幼苗。

（3）补植阔叶树

① 补植桢楠、香樟、枫香、鹅掌楸、麻栎、木荷等。见缝补阔，不设置具体的株行距，对林分中能够栽植的区域进行均匀补植或块状补植，保留带平均每亩25株，改

培带更新平均88～110株/亩。

② 施用有机无机复合肥，采用点状施肥，造林当年及后两年对幼树进行施肥。

6. 示范林

（1）建设地点及规模

位于重庆市梁平区星桥镇高都村1林班268、282和287小班，面积158.4亩。

（2）林分现状

人工马尾松林，近熟林，现有蓄积量202m^3/hm^2，密度2600～2800株/hm^2，平均胸径12cm，平均树高10.5m，林分郁闭度0.75～0.8。主要灌木有火棘、胡颓子、悬钩子等。

（3）立地条件

小班平均海拔在775m左右，低山中坡，东南坡，地势较平缓，平均坡度15°左右。土壤类型为黄壤，土层厚度在50～65cm，土壤呈微酸性，pH在5.5～6.7。

（4）经营历史

初植密度大，未开展抚育间伐等经营活动。如图2-288所示。

图2-288 经营前的人工马尾松林

（5）目标林分

营造马尾松－枫香、桢楠混交林。采取更换树种、补植、林冠下造林等措施，营造枫香、桢楠等阔叶树种，将马尾松纯林逐步改造，形成近5∶5的针阔复层异龄混交林，林分质量得到有效提升。

（6）主要经营措施

① 改培带作业。在小班内依山势、随坡向，设置改培带，面积57.7亩，带状伐除马尾松，带内保留目的树种10株左右，保留天然更新的阔叶幼树（苗），伐后郁闭度0.2左右，采伐后进行带状造林，按照2m×3m株行距，栽植枫香6347株。

② 保留带作业。面积95.6亩，采取择伐的方式，伐后郁闭度0.5左右，补植补造桢

楠2294株。

③ 修建集材道。在改培带下坡位、保留带相对平缓区域设置集材道，面积5.1亩。如图2-289所示。

图 2-289　第一次经营作业后的人工马尾松林

（供稿人：刘友林　国家林业和草原局西北调查规划院）

2.6.1.6　人工商品林桢楠林苗一体化异龄复层林经营模式

1. 模式名称

人工商品林桢楠林苗一体化异龄复层林经营模式。

2. 适用对象

适用于立地条件中等及以上的山地黄壤，土层厚度40cm以上，海拔600～1100m、坡度15°以下，郁闭度达到0.5以上的桢楠幼林，人工商品林。

3. 经营目标

主导功能为珍贵大径材培育和大规格桢楠苗生产，兼顾生态防护。

4. 目标林分

人工桢楠复层异龄林。形成桢楠四层异龄林，其中主林层桢楠胸径在20cm以上、高度在24m左右、密度为300株/hm^2，第二层桢楠胸径在15cm以上、高度在14m左右、密度在200株/hm^2左右，第三层桢楠胸径在8cm以上、高度在12m左右、密度在300株/hm^2，第四层桢楠胸径在3cm以上、高度在4m左右、密度在300株/hm^2左右。经循环式利用（上层桢楠择伐）、移植（大规格苗木出售）、补植（利用、移植处补植3年生桢楠苗），科学、有序、合理经营目标树，形成稳定可持续培育利用的桢楠复层异龄林。

（1）幼龄林阶段

3～20年（苗龄3年），初植密度为825株/hm²，在幼龄林阶段选择桢楠保留幼树进行定株，定株密度为600株/hm²，对未定株保留的幼树（225株/hm²，作为桢楠苗木出售或移植）实施断根、整枝、外挂营养液，促进生根，熟化大规格苗，为移植创造条件，熟化时长为2年。其间进行大规格苗木有偿出让或自用。

（2）中龄林阶段

21～40年，对上层桢楠进行再次定株，保留株数为300株/hm²，再次对移植大规格苗进行熟化。下层幼树达到可熟化时期，按技术规程进行熟化。上层桢楠定株后，下层幼树按技术规程进行抚育管理。

（3）近熟林以后阶段

41年以后，主林层达到培育目标，进行单株择伐。择伐后下层桢楠已达到中龄林，实现桢楠持续覆盖。

5. 全周期主要经营措施

（1）介入状态：大规格桢楠苗熟化期

在达到条件的桢楠幼林中进行定株，造林初始密度为825株/hm²，3年后选择桢楠保留幼树进行定株，定株密度为600株/hm²，对未定株保留的幼树（225株/hm²，作为桢楠苗木出售或移植）实施断根、整枝、外挂营养液，促进生根，熟化大规格苗，为移植创造条件，培植时间为2年。

（2）促进生长阶段：林下幼苗培育及结构调整期

① 大规格移植苗条件成熟后，根据市场需要进行带土移植，也可用于通道绿化、特定区域复绿。

② 大规格苗木移植后，在造林季节进行补植，补植苗木为三年生桢楠轻基质无纺布苗。

苗木补植后按相关技术规程进行抚育管理：每年进行2～3次窝抚，同时团窝施肥，株施复合肥0.1kg/次，当幼苗生长到直径4cm、高度6m以上停止抚育管理，选株按技术规程进行苗木熟化（下同）。

形成桢楠异龄林后，第一批苗木林冠高度为12m左右、密度为600株/hm²，第二批苗木高度为8m左右、密度为200株/hm²左右，第三批苗木高度为4m左右、密度为300株/hm²左右。

（3）质量选择阶段：定株移植及苗木培育期

① 对上层桢楠进行再次定株，保留株数为300株/hm²，再次对移植大规格苗进行熟化。

② 下层幼树达到可熟化时期，按技术规程进行熟化。

③ 上层桢楠定株后，下层幼树按技术规程进行抚育管理。

④ 林分进入中龄林后应按照技术规程实施抚育间伐，对于林分中需采伐的林木首先进行熟化，根据市场需求进行大树带土移植，用于林场通道绿化、站点绿化、复绿造林等。

建成的桢楠异龄林，第一批造林苗木高度在18m左右、密度为300株/hm², 第二批造林苗木高度在14m左右、密度在200株/hm²左右，第三批造林苗木高度在12m左右、密度在300株/hm², 第四批造林苗木高度在4m左右、密度在300株/hm²左右。

（4）收获阶段：主林层择伐期

① 主林层达到培育目标，进行单株择伐。

② 择伐后下层桢楠已达到近熟林，实现桢楠持续覆盖。

逐年采伐第一批造林林木，原第二批造林林木占据最上层空间，高度为20m左右，密度在200株/hm²左右，第三批造林林木高度在18m左右，密度在300株/hm², 第四批造林林木高度在12m左右，密度在300株/hm²左右。采伐后补植的苗木高度将达到8m左右，密度在300株/hm²左右。

6. 示范林

示范林位于永川国有林场张家湾分场大坪坡处，10林班146、150、214小班，面积120亩。

（1）林分现状

主林层以杉木、马尾松为主，人工商品林，林龄25～30年，郁闭度0.6，海拔645～760m，坡度10°，立地条件较好。林下植被以桢楠幼林为主，密度74株/亩，高度7m，胸径6cm。

（2）经营历史

2017年三教镇云龙村张家湾集体林场整体流转的集体林，林分以杉木和马尾松为主，密度过大、郁闭度0.8、林相较差。

（3）目标林分

人工桢楠复层异龄林。形成桢楠四层异龄林，其中主林层桢楠胸径在20cm以上、高度在24m左右、密度为300株/hm², 第二层桢楠胸径在15cm以上、高度在14m左右、密度在200株/hm², 第三层桢楠胸径在8cm以上、高度在12m左右、密度在300株/hm²左右，第四层桢楠胸径在3cm以上、高度在4m左右、密度在300株/hm²左右。

（4）主要经营措施

2018年春季，对林地进行杂灌木清理，采伐部分长势不良的杉木和马尾松后，在林下进行桢楠造林，株行距3m×3m，每亩平均株数74株，三年生容器苗。造林后，每年两次抚育施肥管理。通过近6年的培育，现在桢楠平均胸径6cm、平均树高7m、林分郁闭度0.6。下一步对部分桢楠进行切根处理，一年后作为绿化大苗出圃销售，再对出苗的地方进行补植，保留的桢楠培育大径材。如图2-290所示。

图 2-290　人工商品林桢楠林苗一体化异龄复层林经营模式

（供稿人：陈志云　重庆市永川区国有林场/重庆市林业规划设计院）

2.6.2　四川省

2.6.2.1　人工杉木针阔混交水源涵养林择伐经营模式

1. 模式名称

人工杉木针阔混交水源涵养林择伐经营模式。

2. 适用对象

人工起源的杉木相对纯林，龄组为中龄林，森林类别为公益林。立地条件中等及以上，海拔1000～1800m，土壤主要为山地黄壤，土层厚度45～130cm，坡度5～35°。

3. 经营目标

通过疏伐、修枝和割灌等抚育措施，林分郁闭度有所降低，林下空间得到改善，促进目的树种杉木健康生长；对林下长势良好的乡土阔叶树种或珍稀树种加以保护，促使阔叶树混交比例逐渐提高，整个林分的森林结构和生物多样性得到改善，进而提高水土保持和水源涵养功能。

4. 目标林分

目标林分为杉木-阔叶树异龄混交林。目的树种包括杉木、胡桃、灯台树等。培育年限30年时，上层杉木950~1300株/hm^2，平均胸径22cm以上，平均树高15m以上，蓄积量300~400m^3/hm^2；下层阔叶树（胡桃、灯台树等）进入主林层后，平均胸径12cm以上，密度100~150株/hm^2，蓄积量10~15m^3/hm^2。培育年限50年时，上层杉木密度550~600株/hm^2，平均胸径36cm以上，平均树高20m以上，蓄积量600~650m^3/hm^2；下层阔叶树密度150~200株/hm^2，平均胸径20cm以上，蓄积量35~45m^3/hm^2。经单株木择伐作业经营，促进潜在目标树（阔叶树种）更新生长，形成杉木-阔叶异龄混交林。

5. 全周期主要经营措施

（1）造林与维护管理

基本流程为清林、整地和植苗。造林密度为2500~3300株/hm^2，株行距2.0m×（1.5~2.0）m，造林树种主要为杉木；造林时间主要为春秋季。幼龄的维护管理时间为造林后的1~5年，主要措施为清理影响苗木生长的杂草和杂灌并进行补植。

（2）幼龄林抚育

对6~10年的幼龄林进行一次透光伐，根据杉木生长情况，伐除被压木、受害木，减小林木密度，并对影响目的树种生长的藤蔓植物、杂灌、枝丫进行清理；伐后保留2000~2500株/hm^2。

（3）中龄林抚育

根据年龄开展两次疏伐，通过"采劣留优、采弱留壮、采密留疏"方式，调整林分密度、改善林分结构、提高森林质量，对影响目的树种生长的藤蔓植物、杂灌、枝丫进行清除；同时，培育下层阔叶树种，促使阔叶树混交比例提高，整个林分的森林结构和生物多样性得到改善。在11~14年进行第一次生长伐，伐后保留1700~2000株/hm^2；然后在16~20年进行第二次生长伐，伐后保留1400~1600株/hm^2。

（4）近熟林疏伐

年龄22~24年时，根据林分密度和树木生长发育情况，选择疏伐，降低杉木针叶树种占比，增加胡桃、灯台树等阔叶树占比，形成针阔混交林，疏伐后保留1200~1500株/hm^2。

（5）成熟林择伐

年龄26~30年时，根据树木生长情况，对长势不好的杉木择伐，并对下层阔叶树（胡桃、灯台树等）进行抚育，形成杉木-阔叶树异龄混交林，上层杉木950~1300株/hm^2，下层阔叶树100~150株/hm^2。

6. 示范林

（1）林分现状

位于映秀二作业区22号林班（位于黄家院村），总面积为305.1亩，人工起源的杉木相对纯林，龄组为中龄林，森林类别为公益林，林龄15年，平均胸径14.2cm，平均树高11.8m，林分郁闭度0.8，林分密度2100株/hm^2，蓄积量180m^3/hm^2。

（2）经营历史

造林时间为2008年，为保证造林成活率，2009—2011年管护期间实施了补植、割灌除草等措施。由于长时间未进行抚育，林分郁闭度较大，林分长势不良、被压木较多，林分质量逐步下降，致使森林防护功能降低，抵御自然灾害能力减弱。

（3）目标林分

目的树种有杉木、胡桃、灯台树等。培育30年以上，上层杉木密度950～1300株/hm^2，平均胸径22cm以上，平均树高15m以上，蓄积量300～400m^3/hm^2；次林层阔叶树（胡桃、灯台树等）平均胸径12cm以上，林分密度100～150株/hm^2，蓄积量10～15m^3/hm^2。抚育并促进潜在目标树（阔叶树种）更新生长，形成杉木－阔叶树异龄混交林。

（4）主要经营措施

采取抚育间伐措施，清理影响目的树种生长的藤本杂灌木等，改善林分卫生状况。抚育后蓄积量160m^3/hm^2，林分密度1700株/hm^2，平均胸径15.4cm，平均树高12.1m，林分郁闭度0.6。更新层树种为胡桃、灯台树等乡土树种。如图2-291所示。

图2-291 杉木人工林混交化改造作业设计调查

（供稿人：阳　华　四川省汶川县国有林保护局）

2.6.2.2 人工云冷杉大径材公益林择伐经营模式

1. 模式名称

人工云冷杉大径材公益林择伐经营模式。

2. 适用对象

人工起源的云冷杉林，森林类别为生态公益林。立地条件中等及以上，海拔1900～3100m，土壤主要为山地黄壤，土层厚度40～80cm，坡度2～29°。

3. 经营目标

生态系统层次结构完整的多功能大径材云冷杉生态公益林，同时保护乡土阔叶树种。

4. 目标林分

生态系统层次结构完整的大径材多功能云冷生态公益林。目标林分为云杉、冷杉混交林，单层林结构。冷杉培育年限60年，平均胸径32cm以上，林分密度600～800株/hm²，蓄积量450～650m³/hm²；云杉培育年限80～100年，平均胸径40cm以上，林分密度400～600株/hm²，蓄积量450～700m³/hm²。

5. 全周期主要经营措施

（1）造林与维护管理

基本流程为清林、整地和植苗，清林是清理林地中杂草、杂灌等，整地采用穴状整地（包括定点和挖穴），植苗是采用人工植苗。造林密度为2500株/hm²，株行距2m×2m，造林树种主要为云杉和冷杉；造林时间主要为春季。幼龄的维护管理时间为造林后的1～5年，主要措施为割灌除草，移除影响苗木生长的杂草和杂灌，受自然灾害时则进行补植。

（2）竞争生长阶段

幼龄林进行一次透光伐，根据树木生长情况，伐后保留1500～2000株/hm²。

（3）质量选择阶段

在中龄林时，根据林分状况开展两次疏伐，让目的树种生长环境具备一定竞争性的同时保证目标树的优势生长，提高成材品质。第一次疏伐（冷杉20年，云杉25年）后保留1000～1500株/hm²；第二次疏伐（冷杉30年，云杉35年）后保留800～1200株/hm²。

（4）近熟林抚育

根据林分密度和树木生长发育情况，选择是否开展生长伐，一般伐后保留600～800株/hm²。

（5）收获阶段

根据树木生长情况，在成熟林时选择择伐或不择伐，一般伐后冷杉600～800株/hm², 云杉400～600株/hm²。

6. 示范林

（1）林分现状

示范林位于614林场二作业区2林班，海拔2600m，山地黄壤、土壤厚度60cm，平均坡度15°。冷杉纯林，年龄25年，郁闭度0.9，活立木平均直径18.7cm，平均高14.6m，林分密度1950株/hm²，蓄积量438m³/hm²，灌木种类主要有杜鹃和箭竹等，草本种类主要有冷水花等，灌草平均盖度10%。

（2）经营历史

1998年造林，造林密度为2500株/hm²，株行距2m×2m，造林树种为冷杉，造林时割灌除草，移除影响苗木生长的杂草和杂灌。幼龄林阶段未进行抚育。

（3）目标林分

生态系统层次结构完整的大径材多功能冷杉生态公益林。目标林分为冷杉纯林，单层林结构。培育年限60年，平均胸径32cm以上，林分密度600～800株/hm²，蓄积量450～650m³/hm²。

（4）当前措施

中龄林抚育通过疏伐方式调整林分密度，设计采伐活立木株数强度35%，蓄积量强度14%，伐后平均胸径由18.7cm提高到21cm，林分密度由1950株/hm²调整到1200株/hm²，蓄积量由438m³/hm²调整到376m³/hm²，林分郁闭度降低、通透性及透光性增加，为林下灌草生长创造有利环境。

图2-292 未抚育人工冷杉纯林

（5）近熟林疏伐

在30年第一次疏伐，伐后保留900～1000株/hm²；在40年第二次疏伐，伐后600～800株/hm²。成熟林择伐：根据树木生长情况进行择伐，伐后保留600～800株/hm²。如图2-292、图2-293所示。

图 2-293　第 1 次抚育后的冷杉纯林

（供稿人：周世兴　四川农业大学/新川南林业有限公司）

2.6.2.3　人工柳杉大径材用材林择伐经营模式

1. 模式名称

人工柳杉大径材用材林择伐经营模式。

2. 适用对象

人工起源的柳杉纯林或以柳杉为优势种伴有杉木的相对纯林，森林类别为商品林，天然更新等级不良或中等；处于四川盆地西缘华西雨屏区，海拔950～1450m，坡度12～40°，土壤为山地黄壤，土层深厚肥沃，降雨充沛，光照好。

3. 经营目标

培育大径级用材林，以提高单位面积蓄积量和出材量、增加单位面积林地生产力为主要经营目标，同时保护乡土阔叶树种。

4. 目标林分

培育年限为30年，目标林分为柳杉纯林，单层林结构，林分密度750～1100株/hm^2，平均胸径26cm以上，蓄积量400～500m^3/hm^2，林分年平均生长量达15m^3/hm^2以上。培育年限50年时，林分密度390～450株/hm^2，平均胸径45cm以上，蓄积量700～750m^3/hm^2。

5. 全周期主要经营措施

（1）造林与维护管理

基本流程为清林、整地和植苗，清林是清理林地中杂草、杂灌等，整地采用穴状整地（包括定点和挖穴），植苗是采用人工植苗。造林密度为3600株/hm²，株行距1.67m×1.67m，造林树种主要为柳杉，有少量杉木；造林时间主要为秋冬季。幼龄的维护管理时间为造林后的1~5年，主要措施为割灌除草，移除影响苗木生长的杂草和杂灌，受自然灾害时则进行补植。

（2）竞争生长阶段

对8~10年的幼龄林进行一次透光伐，根据树木生长情况，伐后保留1770~2400株/hm²。

（3）质量选择阶段

在中龄林时，根据林分状况开展两次疏伐，让目的树种生长环境具备一定竞争性的同时保证其优势生长，提高成材品质。在12~14年进行第一次疏伐，伐后保留1260~1500株/hm²；然后在16~20年进行第二次疏伐，伐后保留990~1200株/hm²。

（4）近熟林抚育

年龄到22~24年时，根据林分密度和树木生长发育情况，选择是否开展生长伐，一般伐后保留840~1080株/hm²。

（5）收获阶段

到26~28年成熟林时，根据树木生长情况，可开展择伐经营，一般择伐后保留750~870株/hm²。

6. 示范林

（1）林分状况

示范林位于柏木岗作业区27林班，树种组成为9柳1杉，年龄13年，平均胸径12.2cm，平均高9.7m，林分密度2280株/hm²，蓄积量148.6m³/hm²。抚育后平均胸径13.1cm，平均高10.2m，林分密度1440株/hm²，蓄积量109.3m³/hm²。

（2）经营历史

1977年造林，初植密度为3500株/hm²，株行距为1.67m×1.67m，造林树种为柳杉。造林时穴状整地，清除杂灌杂草。未成林阶段实施了5年抚育，幼龄林阶段进行1次透光伐，株数强度30%，伐后保留2505株/hm²。林龄13年时开展第一次生长伐，调整林分密度，采伐株数强度40%，蓄积量强度25%，伐后保留1500株/hm²；林龄18年时开展第二次生长伐，采伐株数强度40%，蓄积量强度25%，伐后保留900株/hm²；林龄23年时开展第三次生长伐，采伐株数强度30%，蓄积量强度18%，伐后保留630株/hm²；林龄28年时开展择伐，采用定株择伐，伐后保留475株/hm²。

（3）目标林分

50年以上的柳杉大径级用材林，林分密度390~450株/hm²，平均胸径45cm以上，蓄积量700~750m³/hm²。

（4）主要经营措施

本着"采劣留优、采弱留壮、采密留疏"的原则，通过调整立木密度，改善林分结构，减少干扰木对养分的竞争，提高森林质量。伐后郁闭度不低于0.6。伐前按标准选择好保留对象并对伐除木做好标记。成熟林阶段进行择伐，采用定株择伐，先在林分中选出生

图2-294 柳杉对照林分

长停滞和受害的林木进行标记，之后伐除标记木，采伐株数强度约25%，蓄积量强度20%。如图2-294、图2-295所示。

图2-295 经营后的柳杉林分（示范林）

（供稿人：谭飞川　四川省洪雅县国有林场）

2.6.2.4 人工柏木大径级珍贵用材林择伐经营模式

1. 模式名称

人工柏木大径级珍贵用材林择伐经营模式。

2. 适用对象

适用于川中丘陵、立地条件中等或一般区域，密度大的人工柏木中龄林、幼龄林，一般商品林或者公益林，天然更新不良。

3. 经营目标

主导功能为珍贵大径材生产，兼顾生态防护。

4. 目标林分

柏木大径级珍贵用材林或柏木-麻栎复层混交林。目的树种包括柏木、麻栎、黄连木等。目标树龄60年以上，目标密度600～800株/公顷，上层林木郁闭度0.5～0.6，培育胸径为26cm以上，目标蓄积量260～320m^3/hm^2。经单株木径级择伐作业，促进潜在目标树（阔叶树种）更新生长，形成柏木-阔叶树复层混交林。

5. 全周期主要经营措施

（1）介入状态：竞争生长阶段，林木分化严重

① 乔木层基本为柏木，树种组成单一、密度较大，林分密度2500～3500株/hm^2，群落结构简单。下层林木生长受到抑制，林木分化。

② 对上层进行疏伐2～3次，改善林木生长空间，增加林下透光度，伐后上层郁闭度保持在0.6。

③ 对更新层麻栎等幼树幼苗进行抚育，可采取人工促进天然更新措施，补植点播麻栎，土层深厚处可补植楠木、银杏等。

（2）质量选择阶段：上层木择伐，树种结构调整

① 下层更新阔叶树逐步进入主林层，林木树龄40～60年，进入径向生长阶段，形成柏木-阔叶树复层异龄林。

② 对部分胸径达到30cm的林木进行择伐，强度不超过前期目标树的35%，间隔期5～10年。

③ 确定先期更新层目标树200～300株/hm^2，对更新林木进行疏伐，密度450～650株/hm^2。

（3）收获阶段：主林层择伐期

① 主林层达到培育目标，采取持续单株木择伐。

② 择伐后对下层以天然更新为主，人工辅助促进麻栎、黄连木、楠木等目的树种更新。

③ 如果出现林窗或林中空地，采取幼抚措施促进林下自然更新的麻栎生长，可同时点播麻栎，实现柏木－珍贵阔叶树恒续覆盖。

6. 示范林

（1）林分现状

位于乐至县石佛镇1林班530号小班，面积300亩，人工柏木林。年龄38年，蓄积量105.5m^3/hm^2，林分密度253株/亩，平均胸径8.98cm，平均树高9.68m，林分郁闭度0.8。优势树种为柏木，更新不良，林分内分布大量"小老头"树。零星有麻栎、苦楝、黄连木等乡土树种幼苗。

（2）经营历史

20世纪80年代中期营造的柏木林，为了尽快遏制严重的水土流失，实现荒山绿化的效果，初植密度达到了500株/亩。在90年代初进行过抚育间伐，主要采取机械抚育方式，伐后保留木每亩平均株数约260株。2010年，通过低效林改造技术推广示范项目开展抚育疏伐，株数强度34.8%，蓄积量强度20.3%，伐后保留木平均胸径10.69cm，平均树高9.95m，林分郁闭度0.65。伐后蓄积量84.1m^3/hm^2，密度2475株/hm^2。

（3）目标林分

柏木－麻栎复层混交林，柏木目标树龄60年以上，目标密度600~800株/hm^2，上层林木郁闭度0.5~0.6，目标胸径为26cm以上，目标蓄积量达到280m^3/hm^2。经单株木径级择伐作业，促进潜在目标树（阔叶树种）更新生长，形成柏木－阔叶树异龄复层混交林。

（4）主要经营措施

近5年内再次开展疏伐抚育，按照"三砍三留"的原则，株数强度35%~40%，使伐后株数保留在1100~1480株/hm^2，伐后郁闭度控制在0.6。10年后开展生长伐抚育，进行林木分类，确定目标树和有利于生态功能的辅助树，保留目标树600~800株/hm^2。同时，对于达到目标径级的柏木，开展径级择伐，重点培育林下更新层的麻栎、苦楝、黄连木等乡土树种，适当点播麻栎，形成复层混交林，增加灌草覆盖度和生物多样性，增强水土保持和水源涵养能力。如图2-296~图2-298所示。

图 2-296 川中丘陵区柏木林抚育间伐前

图 2-297 川中丘陵区柏木林抚育间伐后

图 2-298 川中丘陵区柏木林抚育后林分生长情况

（供稿人：王　峰　四川省林业和草原调查规划院）

2.6.3 贵州省

2.6.3.1 人工柳杉阔叶混交大中径级用材林经营模式

1. 模式名称

人工柳杉阔叶混交大中径级用材林经营模式。

2. 适用对象

适用于立地条件中等及以上，中龄林和近熟林阶段的柳杉人工商品林。

3. 经营目标

主导功能为珍贵大径材生产，兼顾生态防护。

4. 目标林分

柳杉-针阔异龄混交林。通过对改造对象采取择伐和补植的方式进行改造，伐除质量差、长势弱、干形差的林木，保留现有生长健康、干形通直、生活力强的林木。为保证林分稳定性，在林间空地、间隙处补植檫木，促使形成柳杉-檫木珍贵树种针阔混交大中径级用材林。

5. 全周期主要经营措施

（1）择伐

伐除无培育前途的干形不良木、老龄木、病腐木、濒死木等。择伐中应保留有培育前途的中、小径木，林下或林中空地补植珍贵树种。调整树种结构和林分密度、提高林地生产力和生态功能。采伐强度30%以内。

（2）补植

采伐后在林窗及林中空地处补植檫木，补植密度约为40~50株/亩，定植穴规格为40cm×40cm×30cm，补植方式为见缝插针。

（3）抚育

栽植次年抚育1次，抚育方式为刀锄抚，割除幼树周围1米内杂草，然后进行松土和覆土，在树根处形成馒头状。

6. 示范林

（1）林分现状

位于拱拢坪国有林场山上工队低质低效林改造1、2、3号小班和场部工队4号小班，面积200亩。人工起源的杉木相对纯林，龄组为中龄林和近熟林，郁闭度0.75~0.8，土壤以黄壤为主，土层厚度80cm，海拔在1800~1950m，坡度5°。平均胸径12~16cm，平均树高7~11m，林分郁闭度0.8左右，林分密度30~130株/亩。

（2）经营历史

造林时间为2000年左右，由于长时间未进行抚育，林分郁闭度较大，林分长势不良、被压木较多，林分质量逐步下降，致使森林防护功能降低，抵御自然灾害能力减弱。

（3）目标林分

营建柳杉-针阔异龄混交林。

（4）主要经营措施

通过择伐改造伐除无培育前途的干形不良木、老龄木、病腐木、濒死木等，保留柳杉、华山松、杉木和阔叶树种，并在林间空地、间隙处补植檫木，打造柳杉-檫木珍贵树种针阔混交大中径级用材林。如图2-299、图2-300所示。

图 2-299 柳杉人工林经营前

图 2-300 柳杉人工林经营后

（供稿人：彭　涛　贵州省毕节市七星关区拱拢坪国有林场）

2.6.3.2　人工马尾松针阔混交大径材目标树单株木经营模式

1. 模式名称

人工马尾松针阔混交大径材目标树单株木经营模式。

2. 适用对象

适用于立地条件中等及以上，中龄林和近熟林阶段的马尾松人工商品林。

3. 经营目标

主导功能为大径材生产，兼顾生态防护。

4. 目标林分

马尾松针阔复层异龄混交林。目的树种包括马尾松、檫木、楸树、麻栎等。先期上层马尾松目标树密度200～300株/hm², 平均树龄40年以上, 胸径40cm以上, 目标蓄积量200～300m³/hm²。阔叶树（檫木、楸树、麻栎等）进入主林层后, 目标树密度100～150株/hm², 平均树龄60年以上, 胸径45cm以上, 目标蓄积量250～350m³/hm²。经单株木择伐作业经营, 促进潜在目标树（阔叶树种）更新生长, 形成马尾松－阔叶树复层异龄混交林。

5. 全周期主要经营措施

（1）介入状态：林下更新层形成期

① 在冠下更新造林前对马尾松人工林进行综合抚育, 按照留优去劣的原则伐除非目的树种、干形不良木及霸王木等, 进行林下清场及部分林木修枝, 上层保留木郁闭度保持在0.5～0.6, 注意保留天然幼树（苗）。

② 林冠下补植阔叶树（檫木、楸树等）, 平均630株/hm², 栽后5年内采用带状或穴状适度开展割灌除草3～5次, 注重保留天然更新的阔叶目的树种。

③ 更新层达到10年生后, 进行第一次透光伐（或生长伐）, 伐后确定上层木目标树以不影响更新层的生长为宜, 郁闭度控制在0.5～0.6, 对更新层进行必要的修枝作业, 抚育后阔叶树幼树上方及侧方有1.5m以上的生长空间。当下层更新幼树生长再受到抑制时, 再次对上层林木进行透光伐（或生长伐）, 伐后上层郁闭度不低于0.5。

（2）竞争生长阶段：结构调整期

下层更新林木树龄15年以上, 进入快速生长阶段。当下层林木生长受到抑制时, 适时对上层进行采伐, 改善光照条件, 增加营养空间, 伐后上层郁闭度不低于0.5。同时对更新层林木进行疏伐, 逐步调整树种结构, 阔叶树种占比不低于60%。

（3）质量选择阶段：上层木择伐期

① 下层更新林木树龄25年以后, 进入径向生长阶段, 逐步进入主林层, 形成阔叶树为主的针阔混交复层异龄林。

② 对部分胸径达到40cm的林木进行择伐, 强度不超过前期目标树的30%, 间隔期小于5年。

③ 确定先期更新层目标树100～150株/hm², 对更新林木进行疏伐, 密度450～650株/hm²。

（4）收获阶段：主林层择伐期

① 主林层达到培育目标后采取持续单株木择伐。

② 择伐后对下层以天然更新为主, 人工辅助促进檫木、楸树、麻栎等目的树种更

新，实现马尾松-阔叶树恒续覆盖。

6. 示范林

（1）林分现状

位于织金县国有桂花林场002号图斑（倮倮坪工区）28号、50号小班，面积27.21hm^2，现状为人工中龄林（树龄20年），优势树种为马尾松，平均胸径20~25cm，平均树高10~16m，郁闭度0.7~0.8，灌木覆盖度25%~30%，草本覆盖度40%~60%。示范点土壤为黄壤，坡度15°~20°，土层厚度60cm以上，立地条件中等及以上。

（2）经营历史

造林时间为2000年左右，未遭受灾害，干扰较小，未开展过森林经营。由于长时间未进行抚育，林分郁闭度较大，林分长势不良、被压木较多，林分质量逐步下降，致使森林防护功能降低，抵御自然灾害能力减弱。

图2-301　经营前马尾松林

（3）目标林分

马尾松针阔复层异龄混交林。目的树种包括马尾松、檫木、楸树、麻栎等。经单株木择伐作业经营，促进潜在目标树（阔叶树种）更新生长，逐步形成马尾松-阔叶树复层异龄混交林。

（4）经营措施

图2-302　经营后马尾松林人工林

采取"生长伐+割灌除草+补植"的经营方式。如图2-301、图2-302所示。

（供稿人：赵中文　贵州省毕节市织金县国有桂花林场）

2.6.3.3 桦木次生阔叶林生态防护兼大中径材目标树单株经营模式

1. 模式名称

桦木次生阔叶林生态防护兼大中径材目标树单株经营模式。

2. 适用对象

适用于立地条件中等及以上，幼龄林阶段的桦木天然次生林。

3. 经营目标

主导功能为生态防护，兼顾中大径材生产。

4. 目标林分

阔叶复层异龄混交林。目的树种包括桦木、青冈、檫木、楸树等。目标树密度200～300株/hm², 树龄60年以上，胸径45cm以上，目标蓄积量200～300m³/hm²。经单株木择伐作业经营，促进潜在目标树（檫木、楸树等）更新生长，形成阔叶复层异龄混交林。

5. 全周期主要经营措施

（1）介入状态：更新层形成期

① 对现有林分进行综合抚育，按照合理密度清除生长不良、质量差、长势弱的桦木，桦木次生林清理后保留桦木平均990株/hm²；桦木、青冈混交林清理后保留桦木、青冈平均450～900株/hm²。清理后保留木郁闭度保持在0.5～0.6。

② 林冠下补植阔叶树（檫木、楸树等）675～1200株/hm²，栽后5年内采用带状或穴状适度开展割灌除草3～5次，注重保留天然更新的阔叶目的树种。

③ 更新层达到10年生后，进行第一次透光伐（或生长伐），伐后确定上层木目标树以不影响更新层的生长为宜，郁闭度控制在0.5～0.6，对更新层进行必要的修枝作业，抚育后阔叶树幼树上方及侧方有1.5m以上的生长空间。当下层更新幼树生长再受到抑制时，再次对上层林木进行透光伐（或生长伐），伐后上层郁闭度不低于0.5。

（2）竞争生长阶段：结构调整期

下层更新林木树龄15年以上，进入快速生长阶段。逐步进入主林层，当下层林木生长受到抑制时，再次对上层进行透光伐，改善光照条件，增加营养空间，伐后上层郁闭度不低于0.5。

（3）质量选择阶段：主林层择伐期

① 下层更新林木树龄25年以后，进入径向生长阶段，逐步进入主林层，形成阔叶复层异龄混交林。

② 对部分胸径达到40cm的林木进行择伐，强度不超过前期目标树的30%，间隔期

小于5年。

③ 确定先期更新层目标树100～150株/hm²，对更新林木进行疏伐，密度450～650株/hm²。

（4）收获阶段：主林层择伐期

① 主林层达到培育目标后采取持续单株木择伐，强度不超过前期目标树的30%，间隔期小于5年。

② 择伐后对下层檫木、楸树、青冈以天然更新为主，人工辅助促进目的树种更新，实现阔叶树恒续覆盖。

6．示范林

（1）林分现状

位于贵州省毕节市织金县国有桂花林场002号图斑20、22、24、35号小班，面积40hm²，现状为天然幼龄林（树龄5～8年），优势树种为桦木，平均胸径小于5cm，平均树高小于5m，郁闭度0.35～0.6，灌木覆盖度大于20%，草本覆盖度大于50%，下层灌木与草本严重制约桦木生长。土壤为黄壤，坡度小于20°，土层厚度60cm以上，立地条件中等及以上。

（2）经营历史

采伐迹地形成的天然次生林，林分密度过大，林分长势不良、防护功能低下，抵御自然灾害能力较弱。

（3）目标林分

阔叶复层异龄混交林。目的树种包括桦木、青冈、檫木、楸树等。经多次择伐作业，逐步形成阔叶复层异龄混交林。

（4）主要经营措施

通过割灌除草和补植麻栎、檫木、

图2-303　桦木林经营前

楸树等珍贵乡土树种，营建阔叶复层异龄混交林。如图2-303、图2-304所示。

图 2-304 桦木林经营后

（供稿人：赵中文 贵州省毕节市织金县国有桂花林场）

2.6.4 云南省

2.6.4.1 人工思茅松大径材目标树单木经营模式

1. 模式名称

人工思茅松大径材目标树单木经营模式。

2. 适用对象

该模式适用于南亚热带半湿润地区立地条件较好且有培育大径材前途的思茅松人工中幼龄商品林。林分立地类型为阳坡中厚层赤红壤，优势树种为思茅松，平均胸径5～19cm，平均树高2～16m，平均郁闭度为0.7～0.8，林分单位面积蓄积量3～160m^3/hm^2。

3. 经营目标

主导功能为思茅松无节大径材生产。

4. 目标林分

目的树种为思茅松。思茅松目标树经营（培育）周期40年，平均胸径预期达到50cm以上，目标树密度约为270～300株，保留在150～250株/hm^2，目标蓄积量预期在250～350m^3/hm^2。

5. 全周期主要经营措施

（1）建群阶段：利用修枝割灌和抚育间伐以释放营养空间

在该模式造林后1～3年，补植、砍杂除草抚育；5年生时卫生伐1次，定株定干；7～8年时，林分平均胸径达8～12cm，开展目标树选择，清除全林枯枝、对标记的目标树适当修枝，高度为1.5m；10年时，留优去劣、去除干扰树释放营养空间，对目标树修枝。思茅松的修枝高度不超过当前树高的1/2。同时，要提高修枝质量，修枝不能平切、不能中切、不能撕破树皮。

（2）质量选择阶段：清除非目的树种

该经营模式将林木分为目标树和干扰树。目标树是指位于主林层、生活力旺盛、干形通直、无损伤和病虫害痕迹，而且能够应对各种干扰并长期保持竞争力的林木。林木光合作用主要发生在树冠中上部，树冠下部几乎不发生光合作用。当邻木的树高高于目标树树冠的中上部时，邻木就会对目标树的光合作用产生影响，进而影响目标树生长，此时邻木即为采伐木（如图2-305所示）。目标树选择标准：①优势木或亚优势木、无病虫害、无枯损，以反映林木健康状况；②0.4≤树高胸径比（H/D）≤0.8；③胸径大小位于前70%；④树冠偏斜度$P<1$（$P=\dfrac{|CR_E-CR_W|+|CR_N-CR_S|}{CR}$，式中：$CR_E$、$CR_W$、$CR_N$、$CR_S$和$CR$分别为林木东、西、北、南冠幅半径和平均冠幅半径）。

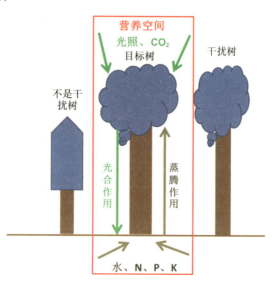

图2-305 思茅松大径级目标树经营模式原理

（3）竞争生长阶段：分批次间伐干扰树

在目标树终伐前20年左右，如果目标树或目的树种的自我更新已经出现，就要对已有更新层进行抚育管理；如果目标树的自我更新没有出现，就要采取人工割灌、破土等措施促进目标树的天然更新；如果天然更新不足或者不是需要的目的树种，就要辅以人工栽植或播种促进更新。对更新层幼苗按照新植林抚育措施及时割灌、折灌，促进幼苗生长，直到完成二代更新。该模式分三次抚育，根据立地条件不同，每次抚育采伐强度控制在10%～25%。

（4）收获阶段：主林层择伐

待目标树达到目标胸径或完成规划目标，开始对目标树择伐收获。对同龄林因面积较大需要分年度采伐更新的林分，应从核心部位逐渐向外延采伐，以减少对更新幼树的破坏。

6. 示范林

该模式经营的林分位于普洱市卫国林业局的11个作业区，共计88个作业小班，总面积为549.1hm^2。

该模式作业区现有单位面积蓄积量9.3~123.3m^3/hm^2，平均密度550~1665株/hm^2，平均胸径6.2~18.1cm，平均树高4.1~15.9m，林分郁闭度0.7~0.8。优势树种为思茅松。更新层树种为思茅松。

该模式在经营之前林分经营质量较低，病虫害和火灾风险相对较大；林分密度较大，林分结构不合理；林木间竞争激烈，尤其是在中龄林及近熟林阶段。

在经过修枝割灌、抚育间伐、清除非目的树种、分批次间伐干扰树和主林层择伐，思茅松人工商品林保持在合理密度范围内，有效降低了干扰树的竞争影响，促进了目标树高生长和良好干形的形成，经修枝和生长伐释放空间，以培育优质无节大径材。如图2-306~图2-308所示。

图2-306 思茅松大径级目标树择伐经营模式示范牌

图2-307 思茅松大径级目标树择伐经营模式示范林抚育前

图2-308 思茅松大径级目标树择伐经营模式示范林抚育后

（供稿人：徐建民　中国林业科学研究院热带林业研究所
　　　　　陈玉桥　云南省林业和草原局
　　　　　朱丽艳　国家林业和草原局西南调查规划院
　　　　　张成程　国家林业和草原局西南调查规划院
　　　　　吴落军　国家林业和草原局西南调查规划院
　　　　　孔　雷　西南林业大学）

2.6.4.2 人工思茅松用材林集约经营模式

1. 模式名称

人工思茅松用材林集约经营模式。

2. 适用对象

该模式适用于南亚热带半湿润地区立地条件较好的思茅松人工中龄商品林。林分立地类型为阳坡中厚层赤红壤，海拔为800~2200m，平均胸径10~20cm，平均树高8~17m，平均郁闭度为0.7~0.8，林分单位面积蓄积量50~250m^3/hm^2。

3. 经营目标

主导功能为思茅松木材高效产出。

4. 目标林分

思茅松人工纯林。思茅松人工商品用材林集约化经营（培育）周期30年，平均胸径达到30cm以上，目标树密度约为540~650株/hm^2，目标蓄积量预期在200~300m^3/hm^2。

5. 全周期主要经营措施

（1）介入阶段：割灌修枝

在造林1年后及时伐除林下灌木和杂草，根据林木生长和形质指标，逐渐伐除生长弱势的林木，每次采伐株数强度小于10%，对长势较好的林木进行修枝抚育。抚育措施介入阶段终止年份为第10年。

（2）集约化经营形成阶段：去劣留优，优化结构

该模式10年后开始实施生长伐，每次生长伐包括二次抚育间伐，第一次抚育间伐原则为去劣留优。采伐木为干扰树、被压树、平顶树、断尖树和分叉树；保留木为品质好、长势旺的林木。二次抚育间伐原则为均匀分布。为充分利用光照资源，将聚集分布的林木向均匀分布调控（如图2-309所示）。作业过程中，针对保留林木伐除1~2

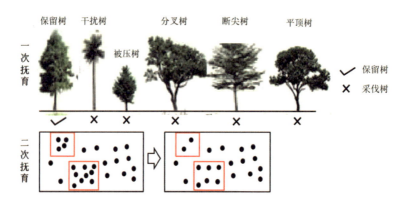

图2-309 思茅松人工商品用材林集约化经营模式示意

株与其竞争较大的干扰树。

（3）收获阶段：在单位面积蓄积生长量下降时收获木材

通常，林分的单位面积蓄积生长量随着时间的增长呈现先增长后下降趋势（如图2-310所示）。立地条件越好，单位面积蓄积生长量越大。该模式采用多阶段收获木材的方式，降低有限生长空间对林分单位面积蓄积生长量的限制，以保证林分内单位面积具有相对较高的蓄积产出。待达到目标林分后，可采取皆伐收获木材并及时造林更新进行下一轮经营。

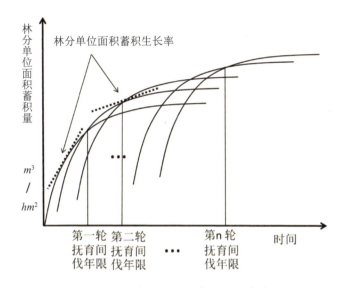

图 2-310　思茅松人工商品用材林集约化经营模式原理

6. 示范林

该模式经营的林分位于普洱市卫国林业局的3个作业区，共计47个作业小班，总面积为466.7hm^2。

该模式在经营之前林分质量较低，病虫害和火灾风险相对较大；林分密度大，林分结构不合理；主林层竞争较强，林木间生长空间受限，林木生长缓慢。如图2-311所示。

图 2-311　思茅松人工商品用材林集约化经营模式示范林抚育前

在经过割灌修枝、去劣留优、优化结构、木材收获等措施后，思茅松人工商品林单位面积的木材高效产出，经营实现科学化、集约化和专业化，单位面积经济效益得到有效提高。如图2-312所示。

图2-312 思茅松人工商品用材林集约化经营模式示范林抚育后

（供稿人：孔　雷　西南林业大学
　　　　　陈玉桥　云南省林业和草原局
　　　　　魏雪峰　云南省林业调查规划院
　　　　　宋永全　云南省林业调查规划院）

2.6.4.3　天然思茅松大径材目标树单株经营模式

1. 模式名称

天然思茅松大径材目标树单株经营模式。

2. 适用对象

该模式适用于南亚热带半湿润地区立地条件较好的天然思茅松纯林，中龄林阶段林分。林分立地类型为阴坡和阳坡中厚层赤红壤，优势树种为思茅松，平均胸径15～18cm，平均树高10～14m，平均郁闭度为0.8～0.9，林分单位面积蓄积量110～150m³/hm²。

3. 经营目标

培育针阔混交林，优化林分结构，兼顾生态防护功能。

4. 目标林分

思茅松－阔叶树异龄混交林。目的树种包括思茅松、西南桦和木荷等。上层思茅松目标树密度150～300株/hm²，树龄50年以上，胸径40cm以上，目标蓄积量200m³/hm²以上。阔叶树（西南桦、木荷等）进入主林层后，目标树密度100～150株/hm²，平均树龄30年以上，胸径30cm以上，目标蓄积量150～200m³/hm²。经单株木择伐作业经营，促进潜在目标树（西南桦、木荷）更新生长，形成思茅松－阔叶树异龄混交林。

5. 全周期主要经营措施

（1）介入状态：林下更新层形成

① 对思茅松用材林进行综合抚育，按照留优去劣的原则伐除非目的树种、干形不良木及霸王木等，进行林下清场及部分林木修枝，上层保留木郁闭度保持在0.5～0.6，并注意保留天然的幼树（苗）。

② 林冠下补植阔叶树（西南桦、木荷等）900～1000株/hm²，栽后5年内采用带状或穴状适度开展割灌除草3～5次，注重保留天然更新的阔叶目的树种。

③ 更新层达到10年生后，进行第一次透光伐（或生长伐），郁闭度控制在0.5～0.6（生长伐强度控制在伐前林木蓄积量的25%以内，伐后确定上层木目标树200～300株/hm²），进行必要的修枝作业，抚育后阔叶树幼树上方及侧方有1.5m以上的生长空间。

当下层更新幼树生长再受到抑制时，再次对上层林木进行透光伐（或生长伐），伐后上层郁闭度不低于0.6。

（2）竞争生长阶段：结构调整

① 下层更新林木树龄20年以上，进入快速生长阶段。当下层林木生长受到抑制时，对上层进行透光伐2～3次，改善光照条件，增加营养空间，伐后上层郁闭度不低于0.6。

② 对更新层林木进行疏伐，逐步调整树种结构，阔叶树种占比不低于60%。

（3）质量选择阶段：上层木择伐

① 下层更新林木树龄30年以上，进入径向生长阶段，逐步进入主林层，形成以阔叶树为主的复层异龄林。

② 对部分胸径达到35cm的林木进行择伐，强度不超过前期目标树的35%，间隔期小于5年。

③ 确定先期更新层目标树100～150株/hm²，对更新林木进行疏伐，密度450～650株/hm²。

（4）收获阶段：主林层择伐

①主林层达到培育目标后采取持续单株木择伐。

②择伐后对下层以天然更新为主，人工辅助促进西南桦、木荷等目的树种更新，实现思茅松-阔叶树恒续覆盖。

6. 示范林

该模式经营的林分位于普洱市思茅区国有林场万掌山营林区大洛槽作业区，共计4个作业小班，总面积为150亩，分布于3林班（1～4作业小班）。

该模式作业区现有蓄积量117～143.9m³/hm²，平均株数900～1000株/hm²，平均胸径15.8～17.2cm，平均树高10.9～12.9m，林分郁闭度0.86～0.90。优势树种为思茅松。更新层树种为思茅松。

该模式在经营之前，项目区上林层郁闭的中龄林，乔木层平均胸径连年生长量下降，下木和草本也由于光照不足而生长受限。由于缺乏抚育，林分密度较大，林木采脂较多，且林木分化极为显著，目标树生长已经受到显著抑制，林下植被单一，降低了水源涵养作用。如图2-313所示。

图 2-313　天然思茅松纯林大径材培育经营模式作业前（大洛槽作业区）

在经过林下更新、结构调整、上层木择伐和主林层择伐后，林分生长条件得到极大改善。在产出思茅松大径级木材的同时，兼顾了林地的独立维护、森林生态功能的发挥，实现了经济和生态效益兼顾的培育目标。如图2-314所示。

图 2-314　天然思茅松纯林大径材培育经营模式作业后（大洛槽作业区）

(供稿人： 朱丽艳　国家林业和草原局西南调查规划院
　　　　　张成程　国家林业和草原局西南调查规划院
　　　　　吴落军　国家林业和草原局西南调查规划院
　　　　　陈玉桥　云南省林业和草原局
　　　　　魏雪峰　云南省林业调查规划院
　　　　　宋永全　云南省林业调查规划院
　　　　　者坚文　普洱市思茅区国有林场）

2.6.4.4　云南松优良母树林经营模式

1. 模式名称

云南松优良母树林经营模式。

2. 适用对象

该模式适用于南亚热带半湿润地区立地条件较好的云南松幼龄林。林分立地类型为阳坡中厚层赤红壤，优势树种为云南松，平均胸径5cm左右，平均树高2～4m，密度2000～2500株/hm^2。

3. 经营目标

主导功能为云南松母树林采种，保障林木良种供应，保护林木种质资源。

4. 目标林分

云南松母树林干形通直、结实正常、无病虫害。目标林分密度300～500株/hm^2，平均胸径26cm以上，平均树高15m以上。

5. 全周期主要经营措施

（1）采种区选择阶段：优选立地条件较好的天然幼龄林

母树林选定在郁闭度0.50以下、密度2000～2500株/hm^{2}的天然幼龄林中。

（2）质量选择阶段：疏伐掉长势不良林木

当母树林龄达到5～10年，进行第一次疏伐，每公顷伐去500～800株，优先伐除非目的树种，其次伐除长势及干形不良的林木；当母树林龄达到11～15年，进行第二次疏伐，每公顷伐去500～800株，使保留的母树树冠互不接触，林木间距约为1m；当母树林龄达到16～20年，进行第三次疏伐，每公顷伐去500～800株，保留干形通直圆满、适应性强、抗病虫害能力良好、抗逆性较强、结实性良好的云南松母树。此时，林分密度保留在200～500株/hm^2，郁闭度为0.4～0.5。

（3）中龄林阶段：松土施肥

当母树林龄达到21～30年，实施松土，施用石灰、磷、钾、氮等无机肥料，配施厩肥、绿肥（多年生羽扇豆）等，以改进母树生长条件，提高母树的结实能力和抵抗能力。

（4）收获阶段：采集优质种子，收获木材

当母树进入近、成熟林阶段，采集云南松优质种子；待母树进入过熟林后，主伐云南松大径材母树。

6. 示范林

该模式经营的林分位于宜良县国有禄丰村林场尖山营林区，共计2个小班，面积150亩，分布于73林班1、2小班。

该模式作业区现有单位面积蓄积量30～50m^3/hm^2，平均密度1095～1650株/hm^2，平均胸径6～8cm，平均树高4～6m，林分郁闭度0.5～0.7。优势树种为云南松。

该模式在经营之前林分经营质量较低，林分密度较大，林分结构不合理，林木间竞争激烈。

图2-315 云南松优良母树林经营模式抚育经营施工作业

图2-316 云南松优良母树林经营模式抚育经营后

在经过优选立地条件较好的天然幼龄林、疏伐掉长势不良林木、松土施肥、分次采集优质种子和收获木材，采种区产出了大量干形通直圆满、适应性强、抗病虫害能力良好、抗逆性较强、结实性良好的云南松母树。如图2-315、图2-316所示。

（供稿人：朱丽艳　国家林业和草原局西南调查规划院
　　　　　张成程　国家林业和草原局西南调查规划院
　　　　　吴落军　国家林业和草原局西南调查规划院
　　　　　陈玉桥　云南省林业和草原局
　　　　　魏雪峰　云南省林业调查规划院
　　　　　宋永全　云南省林业调查规划院）

2.6.4.5 天然云南松林菌复合经营模式

1. 模式名称

天然云南松林菌复合经营模式。

2. 适用对象

该模式适用于南亚热带半湿润地区立地条件较好，适合野生菌生长的天然云南松商品林纯林。云南松林单位面积蓄积量150～300m³/hm²，密度600～900株/hm²，平均胸径10～20cm，平均树高10～16m，林分郁闭度0.4～0.5。

3. 经营目标

主导功能为森林生态保护，兼顾发展林下经济产业发展。

4. 目标林分

经过单株木择伐、修枝割灌等经营措施，促进目的树种云南松更新生长，林分郁闭度控制在0.4～0.5。同时通过野生菌人工保育促繁作业，林下资源得到有效保护，促进林下经济的可持续发展。

5. 全周期主要经营措施

（1）介入状态：林分空间调整

① 在野生菌保育促繁的前一年11月至次年1月对云南松林进行综合抚育，按照留优去劣的原则伐除非目的树种、枯立木、濒死木、病虫害木和生长不良的林木，郁闭度保持在0.60左右，注意保护林下天然更新的幼树（苗）。同时，对林内采伐剩余物和灌木杂草及时清场防止森林火灾的发生。

② 每年的2—3月对林冠下茂密杂灌进行割除或枝条修除，改善林分的通风透光条件，以促进野生菌的繁殖生长。

（2）生长阶段：人工保育促繁

① 枯落物及腐殖质调整。通过人工清理林分枯落物及腐殖质，厚度控制在2～4cm为宜，清除表土杂草。

② 掘塘或挖沟。根据菌塘周边是否有共生云南松以及菌塘是否有适当坡度进行掘塘或挖沟处理，沟宽0.1～0.3m，深0.15～0.5m，长度根据实际情况而定，开挖菌沟（塘）面积控制在小班面积的10%以内。

③ 留种。每20m或每个菌塘每年至少留1个开伞的成熟子实体，由其产生成熟的孢子，繁殖后代。同时要将预留菌种区域的地表枯枝落叶扒开，使孢子有机会直接落入土中，待成熟的野生菌孢子完全散落之后再用枯枝落叶重新覆盖，产生新的菌塘，

实现野生菌的自我繁殖。

④ 湿度调控。空气湿度保持在65%左右适于野生菌的生长发育，因此，可以对菌塘实施温度和湿度调控。如在林地土壤比较干的地方，在离菌塘50cm的周围浇水，保持土壤含水量在22%左右，以利于野生菌的生长发育。

⑤ 罩棚遮阴。进入6月后，随着雨水增多，野生菌菌丝自然浸染，在沟塘边长出子实体后，在子实体上方用松枝搭成小棚进行遮挡，调整光照和温度、湿度，小棚温度约在12～22℃，湿度约在80%左右。

（3）收获阶段：成熟采收

① 贴地面切割采收，用力适度，避免整株拔起。

② 清除罩棚遮阴的松枝，不破坏菌沟、菌塘的微环境及原有的共生关系。

6. 示范林

该模式经营的林分位于红河哈尼族彝族自治州石屏县龙朋国有林场竹园营林区林菌复合经营作业区，面积186亩，分布于92林班（52作业小班），98林班（56～57作业小班）；以及宜良县国有禄丰村林场尖山营林区，面积200亩，分布于84林班（3小班）。

该模式作业区现有单位面积蓄积量277.5m^3/hm^2，平均密度885株/hm^2，平均胸径22.4cm，平均树高15.3m，林分郁闭度0.7。优势树种为云南松。更新层树种为云南松、栎类、桤木等乡土树种。

该模式在经营之前林分郁闭度较高，更新幼树大多集中在5～10cm，形成天然次生林，幼树已形成空间竞争。林下灌草茂密，限制了野生菌的生长。

在经过林分空间调整、人工保育促繁和成熟采收等措施后，云南松林下微环境得到改善，野生菌繁育和幼树更新得到促进。如图2-317、图2-318所示。

图2-317 石屏县龙朋国有林场竹园营林区林菌复合经营作业区天然云南松林菌复合经营模式

图 2-318 宜良县国有禄丰村林场尖山营林区天然云南松林菌复合经营模式

(供稿人：朱丽艳　国家林业和草原局西南调查规划院
　　　　　张成程　国家林业和草原局西南调查规划院
　　　　　吴落军　国家林业和草原局西南调查规划院
　　　　　陈玉桥　云南省林业和草原局
　　　　　魏雪峰　云南省林业调查规划院
　　　　　宋永全　云南省林业调查规划院）